全球环境基金水资源与水环境综合管理主流化项目创新方法研究成果与应用

生态环境部对外合作与交流中心　著
中国灌溉排水发展中心

上海大学出版社
·上海·

图书在版编目(CIP)数据

全球环境基金水资源与水环境综合管理主流化项目创新方法研究成果与应用 / 生态环境部对外合作与交流中心，中国灌溉排水发展中心著. —上海：上海大学出版社，2021.12

ISBN 978-7-5671-4440-8

Ⅰ.①全… Ⅱ.①生… ②中… Ⅲ.①水资源管理-项目管理-研究成果-中国 Ⅳ.①TV213.4

中国版本图书馆 CIP 数据核字(2021)第 263513 号

责任编辑　王悦生　李　双
封面设计　柯国富
技术编辑　金　鑫　钱宇坤

全球环境基金水资源与水环境综合管理主流化项目
创新方法研究成果与应用

生态环境部对外合作与交流中心
中国灌溉排水发展中心　著

上海大学出版社出版发行

(上海市上大路 99 号　邮政编码 200444)

(http://www.shupress.cn　发行热线 021-66135112)

出版人　戴骏豪

＊

南京展望文化发展有限公司排版

广东虎彩云印刷有限公司印刷　　各地新华书店经销

开本 787mm×1092mm　1/16　印张 13.75　字数 241 千

2021 年 12 月第 1 版　2021 年 12 月第 1 次印刷

ISBN 978-7-5671-4440-8/TV·3　定价 98.00 元

本书编委会

前　　言

渤海是中国最北的近海,由辽东湾、渤海湾、莱州湾和中央海盆组成,入海的主要河流有黄河、辽河和海河。海河流域作为入渤海的主要河流,由于流域内城市化进程发展迅速,人口聚集度高,经济活动比较大,加之自然资源禀赋承载能力有限,区域水生态系统遭受不同程度的干扰和破坏,流域水资源与水环境问题突出。

为了提高海河流域水资源与水环境的综合管理水平,减轻流域水污染状况,改善渤海的水环境质量,在全球环境基金(Global Environmental Fund,GEF)和世界银行的大力支持下,生态环境部和水利部在 2015 年启动了"GEF 水资源与水环境综合管理主流化项目"(以下简称"GEF 主流化项目"),全球环境基金赠款 950 万美元,各级财政配套投入 9 500 万美元(环保、水利在执行工程项目配套)。滦河子流域及承德市项目区、滹沱河子流域及石家庄市项目区作为试点示范区和研究对象,采用基于耗水(Evapotranspiration,ET)/环境容量(Environmental Capacity,EC)/生态系统服务(Ecosystem Services,ES)(以下简称"3E")主流化方法,编制执行水资源与水环境综合管理行动计划,提高了灌溉水的利用效率,减少了水污染排放,增加了河流生态流量。在国内外合作伙伴的共同努力下,完成了项目既定目标,树立了国内环保、水利跨部门合作开展流域综合管理的典范。

本书主要包含六部分内容。第一部分为项目背景,主要对渤海湾、海河的水资源与水环境综合管理现状和 GEF 主流化项目进行了概述。第二部分主要介绍 GEF 主流化项目主要内容及创新方法。包括项目主要内容、政策和技术应用研究、主流化技术操作手册与技术指南等内容。第三部分主要介绍承德市滦河子流域和石家庄市滹沱河子流域综合管理示范项目成果。第四部分主要总结项目成效和经验及启示。第五部分为项目组织管理与监测评价。最后一部分为项目成果经验对于流域"十四五"规划的推广建议。

为了更好地宣传推广 GEF 主流化项目技术成果经验,生态环境部对外合作与交流中心与中国灌溉排水发展中心合作编写了本书。值此专著出版发行之际,谨向世界银行、财政部、生态环境部、水利部、石家庄市、承德市各级财政、环保和水利部门及所有参与项目课题研究的科研院所和专家代表致以诚挚的感谢。科学无止境,本书中难免有疏漏和不足之处,在此,敬请各位专家学者批评指正。

2021 年 12 月

目　　录

1

3　海河流域水资源与水环境综合管理示范成果　　　75

5　项目组织管理与监测评价　　193

6　结合流域"十四五"规划的推广建议　　　　202

1 项 目 背 景*

    水资源短缺一直是我国在人口增长、城市化和工业化过程中所面临的一个长期的、趋势性的问题。根据水利部发布的《2015 年中国水资源公报》，全国用水总量 6 103.2 亿 m³，占全国水资源总量的 21.8%（27 962.6 亿 m³），未来受全球气候变化和人为等不确定因素影响，年用水总量有可能会继续增加，水资源的进一步利用将受到限制[①]。而且，随着中国经济社会的持续发展，水需求量将不断增加。农业仍是中国的第一用水大户，2015 年农业用水总量 3 851.1 亿 m³，占用水总量的 63.1%[①]。我国耕地面积 12 786.19 万 hm²，其中旱地 6 435.51 万 hm²，占 50.33%，且大多位于干旱少雨的北方地区，环境相对脆弱，很容易受过度抽水等人为活动的影响，并且一旦退化后往往难以恢复[②]。截至 2015 年 12 月，全国共有 21 个省（自治区、直辖市）平原区存在地下水超采区，总面积近 30 万 km²，地下水超采量约 170 亿 m³[③]。地下水资源的过度开采被认为是地面沉降、海水入侵、农业和日常用水消耗等相关问题的直接导火索。水污染和水侵蚀问题在我国较为严重，并导致全国许多地区的水生态环境退化。有的水体受到影响，有的水量减少、水质下降。2015 年 12 月，全国主要江河 Ⅰ 类水质断面占 5.7%，Ⅱ 类占 33.0%，Ⅲ 类占 32.0%，Ⅳ 类占 13.5%，Ⅴ 类占 5.4%，劣 Ⅴ 类占 10.4%[④]。重大污染事故也时有发生，危及公共安全。

    近年来，随着我国城市的快速扩张和工业的急速增长，农业用水、生活用水和工业用水需求强劲。此外，气候变化的影响对实现和维护国家水资源的可持续管理构成了新的挑战。我国北方地区受干旱影响日益严重，缺水问题尤为突出。据已知数据[⑤]，自 1980 年以来降水量减少达 10%。降水减少造成了水资源供需日益失衡，由此导致河道逐渐枯

---

    * 由翟桂英、李宣瑾、王罕博、李红颖、李阳、田雨桐、赵丹阳执笔。

    ① 水利部.2015 年中国水资源公报.http://www.mwr.gov.cn/sj/tjgb/szygb/201612/t20161229_783348.html.

    ② 国土资源部.第三次全国国土调查主要数据公报.http://www.mnr.gov.cn/dt/ywbb/202108/t20210826_2678340.html.

    ③ 陈飞,侯杰,于丽丽,等.全国地下水超采治理分析[J].水利规划与设计,2016(11):3-7.

    ④ 中国环境监测总站.2015 年全国地表水水质月报(12 月).http://www.cnemc.cn/jcbg/qgdbsszyb/201601/P020181010537683480581.pdf.

    ⑤ 吕丽莉,孔锋,王品.1961—2016 年中国四季降雨事件的时序演变特征[J].人民长江,2018,9(2):73-79.

竭,地下水资源过度开采,事故频发。地表水和地下水也受到严重污染。全国主要江河约29.3%被认为等于或差于Ⅳ类水污染状态,监测的51个重要湖库中,有4个为重度污染,4个为中度污染,8个为轻度污染[①]。更为严峻的是,近年来,我国遭受了严重干旱,这进一步减少了地表水的供应,加剧了地下水超采的问题。我国北方和西北地区水资源的不可持续利用,导致水量和水质发生重大变化。水资源短缺,水污染问题突出,直接影响下游用户和生态系统。流域和区域的农业、生活和工业用水供需矛盾日益突出,经济可持续发展与生态环境质量改善面临巨大挑战。

本项目目的是为了解决渤海湾水环境问题,以上游入海河流海河、滦河为研究对象,开展流域水资源水环境综合治理,改善区域水资源和水环境,最终减少入海排污量,提升渤海湾水环境。

1.1 渤海湾的现状

渤海湾是中国渤海三大海湾之一,位于渤海西部。北起河北省乐亭县大清河口,南到山东省黄河口,有黄河、蓟运河、海河和滦河等河流注入。海岸沿线河流含沙量大,滩涂广阔,淤积严重。渤海湾三面环陆,作为京津的海上门户和华北的海运枢纽,面积有15 900 km²,大约为渤海总面积的五分之一,其海岸线大约长为1 098.1 km。渤海湾河口附近还有丰富的底栖生物和浮游生物资源,大量的渔业资源蕴藏于此。

1.1.1 自然及社会经济概况

渤海湾沿岸的行政区有天津、唐山、沧州、滨州以及东营共5市。2010～2015年,区域的人口总数由2010年的3 334.36万人增加到2015年的3 646.69万人,人口自然增长率均值为18.077‰。平均人口密度达到649人/km²,大大高于全国平均水平142人/km²。2015年渤海湾5市生产总值为31 687.86亿元,占国内生产总值GDP(Gross Domestic Product)(685 505.8亿元)的4.62%。[②] 渤海湾5市的生产总值一直在环渤海甚至全国经

---

① 中国环境监测总站.2015年全国地表水水质月报(12月).http://www.cnemc.cn/jcbg/qgdbsszyb/201601/P020181010537683480581.pdf.

② 耿立校,赵彤彤.渤海湾沿海城市环境承载力评价指标体系研究[J].物流科技,2017,40(10):118-122.

济中占据着不可或缺的地位,而且呈现上升趋势。

1.1.2　渤海及渤海湾海域环境概况

中国渤海是黄海的大型浅水港湾,而黄海与太平洋相连。这些水体之间存在共同的物理联系和生物联系,因此,它们之间的连接非常重要。其中尤为重要的是,黄海中发现有鱼类和贝类将渤海作为繁育基地。渤海也是世界上生态压力最大的水体之一。近年来,渤海湾有些珍贵的物种灭绝,海洋的生态稳定被破坏,近海处的渔业资源急速退化。部分海水指标严重超标,出现赤潮的次数频繁,同时也多次发生突发性的溢油事件,使得旅游业、养殖业以及渔业受到严重影响。

渤海的退化有 2 大主要原因: ① 淡水流入量持续减少; ② 周边流域(辽河流域、海河流域、黄河流域)污染负荷不断增加。渤海的年均淡水流入量减少了 50％以上,对其生态平衡已造成了不利的影响。辽河、海河、黄河 3 大水系 40 多条河流将污染物排放到渤海。此外,海岸沿线还有大约 105 处分散的污染源将污染物直接排放入海。据估计,2002～2008 年期间,被污染的水域面积由 3 600 km² 增加到 13 800 km²;后者占整个水体总面积的 18％。众多河流携带的污染物[主要是总磷(Total Phosphorus,TP)、总氮(Total Nitrogen,TN)、化学需氧量(Chemical Oxygen Demand,COD)和氨氮($NH_4^+ - N$)]不仅会影响到当地的生态环境、相关的渔业和生物多样性,还被认为会日益危及当地居民的健康甚至国民经济的发展。将来渤海如果持续退化的话,预计将会波及我国周边国家的沿海水域。为了解决渤海的退化问题,需要维持或在必要时恢复入海大河的必要生态流量,确保可持续、稳定的发展。

为了实现这一目标,必须在入海流域上游解决好水资源短缺和水污染的问题。加强涉水部门水资源和水环境保护管理上的合作,实现各部门规划、目标设定和数据的共享与整合,促使水资源利用和环境保护之间实现平衡。

1.2　海河流域的基本状况

海河流域位于东经 112°～120°,北纬 35°～43°之间,东临渤海,南界黄河,西靠山西高原,北依蒙古高原。地跨 8 省(自治区、直辖市),包括北京、天津两市全部,河北省绝大部分,山西省东部,河南、山东省北部,以及内蒙古自治区和辽宁省各一小部分,总面积31.8万 km^2,占中国陆地面积的3.3%。海河流域属于温带东亚季风气候区。流域年平均气温在1.5～14℃,年平均相对湿度50%～70%;年平均降水量539 mm,属半湿润半干旱地带;年平均陆面蒸发量470 mm,水面蒸发量1 100 mm。海河流域多年平均水资源总量为370亿 m^3,其中,地表水资源量216亿 m^3,地下水资源量235亿 m^3。海河流域包括海河、滦河和徒骇马颊河3大水系、7大河系、10条骨干河流。主要支流有潮白河、永定河、大清河、子牙河、南运河、北运河和滦河等。[①]

1.2.1 海河流域社会经济状况

海河流域人口密集,大中城市众多,地处我国政治、文化和经济中心,其中部平原是我国重要的粮食主产区,西部北部山区是国家能源基地,兼顾疏解北京非首都功能的重任,具有极其重要的战略地位。流域地跨8省(自治区、直辖市),包括北京、天津两市全部,河北省绝大部分,山西省东部,河南、山东省北部,以及内蒙古自治区和辽宁省的一小部分。耕地面积1.6亿亩,有效灌溉面积1.1亿亩,主要粮食作物有小麦、大麦、玉米、高粱、水稻、豆类等,经济作物以棉花、油料、麻类、甜菜、烟叶为主。流域内人口占全国总人口的10%,国内生产总值(GDP)、耕地面积、粮食产量分别占全国的12%、9%和10%。[②]

1.2.2 水资源问题[③]

1. 海河流域水资源总量不足

近年来,海河流域水资源短缺严重。根据海河流域水资源公报统计数据,2016年海河流域地表水资源量约为204亿 m^3,地下水资源量(含与地表水资源的重复量)约为280.4亿 m^3,水资源总量约为387.9亿 m^3,占降水量的19.8%;全流域150座大中型水库的年蓄水总量约为105.2亿 m^3。

2016年海河流域各类供水工程的总供水量约为363.1亿 m^3,其中当地地表水占22.8%,地下水占53.7%,外调水占17.6%,其他水源占5.9%。全流域农业用水占60.6%,工业用水占13.2%,生活用水占19.0%,生态环境用水占7.2%。全流域用水消耗量为

---

① 水利部海河水利委员会.流域综述.http://www.hwcc.gov.cn/wwgj/jishupd/lyzs/200307/t20030731_10615.html.
② 在新农村建设与农村水利技术论坛上的讲座第三期"韩振中:海河流域水资源与水环境综合管理——全球环境基金(GEF)海河项目(第三期)",2006年10月27日。
③ 曹晓峰,胡承志,齐维晓,郑华,单保庆,赵勇,曲久辉.京津冀区域水资源及水环境调控与安全保障策略[J].中国工程科学,2019,21(5):130-136.

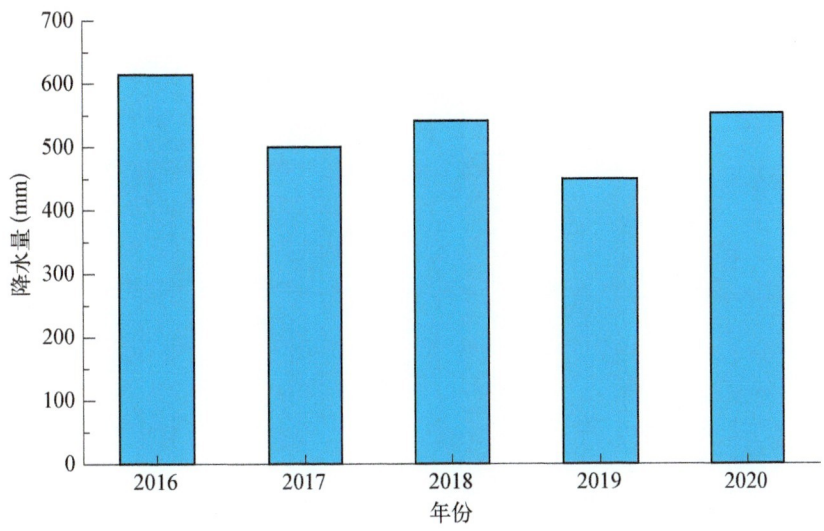

图 1－1　2016～2020 年海河流域降水量

250.8 亿 m³，占总用水量的 69.1％。

自 2014 年 12 月 12 日南水北调中线一期工程通水以来，已为北京市、天津市、河北省累计供水约 145 亿 m³，极大地缓解了海河流域用水紧张局面。

近年来，通过流域调水，海河流域水资源短缺问题得到了一定的缓解，但降水量波动性较大、时空分布不均等特点限制了海河流域水资源总量。2016～2019 年，海河流域多年平均地表、地下水资源量为 146.36、237.82 亿 m³，多年平均水资源总量为 300.30 亿 m³。

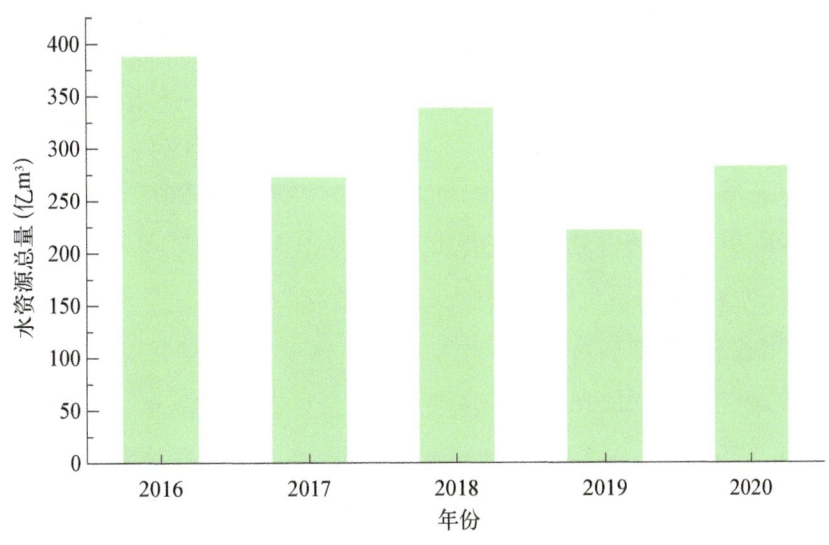

图 1－2　2016～2020 年海河流域水资源总量

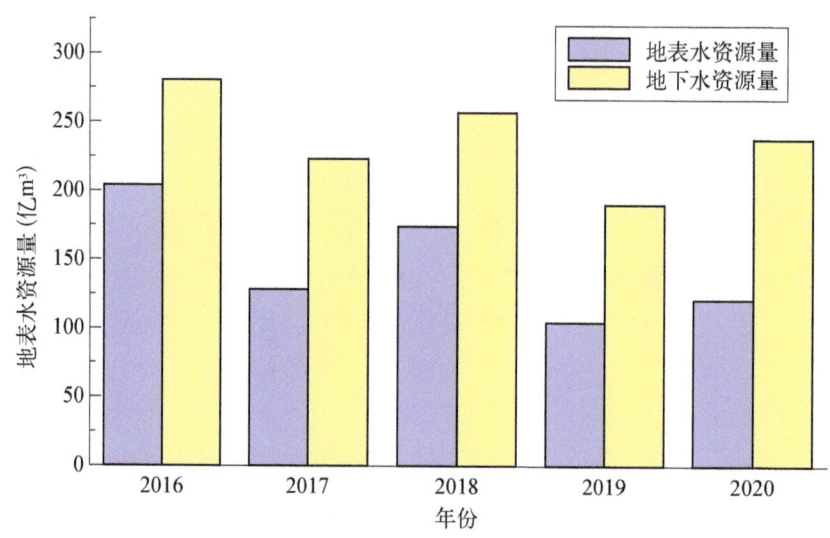

图 1-3　2016～2020 年海河流域地表、地下水资源量

2. 海河流域水资源量日趋短缺

海河流域水资源量呈现持续减少的趋势。全流域地表水资源量 1956～1979 年段平均约为 280 亿 m³，1980～2000 年段约为 180 亿 m³，2001～2007 年段约为 120 亿 m³，2008～2016 年段约为 150 亿 m³，近 60 年来总体呈减少趋势。随着降水量的减少和水资源开发利用程度的加强，海河流域地表水资源量持续减少，同时导致海河流域水资源总量的持续减少。按目前海河流域总人口计算，区域人均水资源量为 270 m³，仅是国家平均水平的 12.8%、世界平均水平的 3.3%，远低于国际公认的人均 500 m³ 极度缺水警戒线。而 20 世纪 80 年代以来经济社会高速发展，人类活动对下垫面的影响不断加剧，进一步导致流域入海水量减少。

3. 区域水资源供水主要是浅层地下水，农业用水的耗水最大

根据海河流域水资源公报统计数据，在海河流域供水方面，2016 年海河流域地表水源供水量中，蓄、引、提及跨流域调水工程供水量所占比例分别为 12.8%、28.2%、15.1% 和 43.7%。跨流域调水总量包括引长江水量和引黄河水量。在地下水源供水量中，浅层水、深层水和微咸水供水量所占比例分别为 80.6%、18.8% 和 0.6%。

在海河流域用水方面，2016 年海河流域总用水量与 2015 年相比，全流域总用水量减少 5.39 亿 m³。具体来说，农业用水减少 10.25 亿 m³，主要减少省份为河北省；工业用水减少 1.24 亿 m³，主要减少省份为河北省；生活用水增加 2.12 亿 m³，生态环境用水增加 3.98 亿 m³。在海河流域耗水方面，2016 年海河流域农业、工业、生活和生态环境耗水量

所占比例分别为 67.9%、10.0%、13.8%和 8.3%，耗水率分别为 77.3%、52.4%、50.2%和 80.5%。2019 年海河流域总耗水量 262.62 亿 m^3，耗水率 69%，其中农业、工业、生活和生态环境耗水量占比分别为 62.4%、9.1%、11.2%和 17.3%，耗水率分别为 77.1%、52.7%、43.5%和 82.9%。

4. 区域水资源开发利用强度与用水效率处于较高水平

水资源开发利用强度高。最近 10 年地表水开发利用率超过 60%；海河北系地表水开采率甚至超过 80%，海河南系地表水资源量开发利用率超过 60%；徒骇河、马颊河地表水开发利用率最低，但也超过了 40%。海河流域地表水开发利用率远远超过了国际公认的 40%这一合理上限。海河流域地下水大规模开采始于 20 世纪 70 年代，随着地表水资源利用强度的进一步增加，平原区浅层地下水开发利用率持续提升。平原区 1995～2007 年平均浅层地下水资源量为 141 亿 m^3，平均年开采量为 172 亿 m^3，浅层地下水开发利用率为 122%。其中，海河南系浅层地下水开发利用率达到了 149%。地下水的超量开采，造成地下水位急剧下降以及地面下沉、地裂和塌陷等一系列环境地质问题。

水资源用水效率达到较高水平。京津冀地区以占全国 0.9%的水资源量，提供了占全国 4%的供水量，支撑了占全国 8%的人口和 8%的灌溉面积，产出占全国国内生产总值（GDP）的 11%。与京津冀水资源供需严峻情势相对应，京津冀用水效率和水资源利用程度已经达到很高的水平。2013 年，京津冀地区所在省份的人均用水量、万美元 GDP 用水量、万美元工业增加值用水量、亩均灌溉用水量、灌溉水有效利用系数等用水效率评价指标，在整体上均领先于国内其他区域。

为了保障京津冀地区水资源安全、修复水生态环境、促进京津冀地区未来社会经济可持续发展，从水资源角度而言，海河流域应该立足"内部挖潜、外部调水"，充分拓展用水潜力，高效利用外调水，必要时进一步补充外调水。

1.2.3 水环境问题[①]

1. 污水排放量大，污染形势严峻

2016 年海河流域废污水排放总量为 55.11 亿 t。其中，工业和建筑业废污水排放量为 22.08 亿 t，占 40.1%；城镇居民生活污水排放量为 26.94 亿 t，占 48.9%；第三产业污水

---

① 曹晓峰,胡承志,齐维晓,郑华,单保庆,赵勇,曲久辉.京津冀区域水资源及水环境调控与安全保障策略[J].中国工程科学,2019,21(5)：130-136.

排放量为 6.09 亿 t，占 11.0%。

2.海河流域水环境仍存在提升空间

根据《海河流域水资源公报（2016）》[①]，海河流域为重度污染，主要污染指标为化学需氧量、五日生化需氧量和氨氮。全年总评价河长 15 565.2 km，劣 V 类水占评价河长的 44.6%，天津市劣 V 类水接近其评价河长的 70%，流域内 70 个省界断面中的 61.8% 为劣 V 类。白洋淀、衡水湖、昆明湖、福海、东昌湖 5 个重点湖泊的水质为 I ～Ⅲ类的水面面积仅占 2.8%。流域内 480 个水功能区中有 147 个达到水质目标，达标率为 30.6%。其中，一级水功能区（不含开发利用区）达标率为 32.8%，二级水功能区达标率为 29.7%。按水体类型统计，河流类水功能区全年达标率为 32.1%，湖泊类水功能区全年达标率为 15.3%，水库类水功能区全年达标率为 35.3%。

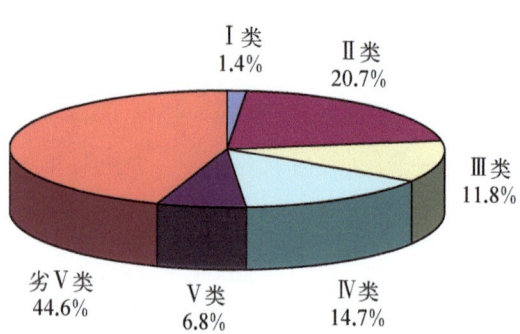

图 1-4　海河流域河流水质评价类别（2016 年）

根据海河流域水资源公报（2016 年）统计，海河流域 2016 年全年水质评价，劣 V 类河流长度占 44.6%（见图 1-4）。特别是海河南系，劣 V 类水质河流长度占比更高（见图 1-5）。富营养化水库 28 座，其中高富营养化水库 6 个（见图 1-6）。

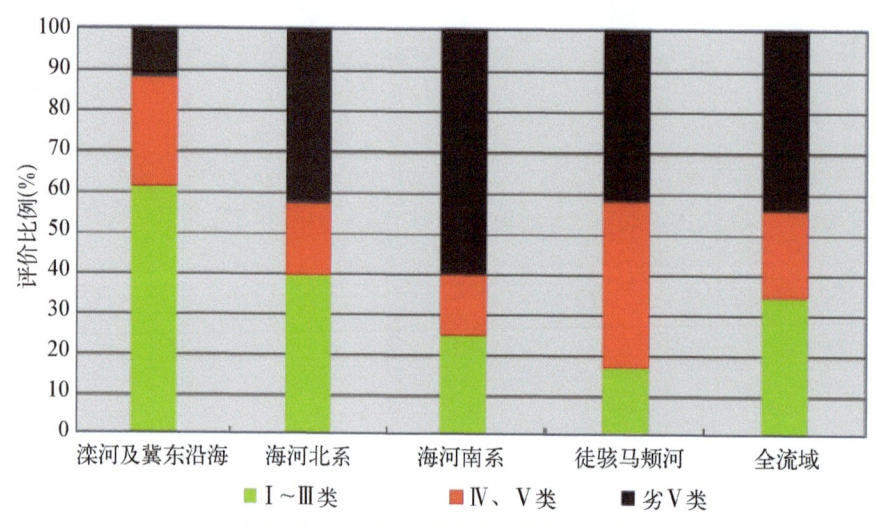

图 1-5　各水系水质评价比例（2016 年）

① 海河水利委员会.海河流域水资源公报（2016 年）.http://www.hwcc.gov.cn/hwcc/static/szygb/gongbao2016/index.html.

水质类别	个 数		年平均蓄水量		营养状态	个 数		年平均蓄水量	
	个	%	亿 m³	%		个	%	亿 m³	%
Ⅰ	1	1.9	4.62	6.3	贫营养	0	0.0	0.00	0.0
Ⅱ	27	51.9	32.67	44.2	中营养	24	46.2	39.39	53.3
Ⅲ	10	19.2	8.04	10.9	轻度富营养	22	42.3	31.53	42.7
Ⅳ	8	15.4	7.17	9.7	中度富营养	6	11.5	2.92	4.0
Ⅴ	2	3.8	14.4	19.5	重度富营养	0	0.0	0.00	0.0
劣Ⅴ	4	7.7	6.94	9.4	富营养小计	28	53.8	34.45	46.7
合计	52	100	73.84	100	合计	52	100	73.84	100

图 1-6 主要水库水质评价（2016 年）

2018 年，全年期海河流域Ⅰ类至Ⅲ类水质河长占比 43%，Ⅳ类和Ⅴ类水质河长占比 32%，劣Ⅴ类水质河长占比 25%（见图 1-7）。与 2016 年相比，劣Ⅴ类水占比下降明显，水环境具有一定提升。

3. 地下水不同程度受到污染

区域 72% 的浅层地下水受到污染，"三致"污染物已经被监测到；在集中式地下水饮用水源

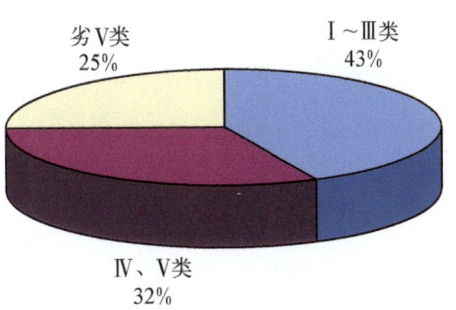

图 1-7 2018 年海河流域全年水质类别占比

地保护区和补给区内，存在 1 100 多个潜在地下水污染源；填埋场、化工厂、加油站等地下水污染源 12 600 个，其中 40% 存在地下水污染情况。

1.2.4 水生态问题[①]

1. 河流断流突出，生态流量不足，河流水流过程弱化

海河流域主要河流干涸程度增大。几十年来，在气候干旱化日趋严重的背景下，上游地区修建的水库等多种水利设施导致中部平原区水资源短缺，平原地区工农业发展和城镇用水对水资源的过量开发引起地下水的采补失衡和水位的急剧下降，流域产流能力随之衰减，最终造成河流在枯水季节出现经常性的河道断流。每年河流断流天数已从 20 世纪 60 年代中后期的 78 d 增加到 2000 年的 268 d。20 世纪 60 年代断流天数超过 180 d 的河流数量仅有

---

① 曹晓峰,胡承志,齐维晓,郑华,单保庆,赵勇,曲久辉.京津冀区域水资源及水环境调控与安全保障策略[J].中国工程科学,2019,21(5)：130-136.

2 条,而在 2000 年的 21 条目标河流中,仅白沟河、南拒马河、唐河、滏阳河、卫河、卫运河和漳卫新河等 7 条河流的断流天数未超过 180 d,永定河等部分河段逐步呈现常年断流现象。

平原闸坝林立,河道片段化、渠库化,河流连通性差、流动性差,河流动力学过程基本消失。区域主要水系流量保障率基本在 30% 以下,各大水系年均流量均无法满足流域栖息地完整性所需环境流量。

2. 河流生态环境质量差、生物多样性低,水生态功能退化严重

海河流域 50% 以上河流生态环境状况为中等偏差,难以为生物群落提供适宜的生存和繁殖栖息地。超过 30% 的河流生态环境为极差,中部平原段和下游滨海段超过 45%,导致海河流域水生生物物种贫化,底栖动物群落多样性水平较低,Shannon-Wiener 指数为 0.22~2.73。

3. 地下水面临水量性和水质性缺水压力

1959~2003 年,京津冀地区的平原区浅层地下水水位下降显著,部分区域水位差接近 30 m。区域累计超采量超过 1 550 亿 m³,已经形成了大量漏斗区。

近年来,国家为了海河流域维护和恢复水生态系统,利用南水北调中线进行生态补水。2018 年以来,根据水利部部署,中线一期工程通过退水闸向南拒马河、滹沱河、滏阳河 3 条试点河流的重点河段累计补水约 9 亿 m³,有力保障了华北地区地下水超采综合治理,充分发挥了南水北调工程综合效益。2019~2020 年度,生态供水 24.03 亿 m³。目前河北省滏阳河、滹沱河、七里河等 13 条河流保持常流水,缓解了海河流域"有河皆干、有水皆污"的困局,特别是邢台市七里河下游的狗头泉、百泉干涸了 18 年,2021 年实现了稳定复涌。生态补水恢复了河道基流,形成有水河段长度超过 1 200 km,比海河的总长度多 200 km。天津市海河水位升高,城区段河道水质明显改善。开展加大流量输水工作,不仅可以充分利用汛期洪水资源,还能为缓解北方受水区用水紧张局面、改善生态环境提供水源条件。

1.3 海河流域水资源与水环境综合管理现状与问题

1.3.1 流域管理机构和机制状况

1.3.1.1 国家级

在流域和区域水资源水环境管理上,根据三定方案,生态环境部和水利部两大部门之

间的责任既有划分又有重叠。相关职能机构还包括自然资源部、农村农业部、住房与建设部、国家林业草原局等。水利部主要负责水资源管理等,下设规划计划司、水资源管理司、全国节约用水办公室、水利工程建设司、运行管理司、河湖管理司、水土保持司、农村水利水电司、水库移民司、监督司、水旱灾害防御司、水文司、三峡工程管理司、南水北调工程管理司、调水管理司等机构。生态环境部整合了原环境保护部的职责,国土资源部的监督防止地下水污染职责,水利部的编制水功能区划、排污口设置管理、流域水环境保护职责,农业部的监督指导农业面源污染治理职责,国家海洋局的海洋环境保护职责等涉水工作;自然资源部整合了国土资源部的职责,水利部的水资源调查和确权登记管理职责等涉水工作。

1.3.1.2 流域、区域级[①]

水利部流域水资源管理由派出机构——流域水利委员会和各省(区、市)水利部门共同实施。水利部海河水利委员会(以下简称"海委")是水利部在海河流域、滦河流域和鲁北地区区域内的派出机构(正局级),代表水利部在海河流域内依法行使海河流域水利战略规划的制定、水资源管理与保护、水旱灾害防御、水土保持监督管理、农村水利水电监管指导、河湖水域岸线管理保护、履行流域防总职能等水行政管理职责。并直接管辖流域内重要控制性水利工程。

近年来,海委坚持以习近平新时代中国特色社会主义思想为指导,认真贯彻习近平总书记治水重要论述精神和"节水优先、空间均衡、系统治理、两手发力"治水思路,坚决落实水利改革发展总基调,全面提升流域水安全保障能力,为流域经济社会快速发展提供了坚实的水利保障。

(1)服务国家重大发展战略方面。按照党中央部署,海委积极主动服务京津冀协同发展、南水北调建设、规划建设雄安新区、大清河-潮白河-永定河综合治理与生态修复规划、北京冬奥会水资源保障等重大战略实施。

(2)流域防汛抗洪减灾方面。近年来流域各省市与海委抗洪联防协调机制进一步完善。深入贯彻习近平总书记关于防灾减灾救灾工作"两个坚持、三个转变"重要指示,着力解决流域洪水预测预报、水库工程调度、蓄滞洪区运用、省际防洪协调4个方面薄弱环节,持续提升流域水旱灾害防御能力。编制了《海河流域防汛抗旱水利提升工程实施方案》。

(3)保障流域供水安全方面。加强流域内外水资源优化配置和科学调度,实施引黄

---

① 海河水利委员会.http://www.hwcc.gov.cn/wwgj/zzjg/.

济津应急调水、引滦入津、北京应急供水、晋冀两省向北京集中输水等工作,着力提升流域供水保障能力。

(4)加强水生态环境保护方面。确定海河流域省、市、县"三条红线"控制指标体系,全面实施最严格水资源管理制度考核,大力推进流域重要跨省河流的水量分配工作。多次实施引岳济淀、引黄济淀、引岳济港等生态输水,保障了重要湿地的生态安全。积极开展了重要水功能区监测和达标评估、节水型社会建设、水生态文明城市建设等工作。实施水土流失动态监测和综合治理,水土保持生态建设成效显著。

(5)河湖管理和依法治水管水方面。编制了《海河流域综合规划》《海河流域防洪规划》《海河流域水资源综合规划》等10余项综合规划和专业专项规划。深入落实中央关于河、湖长制的重大部署,推动京津冀晋4省市全面建立河、湖长制体系。协调解决多起重大省际水事纠纷,有力维护了流域良好水事秩序。

生态环境部门派出机构是原华北环境保护督察中心,2017年11月,更名为华北督察局。受生态环境部委托,负责北京市、天津市、河北省、山西省、内蒙古自治区、河南省等区域的环境执法督查工作,主要职责是:监督地方对国家环境政策、规划、法规、标准执行情况。

1.3.1.3 地方级

主要是地方人民政府水利、生态环保机构,负责起草有关水管理方面的地方性法规和规章草案,提出中长期发展规划和年度计划,负责区域水资源、水环境管理等,另外还有地方自然资源、城乡建设、农业农村部门,按照三定方案各自实施自己的管理职责。如水利厅(局)、生态环境厅(局)是地方政府水利、生态环保管理机构,贯彻落实党中央、国务院和省委(市委)关于水利、生态环保工作方针政策和决策部署,在履行职责过程中坚持和加强党对水利、生态环保工作的集中统一领导。

1.3.2 管理机制存在的问题

1.3.2.1 缺乏区域水资源、水环境管理协调机制

流域层面生态环境和水利部门缺少沟通和协商平台。水资源利益不均衡,上下游城乡布局与产业发展缺乏整体统筹设计,准入标准、排放标准、执法力度缺乏协同机制,区域经济发展与水生态保护的空间失衡。平衡中国水资源的竞争性需求以及促进行业之间的合作,对于确保将来更为持续、稳定的经济社会发展至关重要。因此,在流域水资源

综合管理方面,需要加强负责水资源和水环境管理的不同部门之间的机构合作。

1.3.2.2 缺乏数据共享

对规划、目标设定和监测数据共享缺乏整合,难以保证水资源利用和生态环境保护之间实现平衡。

1.4 全球环境基金水资源与水环境综合管理主流化项目概况

2015 年,生态环境部(原环境保护部)和水利部在财政部和世界银行的支持下,合作开发了全球环境基金(GEF)水资源与水环境综合管理主流化项目(简称"GEF 主流化项目")。本项目与世界银行的中国国家伙伴关系战略(2013～2016 年)相契合,并与战略主题:支持绿色增长可持续的自然资源管理模式的示范;在流域层面采取水资源综合管理措施,解决水资源的多重利用问题:包括缺水、洪涝、污染、水资源需求、经济手段和机构制度等;发挥由世界银行和中国政府于近期共同起草的《中国国家水资源伙伴关系战略(2013～2020 年)》的作用密切相关。

项目主要包括 4 部分内容:① 水资源与水环境综合管理主流化模式研究;② 水资源与水环境综合管理示范;③ 水资源与水环境综合管理方法推广(海河、黄河、辽河流域);④ 机构能力建设和项目管理。项目赠款资金为 950 万美元,国内配套 9 500 万美元(环保、水利在执行工程项目实物配套)。实施期为 2016～2021 年。

1.4.1 项目研究范围

根据国家政策方针,生态环境和水利部门确定了各省(区、市)与水相关的"问题区域"。各部门对这些区域的确定标准有所不同。水利部门的确定标准是:① 地下水资源被过度开采。② 用水效率等于或小于 45%。而生态环境部门的确定标准是:水质为 V 类(级别最低的等级)或劣于 V 类;和/或受到工业污染的好水质河道。这些标准已在河北省的试点示范项目区和海河、辽河、黄河 3 个流域的推广区域得到应用。基于以上标准,将整个问题区域的面积确定为 434 700 km²。具体来说,在河北省石家庄市和承德市

（分别位于海河流域滹沱河子流域和滦河子流域）开展项目支持的活动，然后推广到河北省石津灌区和内蒙古自治区河套引黄灌区（分别位于海河流域和黄河流域）以及辽河流域的选定地市。所以，全部项目区域包括试点示范区和推广区域，所覆盖的面积为153 800 km²、占总项目区域面积 35%①的问题区域（表 1-1）。

表 1-1 水利和生态环境部门确定的"问题区域"的估计覆盖范围

	海河流域 （km²）	辽河流域 （km²）	黄河流域 （km²）	问题区域 总计 （km²）	项目区域 （试点示范区＋推广区） （km²）	覆盖率 （%）
生态环境部	218 000	148 000	—	366 000	125 380（55 367＋70 013）	34
水利部	43 700	—	25 000	68 700	28 420（9 400＋19 020）	41
合　计	261 700	148 000	25 000	434 700	153 800	35

1.4.2　项目总体目标

GEF 主流化项目的总体目标为：通过结合耗水（ET）、环境容量（EC）和生态系统服务（ES）的水资源与水环境综合管理理念，旨在项目试点示范区内提高流域和区域水分生产率，减少用水量和水污染，以此引导和控制地下水超采、水资源利用和污染物排放，并将创新性的水资源与水环境综合管理方法应用推广到流入渤海的海河、辽河、黄河三大流域。

本项目将主要通过以下方式实现上述目标：① 在耗水（ET）上限内，采用一切可能的方式来高效地用水，提高灌溉水的利用效率；② 在环境容量（EC）上限内，减少水污染排放；③ 增加河流生态流量。上述措施将会尽量降低对渤海生态系统的负面影响，为全球环境效益（GEB）的实现作出贡献。

1.4.3　项目具体目标

GEF 主流化项目具体目标为：

（1）把基于耗水（ET）/环境容量（EC）技术的水资源与水环境综合管理活动主流化，并将之形成综合管理模式。

（2）在地下水超采综合治理试点项目区执行地下水综合治理行动计划，实现地下水高效利用，减少水消耗量和地下水净开采量。

---

① GEF 海河项目第一期覆盖了海河流域 6.25% 的问题区域。

（3）在试点示范地区，尤其是地下水超采区执行水资源与水环境综合管理行动计划，以减少水资源消耗量（耗水）和污染排放量。

（4）模式化的水资源与水环境综合管理创新办法在海河、黄河和辽河流域进行更大范围的应用推广和不断深化。

（5）进行流域和区域水资源与水环境综合管理方面的能力建设。具体成果应用以承德市为典型，对滦河流域水环境容量、水环境控制单元划定、点源和非点源污染控制、排污许可执行、水资源利用管控等方面成果进行总结，特别是与承德市地方工作结合，并对滦河流域近几年水质水量数据进行分析，从而得出环境效益。

2 水资源与水环境综合管理主流化项目主要内容及创新方法

2.1 水资源与水环境综合管理主流化项目主要内容[*]

本项目主要包括 4 个模块。

1. 水资源与水环境综合管理主流化模式研究

子项目 1 主要解决中国水利、生态环境领域的相关政策问题。选择 2 个试点示范项目区，开展政策研究。即将现行政府政策和创新技术应用于基于耗水（ET）/环境容量（EC）的水资源与水环境综合管理方法研究，通过编制操作手册/技术指南促进其主流化。通过开展的项目活动成果，结合个案分析与研究，鼓励转向更高效的生产方式。

2. 水资源与水环境综合管理示范

子项目 2 主要是结合气候变化所产生的潜在影响，编制和实施 2 个子流域（海河流域的滦河子流域和滹沱河子流域）的目标值分配计划（Target Value Allocation Plan，TVAP）。子项目 2 也将编制和实施海河流域滦河子流域承德市试点示范项目区（水污染区域）和滹沱河子流域石家庄市试点示范项目区（地下水超采区域）的水资源与水环境综合管理规划（Integrated Water Resoures and Environment Management Plannings，IWEMPs），通过结合 ET 和 EC 目标来提高水分生产率，减少用水量和水污染，加强流域的生态环境流量，以此引导和控制地下水超采、水资源利用和水污染排放。子项目 2 的实施将完全基于子项目 1 所取得的活动成果。

---

[*] 由李宣瑾、李红颖、李阳、田雨桐、赵丹阳执笔。

3. 水资源与水环境综合管理方法推广(海河、黄河、辽河流域)

子项目 3 利用之前项目中经 2 个试点示范性子流域和 2 个试点示范地市实践证明的创新技术和政策干预手段,在辽河、海河、黄河流域更大范围应用推广基于耗水(ET)/环境容量(EC)的水资源与水环境综合管理方法。加上之前的试点示范项目,预计最后将覆盖辽河、海河、黄河流域 35％的"项目区域"①。同时,监测推广区域的实际 ET 值和实际水污染排放情况,促进推广区域不同利益相关者为实现可持续发展目标所需的 ET 和 EC 目标值进行咨询协商。该子项目还将支持开发应用 2 个国家级管理平台和数据库。通过推广技术和管理上的创新,将有助于实现海河、黄河、辽河 3 个流域新的 ET 和 EC 目标。

4. 机构能力建设和项目管理

根据世界银行项目科技咨询专家小组(Science and Technology Advisory Panel, STAP)评审提出的建议,子项目 4 将加大对中央及地方政府有关部门能力建设的重视力度,通过咨询服务、培训、研讨、考察等形式,为加强水资源与水环境综合管理(IWEM)提供支持。

GEF 主流化项目的 4 大组成部分彼此间紧密联系,是实现项目发展目标的主要保障。首先,子项目 1 为子项目 2 提供技术支持,子项目 2 得出的个案分析与研究结果将进一步深化子项目 1 的影响;其次,子项目 3 的实施完全基于子项目 1、子项目 2 以及 GEF 海河项目所得出的项目成果;最后,子项目 4 提供咨询服务和培训机会,为子项目 1、子项目 2、子项目 3 的实施与管理奠定基础。

GEF 项目清单如表 2-1 所示。

表 2-1 GEF 主流化项目清单

项 目 名 称	GEF 投资(百万美元)
1. 水资源与水环境综合管理创新方法主流化模式研究	1.300
1.1 水资源与水环境综合管理主流化政策和技术应用研究	0.450
1-1 生态环境部:基于环境容量的城市环境评估方法研究(以承德市为试点)	0.100
1-2 生态环境部:水污染点源排放许可证制度及排污权交易的政策研究(以承德市为试点)	0.100
1-3 水利部:基于 ET 的用水权交付与交易政策研究(以石家庄晋州市为试点)	0.150
1-4 水利部:基层水利服务体系建设政策研究(以石家庄晋州市为试点)	0.100

① 生态环境部门各省(区、市)与水相关的"项目区域"确定标准是:(a)水质为Ⅴ类(级别最低的等级)或劣于Ⅴ类,和/或(b)以优质水为特征的水道受到工业污染。

（续表）

项　目　名　称	GEF 投资 （百万美元）
1.2　水资源与水环境综合管理方法操作手册与技术指南编制	0.850
1-5　生态环境部/水利部：基于耗水（ET）/环境容量（EC）的水资源与水环境综合管理模式操作手册/技术指南（以承德市为试点）	0.400
1-6　生态环境部：基于遥感技术的非点源污染管理操作手册/技术指南（以承德市为试点）	0.100
1-7　生态环境部：水资源与水环境综合管理中综合毒性排放控制的指标体系（以承德市为试点）	0.100
1-8　水利部：基于 ET 的水会计和水审计操作手册/技术指南（以承德市和石家庄市藁城区为试点）	0.150
1-9　水利部：基于 ET 的地下水双控管理操作手册/技术指南（以石家庄市藁城区为试点）	0.100
2. 海河流域水资源与水环境综合管理示范	2.900
2.1　承德市水资源与水环境综合管理示范	1.450
2-1　承德市/生态环境部/水利部：准备和实施基于 ET/EC 的滦河子流域目标值分配计划和承德市级水资源与水环境综合管理规划（IWEMP）	0.400
2-2　承德市/生态环境部：滦河子流域水质和水生态综合监测与评估（海河流域）	0.400
2-3　承德市/生态环境部：滦河子流域基于 ET/EC 的排污定额管理实施	0.150
2-4　承德市/生态环境部：基于遥感的非点源污染控制方法	0.200
2-5　承德市/藁城区/生态环境部/水利部：在工业园区开展基于 ET 的水会计与水审计示范	0.200
2-6　承德市/生态环境部：点源污染排放权及交易研究与示范	0.100
2.2　石家庄市水资源与水环境综合管理示范	1.450
2-7　石家庄市/水利部/生态环境部：准备和实施基于 ET/EC 的滹沱河子流域（海河流域）目标值分配计划和石家庄市级水资源与水环境综合管理规划（IWEMP）	0.400
2-8　石家庄市/水利部：石家庄市基于 ET 的地下水双控管理示范（藁城区）	0.150
2-9　石家庄市/水利部/生态环境部：工业园区和灌区基于 ET 控制的水会计和水审计示范（藁城区）	0.200
2-10　石家庄市/水利部：在农民用水户协会开展科学灌溉管理示范（晋州市）	0.400
2-11　石家庄市/水利部：基层水利服务管理体系建设与水价改革示范（晋州市）	0.150
2-12　石家庄市/水利部：基于 ET 的用水权与交易示范（晋州市）	0.150
3. 在三个流域推广水资源与水环境综合管理方法	3.500
3.1　生态环境部开发国家级水环境技术推广平台	1.350
3-1　生态环境部：基于 EC 的国家流域 GIS 管理平台建设	0.550
3-2　生态环境部：国家水环境技术推广平台（3iPET）的开发、运行与管理	0.600
3-3　生态环境部：评估面向流域的水污染防治方法的有效性（以承德市为试点）	0.200

（续表）

项 目 名 称	GEF 投资 （百万美元）
3.2 水利部开发国家级灌区遥感 ET 监测和管理平台	1.350
3-4 水利部：开发农业节水监测和地下水管理系统 GIS 平台	0.600
3-5 水利部：开发基于遥感/ET 的半干旱区灌区耗水评价系统	0.350
3-6 水利部：基于遥感/ET 的灌区数据采集与信息获取	0.200
3-7 水利部：基于遥感的灌区 ET 数据生产和监测与分析	0.200
3.3 在辽河流域推广水资源与水环境综合管理方法	0.200
3-8 辽河流域/生态环境部：在辽河流域推广水资源与水环境综合管理规划年度监测（在沈阳市、鞍山市、盘锦市、抚顺市）	0.200
3.4 在海河流域推广水资源与水环境综合管理方法	0.400
3-9 海河流域/水利部：在推广区开展水资源与水环境综合管理规划年度监测（海河流域河北省石津灌区）	0.200
3-10 海河流域/生态环境部：在推广区选定污染地区开展水资源与水环境综合管理规划年度监测（在邢台市、唐山市、廊坊市）	0.200
3.5 在黄河流域推广水资源与水环境综合管理方法	0.200
3-11 黄河流域/水利部：在推广区开展水资源与水环境综合管理规划年度监测（黄河流域内蒙古自治区河套引黄灌区）	0.200
4. 机构能力建设与项目管理	1.800 0
4.1 国际水域（International Waters，IW）学习机制计划活动	0.105 0
4-1 专项网页开发应用	0.010 0
4-2 准备两份项目经验报告	0.020 0
4-3 项目结果总结	0.010 0
4-4 国际水域（IW）学习活动一年两次研讨会议	0.065 0
4.2 咨询服务与技术援助	0.320 0
4-5 咨询服务与技术援助（国际）	0.140 0
4-6 咨询服务与技术援助（国内）	0.180 0
4.3 培训和研讨	0.600 0
4-7 培训和研讨（国际）	0.400 0
4-8 培训和研讨（国内）	0.200 0
4.4 项目监测与评价	0.300 0
4-9 项目监测与评价	0.300 0
4.5 项目管理	0.475 0
4-10 项目管理	0.475 0
合　计	9.500 0

技术框架图如图 2-1 所示。

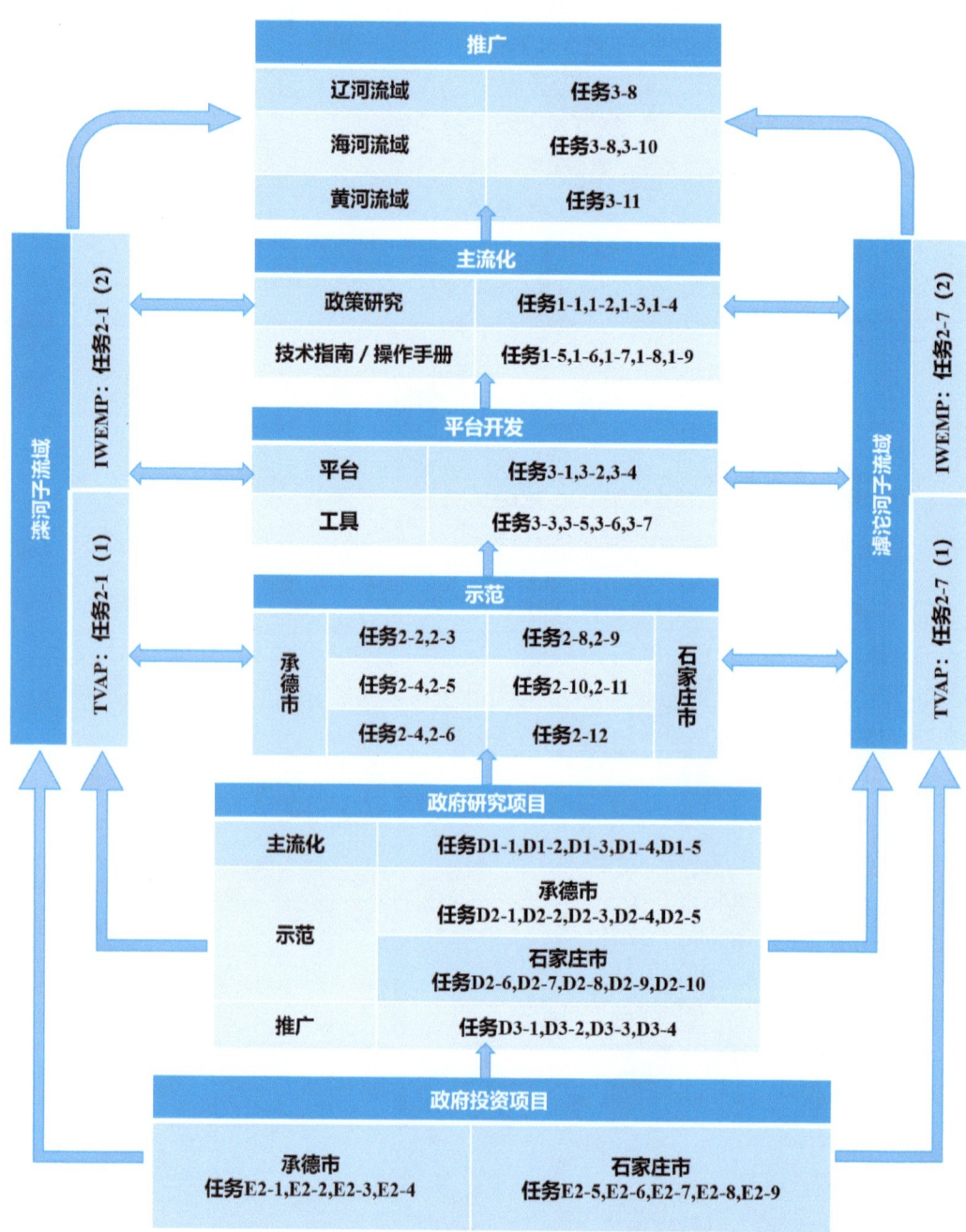

图 2-1　技术框架图

同时设置国内配套项目和配套工程(见表 2-2 和表 2-3)。

表 2-2 国内配套研究项目表(2017—2021 年,310.4 万美元)

项 目 内 容	投资金额(百万美元,美元对人民币汇率按 1∶6.4 计算)	项目执行部门
1 水资源与水环境综合管理创新方法主流化模式研究	0.000	
2 海河流域水资源与水环境综合管理示范		
2.1 承德市水资源与水环境综合管理示范		
2-1 承德市/生态环境部:承德市河流断面水质达标规划研究(承德市兴隆县、平泉市、高新区)(2016 年)	0.279	生态环境部门
2-2 承德市/生态环境部:承德市滦河、武烈河水污染防治规划(承德市)(2016 年)	0.438	生态环境部门
2-3 承德市/生态环境部:承德市总磷源解析与污染防控对策研究(承德市围场县、隆化县、滦平县)(2018—2019 年)	0.191	生态环境部门
2-4 承德市/生态环境部:承德市水环境精细化管理项目(承德市)(2020—2021 年)	0.233	生态环境部门
2-5 承德市/生态环境部:承德市水功能区和水环境质量监控断面优化、整合项目(2020—2021 年)	0.435	生态环境部门
2.2 石家庄市水资源与水环境综合管理示范		
2-6 石家庄市/水利部:河北省平原区地下水双控管理模型研究(石家庄市)(2018—2019 年)	0.355	水利部门
2-7 石家庄市/水利部:河北省水文地质模型研发二期项目石家庄平原区三维水文地质模型研究(石家庄市)(2019—2020 年)	0.188	水利部门
2-8 石家庄市/水利部:河北省地下水超采治理效果水位考核指标研究制定与考核系统研发(石家庄市)(2018—2019 年)	0.914	水利部门
3 在三个流域推广水资源与水环境综合管理方法	0.000	
4 机构能力建设与项目管理		
4.1 国际水域活动	0.000	
4.2 咨询服务与技术援助	0.000	
4.3 培训和研讨	0.000	
4.4 项目监测和评价	0.000	
4.5 项目管理		
4-1 生态环境部 GEF 主流化项目办:项目管理经费(2018—2019 年)	0.072	生态环境部门
4-2 水利部 GEF 主流化项目办:项目管理经费	0.000	
4-3 河北省及 2 个地市级 GEF 项目办:项目管理经费	0.000	
合 计	3.104	

表2-3　国内配套工程建设项目表(2017—2020年,10 702.3万美元)

项　目　内　容	投资金额(百万美元,美元对人民币汇率按1:6.4计算)	项目执行部门
1　水资源与水环境综合管理主流化创新方法模式研究	0.000	
2　海河流域水资源与水环境综合管理示范		
2.1　承德市水资源与水环境综合管理示范		
2-1　承德市/生态环境部:双桥区狮子沟四组水污染防治综合整治建设工程(承德市双桥区)(2016—2017年)	1.629	生态环境部门
2-2　承德市/生态环境部:双桥区双峰寺区域分支管网建设工程(一期工程)(承德市双桥区)(2016—2017年)	2.171	生态环境部门
2-3　承德市/生态环境部:双桥区污水分支管网扩建工程(一期工程)(承德市双桥区)(2016—2017年)	0.795	生态环境部门
2-4　承德市/生态环境部:围场县污水处理二期工程(承德市围场县)(2016—2017年)	15.000	生态环境部门
2-5　承德市/生态环境部:滦平县第二污水处理厂项目(承德市滦平县)(2016—2017年)	10.066	生态环境部门
2-6　承德市/生态环境部:河北木兰围场小滦河国家湿地公园湿地保护与恢复建设项目(承德市围场县)(2017—2018年)	8.898	生态环境部门
2-7　承德市/生态环境部:兴隆县第二污水处理厂(承德市兴隆县)(2018—2019年)	13.344	生态环境部门
2.2　石家庄市水资源与水环境综合管理示范	0.000	
2-8　石家庄市/水利部:地下水超采综合治理地下水高效节水灌溉项目(石家庄市正定县)(2016—2018年)	1.527	水利部门
2-9　石家庄市/水利部:地下水超采综合治理地下水高效节水灌溉项目(石家庄市元氏县)(2016—2018年)	6.914	水利部门
2-10　石家庄市/水利部:地下水超采综合治理地下水高效节水灌溉项目(石家庄市栾城区)(2016—2018年)	0.804	水利部门
2-11　石家庄市/水利部:地下水超采综合治理地下水高效节水灌溉项目(石家庄市正定县)(2017—2019年)	1.231	水利部门
2-12　石家庄市/水利部:地下水超采综合治理地下水高效节水灌溉项目(石家庄市晋州市)(2017—2019年)	0.467	水利部门
2-13　石家庄市/水利部:地下水超采综合治理地下水高效节水灌溉项目(石家庄市栾城区)(2017—2019年)	0.994	水利部门

(续表)

项 目 内 容	投资金额(百万美元,美元对人民币汇率按1:6.4计算)	项目执行部门
2-14　石家庄市/水利部:地下水超采综合治理地下水高效节水灌溉项目(石家庄市深泽县)(2017—2019年)	0.657	水利部门
2-15　石家庄市/水利部:地下水超采综合治理地下水高效节水灌溉项目(石家庄市鹿泉区)(2017—2019年)	2.102	水利部门
2-16　石家庄市/水利部:地下水超采综合治理地表水节水灌溉项目(石家庄市元氏县)(2017—2019年)	1.589	水利部门
2-17　石家庄市/水利部:地下水超采综合治理地下水高效节水灌溉项目(石家庄市元氏县)(2017—2019年)	0.479	水利部门
2-18　石家庄市/水利部:地下水超采综合治理地表水节水灌溉项目(石家庄市赞皇县)(2017—2019年)	2.806	水利部门
2-19　石家庄市/水利部:地下水超采综合治理地下水高效节水灌溉项目(石家庄市赞皇县)(2017—2019年)	0.954	水利部门
2-20　石家庄市/水利部:地下水超采综合治理地下水高效节水灌溉项目(石家庄市正定县)(2017—2019年)	5.111	水利部门
2-21　石家庄市/水利部:地下水超采综合治理磁右灌区节水配套改造项目(石家庄市灵寿县)(2017—2020年)	14.705	水利部门
2-22　石家庄市/水利部:地下水超采综合治理磁右灌区节水配套项目田间工程项目(石家庄市灵寿县)(2018—2020年)	3.232	水利部门
2-23　石家庄市/水利部:地下水超采综合治理南宫地下水库回灌试验工程(第一标段)(石家庄市南宫市)(2017—2019年)	1.871	水利部门
2-24　石家庄市/水利部:地下水超采综合治理地表水节水灌溉项目(石家庄市正定县)(2018—2020年)	1.447	水利部门
2-25　石家庄市/水利部:地下水超采综合治理地表水节水灌溉项目(石家庄市鹿泉区)(2018—2020年)	2.612	水利部门
2-26　石家庄市/水利部:地下水超采综合治理地表水节水灌溉项目(石家庄市平山县)(2018—2020年)	5.618	水利部门

(续表)

项 目 内 容	投资金额(百万美元,美元对人民币汇率按 1∶6.4 计算)	项目执行部门
3　在三个流域推广水资源和水环境综合管理方法	0.000	
3.1　生态环境部开发国家级水环境技术推广平台	0.000	
3.2　水利部开发国家级遥感 ET 监测和管理平台	0.000	
3.3　在辽河流域推广水资源与水环境综合管理方法	0.000	
3.4　在海河流域推广水资源与水环境综合管理方法	0.000	
3.5　在黄河流域推广水资源与水环境综合管理方法	0.000	
4　机构能力建设与项目管理	0.000	
4.1　国际水域学习机制计划活动	0.000	
4.2　咨询服务与技术援助	0.000	
4.3　培训和研讨	0.000	
4.4　项目监测和评价	0.000	
4.5　项目管理	0.000	
合　计	107.023	

2.1.1　水资源与水环境综合管理主流化技术概述

GEF 主流化项目引入基于蒸发蒸腾量(ET)耗水管理、耦合水环境容量(EC)和水生态系统服务(ES)(简称"3E")理念方法,采用遥感监测 ET 技术、水循环模拟等技术方法,在海河流域的滦河子流域和滹沱河子流域开展试点示范活动,并将集成的成果向全海河流域推广应用,全面改善海河流域和渤海海域水环境质量。通过 3E 目标值管理,旨在项目试点示范区内提高流域和区域水分生产率,减少用水量和水污染,以此引导和控制地下水超采、水资源利用和污染物排放,并将创新性的水资源与水环境综合管理方法应用推广到流入渤海的海河、辽河、黄河等 3 大流域,尽量降低对渤海生态系统的负面影响,为全球环境效益(GEB)的实现作出贡献。具体途径:在耗水(ET)上限内,采用一切可能的方式来高效地用水,提高灌溉水的利用效率;在环境容量(EC)上限内,减少水污染排放;增加河流生态流量。

2.1.2　水资源与水环境综合管理理念

2.1.2.1　引入基于 ET 管控的 3E 目标管理技术

基于 ET 管控的 3E 目标管理是以 ET 耗水管理为核心的水资源、水环境、水生态综合管理新理念和方法,通过改变耗水(ET),增加对水环境容量(EC)与生态服务功能(ES)的促进作用,实现流域节水、水质达标和生态系统健康等目标要求,为开展"三水统筹"工作提供主流化技术和工具手段。

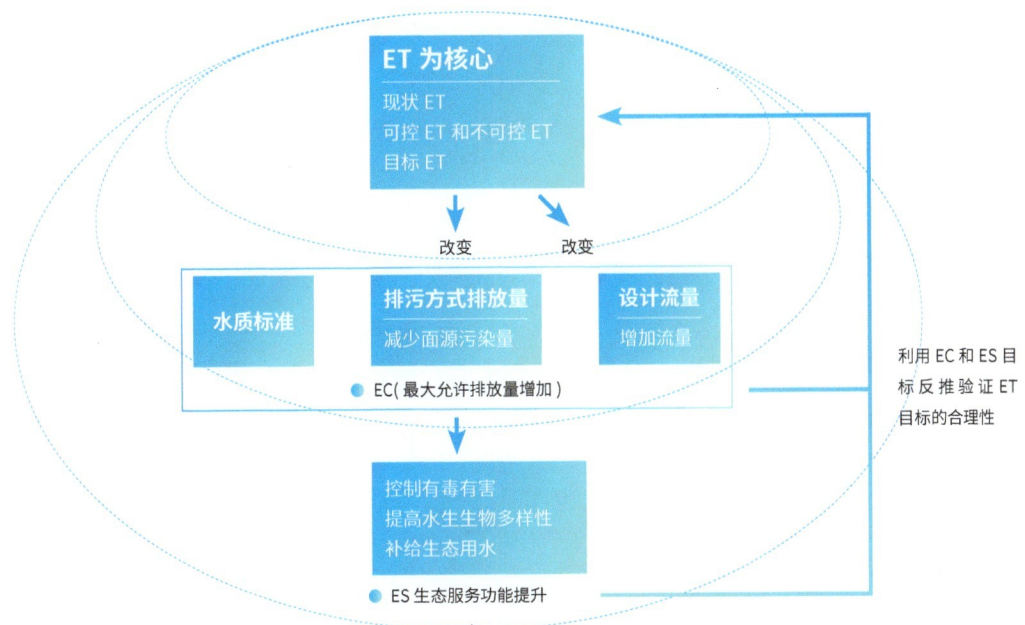

图2-2 目标管理新理念示意图

3E目标管理的整个思路是构建基于蒸散发量ET的闭合评价体系,借助遥感ET模拟技术,开展流域耗水量、不可控ET和可控ET模拟,通过优化管控可控ET确定ET的目标值,研究目标ET确定后对补给河道水量、减少污染排放的作用。在水质目标要求下,基于目标ET的影响,确定目标允许排放量EC,进一步分析目标ET和EC对于提升流域生态服务功能ES的效果,最终基于目标EC和ES的提升效果,反向验证目标ET的合理性,从而推断出可行的3E目标值。

2.1.2.2 基于3E的流域水资源与水环境综合管理主流化规划新方法

基于3E的流域综合管理规划方法,是指在对流域内生态系统不造成负面影响的情形下,开展以供流域区域各种经济活动可消耗的水量(而不是可供使用的水量)为约束指标的水资源与水环境综合管理活动。

规划的内容包括:如何确保以可持续的方式,使流域实际耗用水量不超过可供消耗的水量;如何确保实际水污染排放量不超过河流/湖泊的环境容量;如何确保生态基流满足水生水物保护的水量要求、河流无毒无害,进一步提高生态服务功能质量;应采取哪些行动来实现流域内社会和经济发展与生态保护之间更加平衡的状态。主要模式如下(图2-3):

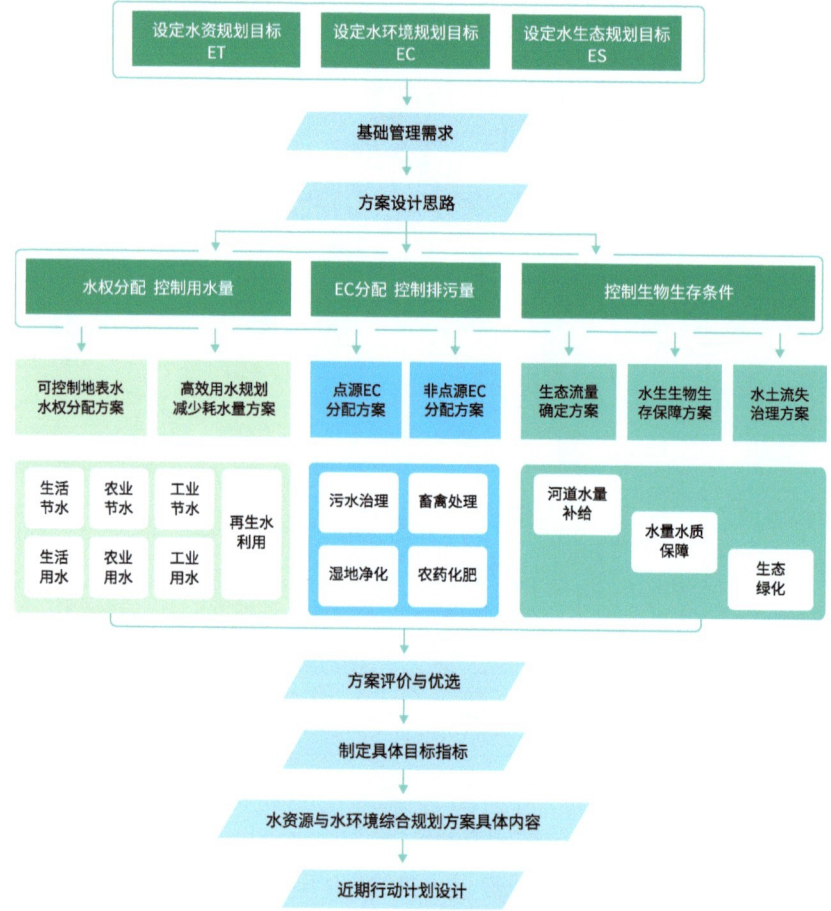

图 2-3　基于 ET/EC/ES 的流域综合管理规划编制内容

(1) 在考虑气候变化影响①的基础上,把一个子流域作为研究目标 ET 和目标 EC 的单位,通过编制和实施流域水资源与水环境目标值分配计划(TVAP),同时所有相关政府机构和利益相关方通过"共同会议决策系统"平台协商和表决,对目标 ET 和目标 EC 达成一致意见。

(2) 通过采取参与性方法在子流域层面得到表决并确定 ET 和 EC 目标后,将之分配到流域内的每一个管理单位。

(3) 子流域内管理单位的水利和生态环境部门根据所分配的 ET 目标和 EC 目标,与

---

① 筹划世界银行决策树框架的目的是为了分析评估项目在编制 TVAP 过程中的脆弱性,调整 IWEMP 以体现项目相对气候变化影响的稳健性(详情请参阅 https://openknowledge.worldbank.org/handle/10986/22544)。

其他利益相关者（例如，相关政府机构、用水单位和排污单位的代表等）商议，共同编制一份区域水资源与水环境综合管理计划（IWEMPs）。

（4）生态环境和水利部门等相关管理单位执行和实施这份区域水资源与水环境综合管理计划（IWEMPs），确保实际 ET 低于 TVAP 中所分配的 ET，实际污染排放量低于 TVAP 中所分配的 EC。

（5）对于实际 ET 和实际污染排放量超过目标的地区，则定期把实际 ET 相对目标ET（通过遥感技术）和实际污染排放量相对目标 EC（通过水质监测站）向相关管理单位的领导汇报，使这些部门动员利益相关者及时采取行动加以改善。

（6）所采取的行动可涉及从当前资源消耗型生产模式向资源效率型生产模式的结构性转变，用较少的水资源消耗水平生产相同或更高质量的产品，同时水污染排放量得到降低，达到绿色发展和可持续性目标。

（7）根据需要，及时丰富和补充相关法律法规和监管体系，促进上述方法的完善和具体实施。

2.2 水资源与水环境综合管理主流化政策和技术应用研究

2.2.1 基于环境容量的城市环境评估方法研究（以承德市为试点）[*]

2.2.1.1 研究背景和意义

水资源、水环境与城市经济社会系统之间是相互影响相互制约的复合系统，由于城市社会经济的发展对水资源的需求量不断增加，当超出水资源、水环境一定承载力时，就会对水资源系统产生压力，水资源系统反过来制约经济社会的发展。我国大部分地区正处在工业化阶段，未来一段时间将进入城市化快速增长阶段，对水资源的需求和水环境的压力进一步加剧。

水环境承载力是在保证一定的生态需水、水环境容量的前提下，基于一定的用水方式和排水方式，区域水资源量和水环境所能承载的最大人口数量和经济规模。水环境承载力是协调流域（区域）环境保护与社会经济协调关系的主要手段。水环境承载力是指

---

[*] 由王西琴、张晓岚、李宣瑾、李红颖、李阳、田雨桐、赵丹阳执笔。

维系水生态系统健康状态下的人类活动阈值,揭示的是某一区域人类活动与水生态系统之间的耦合规律,是联系水环境系统与经济社会系统之间的纽带。水环境承载力以水环境容量与水资源开发利用率为主要约束目标,使经济社会发展朝着有利于环境保护的方向发展,核心是通过对经济社会关键指标的调控,如 GDP 增长速度、产业结构、重点行业发展速度、污水处理率等指标,达到水环境容量目标。

因此,水环境承载力是评估城市环境的重要方向,《水污染防治行动计划》第二条"加快经济结构转型升级"中提出:"建立水资源、水环境承载能力监测评价体系,实行承载能力监测预警,已超过承载能力的地区要实施水污染物削减方案,加快调整发展规划和产业结构。到 2020 年,组织完成市、县域水资源、水环境承载能力现状评价"。因此,开展水环境承载力的研究可为城市环境评估提供科学依据,为水环境保护管理部门提供重要的支撑。

随着我国水环境管理由过去的目标总量向环境质量控制过渡,以及污染控制从单指标逐渐向多指标控制转变,给城市水环境评估提出了更高的要求,对于水环境承载力研究必须将水量与水环境容量相结合进行研究,同时应该考虑城市发展的非线性、动态变化等特征,污染控制指标的选择不应再局限于常规指标,而应选择多种污染物指标。因此,本课题基于环境容量的城市评估方法的研究应该体现水资源开发利用率和水环境容量的统一,以及城市环境的动态性变化特点、多污染指标的控制特征等,从而提出适合城市环境管理的定量化、可操作性的环境评估方法。

2.2.1.2　研究主要内容和研究技术方法

1. 水环境承载力评估指标与方法

根据《生态文明体制改革总体方案》《水污染防治行动计划》"三线一单"等国家战略与政策要求,结合海河流域水环境特征,通过指标显著性、敏感性、代表性、区域性等分析,从压力、状态、支撑力等角度分析,提出和构建水环境承载力指标体系。根据海河流域生态环境功能和水环境质量的目标要求,根据已有研究成果标准、国家标准等,确定评价标准。基于水环境承载力理论基础,建立基于环境容量的城市水环境承载力评估方法,用于综合评价承德市水环境承载状态。

2. 城市水环境承载力预警方法研究

综合考虑城市经济、社会等各子系统之间的动态响应关系,以水环境容量为主要约束,考虑城市水环境承载力系统的非线性、复杂性等特点,运用系统动力学方法,建立各个系统之间的输入响应反馈关系,构建水环境承载力的动态预警优化模型,甄别水环境承载力预警指标。为协调预警指标与水环境承载力提供理论方法。

3. 水环境承载力调控方案

以承德市为例,收集基础数据资料并进行规范化处理,根据已有研究成果标准、国家标准等,确定评价标准,开展水环境承载力评估。基于承德市水环境承载力评价结果,采用SD动态模型,研究承德市水环境承载力,开展水环境承载力指标的敏感性分析,识别影响水环境承载力状况的关键指标,研究建立各项指标与水环境承载力之间的响应关系,分析水环境承载力影响机制。基于水环境容量,从优化地区经济发展规模、经济发展速度、城市化率、产业结构、重点行业结构、污染处理率、污染物排放强度、用水强度等角度出发,提出承德市水环境承载力调控方案。

2.2.1.3　核心结论和成果产出

设计了4种情景,对承德市水环境承载力2025年、2030年、2035年进行预警模拟和优化:① 在历史发展趋势情景下,承德市未来水环境承载力逐步下降,从2018年的可承载状态转变为到2035年的超载状态,超载约68.9%;② 经济社会发展调控情景下,水环境承载力指数得到有效控制,从2018年到2035年承载指数均低于1,到2035年,水环境容量开发利用指数0.92,成为制约水环境承载力的主要因子;③ 水污染控制方案情景下,2020年前的调控力度较大,后期调控力度较小,特别是水污染调控措施对水资源开发利用的调节效果有限,到2035年出现水环境承载力指数大于1的情况,超载约26%,其中水资源开发利用成为水环境承载力的关键限制因子;④ 在经济发展调控与污染控制双约束情景(Double Constraint Scenario,DLS)下,承德市未来的水环境承载力趋于稳定,处于不超载状态。

2025年、2030年、2035年均推荐双约束方案。在推荐方案下,污染物入河量均低于现状值。说明未来承德市一方面需要适当调整经济发展速度与规模,一方面要加强污染控制与水资源节约利用,以满足水环境承载力的要求。

经济社会发展与污染调控双约束情景(DLS)下,承德市2035年可承载的GDP产值约3 866亿元,比现状值增加约2 385亿元,可承载人口数量368万人,人均GDP约10.04万元(图2-4)。三次产业结构比例为11∶23∶66,城镇化率为72.8%,比现状52%提高40%。

在该情景下,工业增加值将持续增长,从2018年的413.2亿元增长到2035年的815.2亿元,增长97%,与经济社会发展调控方案一致。

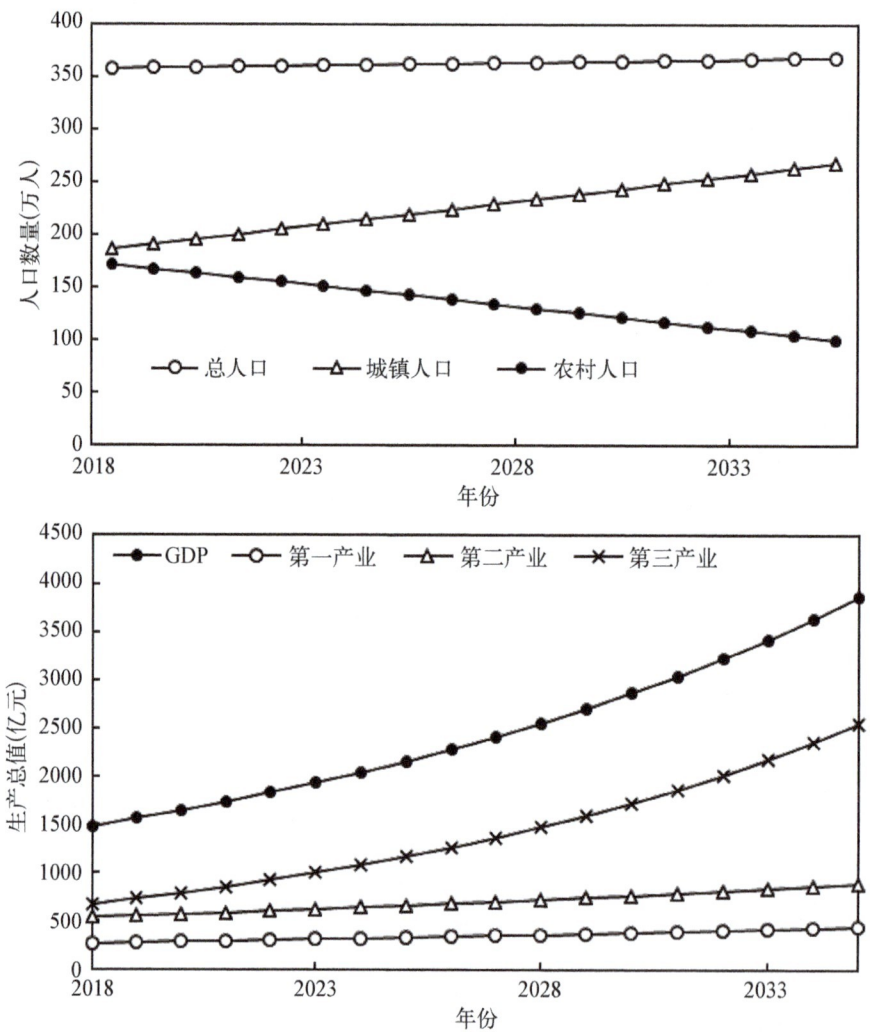

图 2-4 双约束情景(DLS)下承德市 2018～2035 年人口、GDP 变化趋势

到 2035 年,承德市需水总量将减少 15%,种植面积、畜禽养殖规模和农村人口下降,特别是种植面积下降有效抑制了需水的增长态势,从而使得需水量减少。其中农业灌溉用水、工业用水、畜牧业用水、人工环境用水、农村生活用水和城镇生活用水分别增长-16%、-17%、-50%、2%、-42%和44%,农业灌溉、畜牧业和农村生活用水量出现下降趋势(图 2-5)。

主要粮食作物的播种面积总体呈现下降趋势,且不同作物变化速度和方向有所差异。玉米和蔬菜的种植面积上升显著,分别增长 2%和 48%;谷子、薯类、水稻、豆类和小麦有所下降,分别下降 31%、34%、95%、94% 和 66%,但由于下降作物的面积大于增加的作物面积,播种面积总体呈现略下降趋势(图 2-6)。

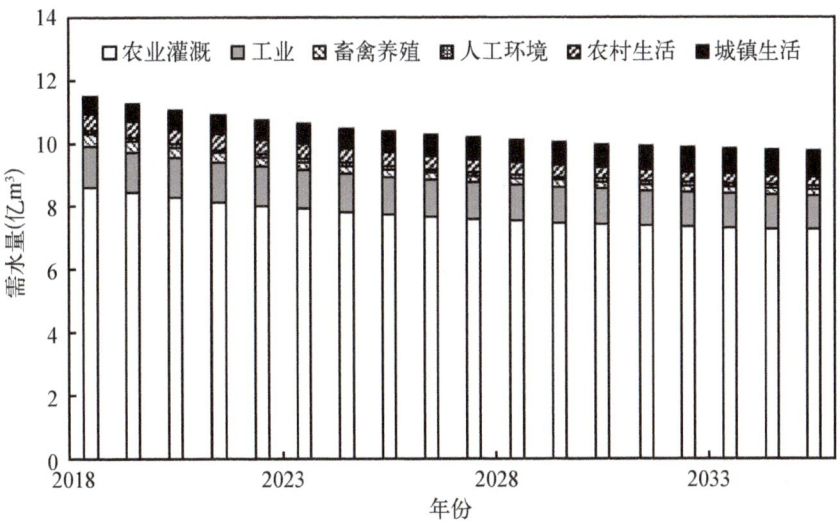

图 2-5 双约束情景(DLS)下承德市 2018~2035 年需水量变化趋势

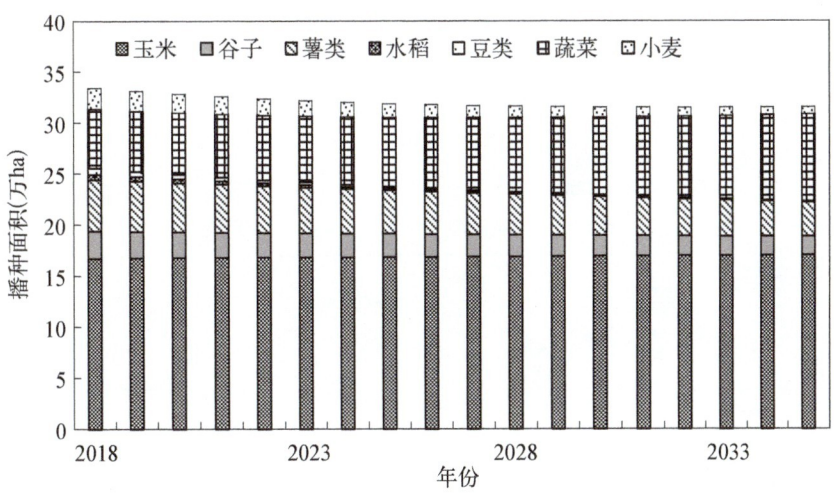

图 2-6 双约束情景(DLS)下承德市 2018~2035 年主要农作物种植面积

畜禽养殖的增长率较低,畜禽饲养量总体将呈现下降趋势。牛、羊、其他大牲畜、猪和家禽期间分别增长 19%、-82%、19%、-99% 和 -73%,其中羊、猪和家禽的饲养量未来将持续下降。

农田灌溉水有效利用系数将从 2018 年的 0.67 增长到 2030 年的 0.78;化肥施用强度从 20.3 kg/亩下降到 8.49 kg/亩;畜禽粪便综合利用从 0.85 增长到 0.90。农村生活污水处理率到 2035 年增长到 70%,城镇生活污水处理率从 2018 年的 80% 增长到 2035 年的 94%,相应的再生水回用量也不断提高,从现状的 12% 增加到 30%。

主要污染物入河量的变化呈现先显著下降后稳定的趋势,表明该情景对污染物的显著削减作用。2018～2035 年化学需氧量、氨氮和总磷的增长速度分别为－25％、－26％和－35％,特别是在 2018～2020 年期间,污染物入河量下降较为明显,之后一致保持相对稳定态势。

双约束情景下承德市水环境承载力趋于稳定,处于不超载状态。水环境承载指数表现为逐年下降趋势,2025～2035 年承德市的水环境承载力指数、水环境容量开发利用指数和水资源开发利用指数分别维持在 0.65～0.71、0.55～0.63 和 0.69～0.73 范围之内(见图 2－7)。

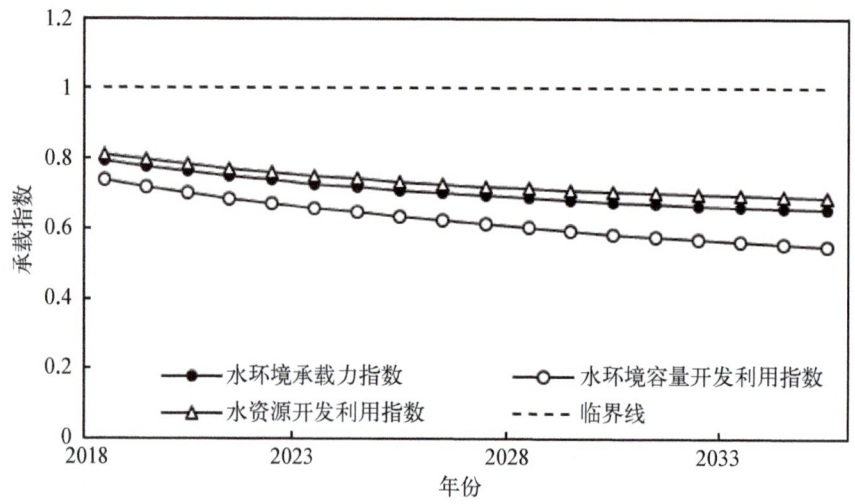

图 2－7　双约束情景(DLS)下承德市 2018～2035 年承载力指数变化趋势

2.2.1.4　主要创新点

(1) 采用系统动力学(System Dynamics,SD)模型作为水环境承载力预警模拟方法,较好地反映了自然水环境系统与经济社会系统之间非线性的反馈关系,本研究在水环境承载力系统因果关系回路中包括了"增容"负反馈回路、"减排"措施负反馈回路、"节水"负反馈回路、土地利用调整负反馈回路等,其中增容通过提高再生水回用率体现,减排通过污染控制、种植结构和畜禽养殖规模等实现,节水通过提高灌溉水有效利用系数实现,土地利用主要是通过生态用地的增加等实现,当生态用地面积增加时,可提升水资源供给,改善水质,提高水环境承载力。体现了水资源、水环境、水生态的结合与统一。

(2) 承德市水环境承载力预警模拟方案。对承德市水环境承载力预警模拟的研究,及不同水平年推荐方案给出的定量化指标,可作为该研究区"十四五"规划定量化参考依据。

2.2.2 水污染点源排放许可证制度及排污权交易的政策研究(以承德市为试点)*

2.2.2.1 研究背景及意义

水资源的缺乏和水环境的不断恶化,一直是中国面临的一项长期存在的突出问题。随着我国社会经济的持续发展,对水的需求也在持续增加。由于水污染加剧,水体质量继续恶化,其中,COD、氨氮等排放多年居全球第一。排污许可(Emission/Effluent Permit)是环境许可中一项点源排放管理的核心工具,是依据环境保护法律对企业的排放行为和政府对企业的监督作出规定,通过许可证法律文书加以载明的制度,建立排污许可证制度是实现面向环境质量的环境管理转型、建立规范严格的企业环境执法体系的基础和关键。诸如现有环境影响评价、总量控制、排污收费制度、环境监测等点源环境管理制度缺乏协调,排污许可制度未能起到点源环境管理核心政策的作用;点源排污许可量与排放量的确定未能统一,排污许可证未能明确如何与排放标准及环境功能挂钩等。因此,针对固定点源的水污染研究排污许可证制度及排污权交易的政策是我国的国家需求,具有重要的现实意义。

"水污染点源排放许可证制度及排污权交易的政策研究(以承德市为试点)"课题是整个项目中关于水资源与水环境管理中水点源排放许可制度及排污权交易的主要组成部分,该课题研究的滦河干流承德段的水环境容量分配政策、点源排放权确权和分配等方面的政策为项目研究区域内的污染排放量减少、水环境质量改善,以及为承德市滦河段水污染点源排放许可制度及排污权交易政策的示范推广提供科技支撑,同时水环境容量核算及排污权确权和初始分配也是一种创新性水环境管理的措施,为研究区域的水资源与水环境综合管理奠定了基础。

2021年《排污许可管理条例》颁布,标志着我国基本建成了以排污许可证为核心的污染源管控体系。实施排污许可制度,是党中央、国务院从推进生态文明建设全局出发,全面深化生态环境领域改革的一项重要部署,是推进环境治理体系和治理能力现代化的重要内容,也是全面落实排污者主体责任、有效控制污染物排放、切实改善生态环境质量的战略举措。

---

* 由门宝辉、尹世洋、丽娜·托库、刘灿均、刘菁苹执笔。

2.2.2.2　研究内容及方法

"水污染点源排放许可证制度及排污权交易的政策研究(以承德市为试点)"课题的研究内容包括:以环境容量(EC)为约束的条件,构建排污权确权模型,对排污权进行初始分配,研究水污染点源排放许可证的相关政策,采用经济分析等先进的方法剖析排污权交易的政策制度,促使水污染排放水平在目标环境容量之下,研究基于水质改善的跨界生态补偿机制,实现环境容量资源在各地区间的优化配置,使流域和区域水环境得到有效改善,并实现良性循环,为解决跨界地区水环境问题提供支撑。

1. 水环境容量分配政策

水环境容量是指某区域水体在规定的环境目标、水文条件、排污情况下单位时间内所能容纳的最大污染物量,是在对流域水文特征、排污方式、污染物迁移转化规律进行充分科学研究的基础上,结合了环境管控需求的污染物管理控制目标,既反映了流域的自然属性(水文特性),又反映了人类对环境的需求(水质目标)。

水环境容量的核算是实施水污染物控制的依据,在水环境容量核算结果的基础上,才能开展初始排污权分配、排污权交易等后续研究工作。一般情况下,水环境容量(EC)的计算分为以下 5 步进行:① 基础资料调查与分析;② 水域概化;③ 划分控制单元;④ 选择水质模型;⑤ 计算水环境容量。

(1) 水环境容量的计算方法

根据《水域纳污能力计算规程》(GB/T25173—2010)和滦河实际状况,对于宽深比不大且河流断面污染物混合均匀的河流,水环境容量计算一般采用河流—维水质数学模型计算。

河段的污染物浓度按下式计算:

$$C_x = C_0 \cdot e^{-K\frac{x}{u}} \tag{2-1}$$

式中,C_x 为流经 x 距离后的污染物浓度,mg/L;C_0 为初始断面的污染物浓度,mg/L;K 为污染物综合衰减系数,1/s;x 为沿河段的纵向距离,m;u 为设计流量下河道断面的平均流速,m/s。

相应河段的水环境容量按下式计算:

$$E = 3.15(C_s - C_x) \cdot (Q + Q_p) \tag{2-2}$$

式中,E 为水域水环境容量,t/a;C_s 为水质目标浓度值,mg/L;Q 为初始断面的设计流量,m^3/s;Q_p 为废污水排放流量,m^3/s;其余符号意义同前。

（2）数学模型参数的确定

初始断面的污染物浓度值：C_0，根据上一个水功能区的水质目标浓度值 C_s 确定。

水质目标浓度值：C_s，采用本功能区的水质目标值，原则上采用满足水功能区水质目标要求的最大值。但有时为了满足下游水功能区水质目标要求，其取值可根据具体情况在水功能区水质目标范围内适当调整。

污染物综合衰减系数：K，分析借用以往工作和研究中的有关成果得出。

设计流量，采用 10 年（2007～2016 年）系列 75％保证率的月平均流量作为月纳污能力核定的设计流量。

设计流速计算：河段月平均流速采用曼宁公式进行计算：

$$v = \frac{1}{n} \cdot R^{2/3} \cdot J^{1/2} \tag{2-3}$$

$$R = A/\chi, \quad J = h_f/l_{\circ}$$

式中，n 为粗糙系数，简称糙率；R 为水力半径，m；A 为河道过水断面面积，m^2；χ 为河道过水断面湿周，m；J 为水力坡度；h_f 为沿程水头损失，m；l 为河段长度，m。

河道过水断面面积和湿周由 10 年（2007～2016 年）系列的月平均水位与大断面数据计算获得，天然河道河床糙率和水力坡度可由历年水文实测数据查得。

（3）水环境容量的数据处理

水文资料的审查和分析：可靠性审查、一致性审查、代表性分析。

选定滦河干流三道河子水文站和乌龙矶水文站 10 年（2007～2016 年）系列逐月平均流量。

对水文站 12 个月流量序列分别利用水文频率分析软件查询系列 75％保证率的设计流量。

曼宁公式计算各水功能区设计流量对应的设计流速。

确定各水功能区模型参数，包括水功能区水质目标、沿河段的纵向距离、水功能区内废污水排放流量等。

建立各水功能区一维水质模型，输入水环境容量计算公式。

计算得到各水功能区水环境容量。

2. 排污权初始分配政策

排污权初始分配是指在相关的政府部门或其他主管部门主导下，采取一定的分配原则和规则,在排污主体间进行既定的主要污染物排放总量分配行为以及所形成的各种法律关系的总和。根据环境容量的计算结果,将区域可排放污染物总量分为点源允许排放量、非点源允许排放量和安全余量。由于在水污染物总量控制过程中面源的污染防控相对比较困难,而且也没办法落实明确的总量控制目标,因此,在现阶段的条件下只针对点源(固定源)确定污染物总量控制目标。综上,区域可分配的初始排污权总量即为环境容量计算结果扣除非点源排污量和安全余量的部分。考虑容量总量控制的初始排污权分配流程如图 2-8 所示。

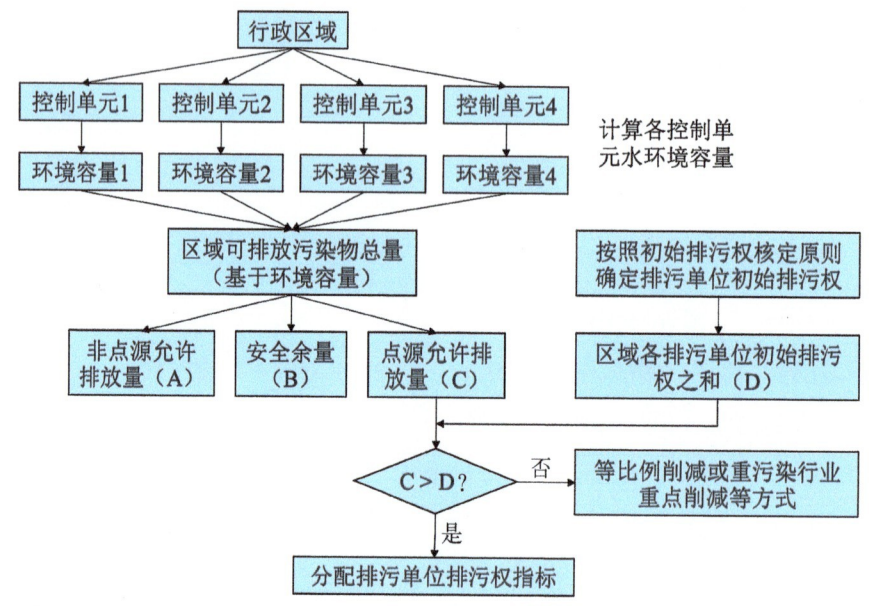

图 2-8　考虑容量总量控制的初始排污权分配流程

排污权的初始分配是一项意义重大的工作,其分配方法的适当与否关系到能否有效、有力地实现容量总量控制目标,同时也直接关系到各方面之间的利益分配与协调。影响排污权初始分配的重要因素包括现状、社会经济贡献、产业结构、发展阶段、环境容量值等。

用水环境容量为约束确定的污染物允许排放量与污染源的位置、排放量、排放方式、排放污染物的种类、污染源管理、技术和经济承受力直接相关。其分配的方法有很多种,其中等比例分配法、多目标优化分配模型法、层次分析法、基尼系数法是目前应用最为广泛的几种方法。等比例分配法操作简单,却易造成不公平;多目标优化分配模型法和层次分析法的指标选择灵活,但是受主观性影响较大;基尼系数法指标选择综合性高,但权重参数需要多次调整,比较繁琐。如果当地水质、社会、经济等资料充足时,可采用基尼系数法进行确权分配；当资料相对充足时，可以采用等比例分配法结合多目标优化分配模型法或层次分析法进行初始排污权的分配；当条件不允许时，可采用等比例分配法进行确权的分配。

3. 点源排污权交易政策

排污权交易制度作为一种以市场为基础的经济政策手段，明显不同于以命令控制型为特征的政策手段。排污权交易不需要像排污收费那样，事先确定排污标准和相应的最优排污费率，而只需要确定排污权数量并找到发放排污权的一套机制，然后让市场去确定排污权价格。通过排污权价格的变动，排污权市场可以对经常变动的市场物价和厂商治理成本作出及时的反应。

（1）流域排污权交易模式

根据交易类型的不同，流域排污权交易的模式可分为：水功能区内的交易模式、水功能区之间的交易模式、跨行政区的交易模式及跨水系的交易模式等。

（2）排污权交易工作的技术要点

建立以排污许可制为核心的排污权交易制度，方案设计与许可证制度的实施完全融合，把排污许可量看作排污权，排污许可量大小即是排污权的多少并以排污许可证为载体，排污权的分配、使用、清算依托排污许可证的核发、监管、年审等工作开展。

（3）排污权交易市场的建立

排污权交易市场可分为一级市场和二级市场。

一级交易市场主要包括政府有关部门和排污单位两个主体，政府部门代表广大人民与排污单位进行交易，实现排污权的初始分配，该过程由政府主导，并不能进行自由交易，但是这种交易模式并不是强买强卖，而是以自由交易为基础的。二级市场主要是在政府的监督管理之下，各个排污单位之间进行排污权交易，从而实现环境资源的优化配置。排污权交易的流程如图 2-9 所示。

4. 生态补偿研究

生态补偿就是通过实现生态保护外部性的内部化，在让生态保护成果受益者支付相应费用的同时，使生态建设者和保护者得到合理的补偿，以激励人们继续进行生态保护投资并使生态资本增值。其实质是流域上下游地区之间部分收入的重新再分配过程，目的是建立公平合理的激励机制，加快上游地区的开发建设步伐，使整个流域能够发挥出最佳的产出效益，促进全流域经济社会的可持续发展。补偿机制的内容主要包括生态补偿主客体、补偿方式、补偿标准、机制实施的保障措施等要素。

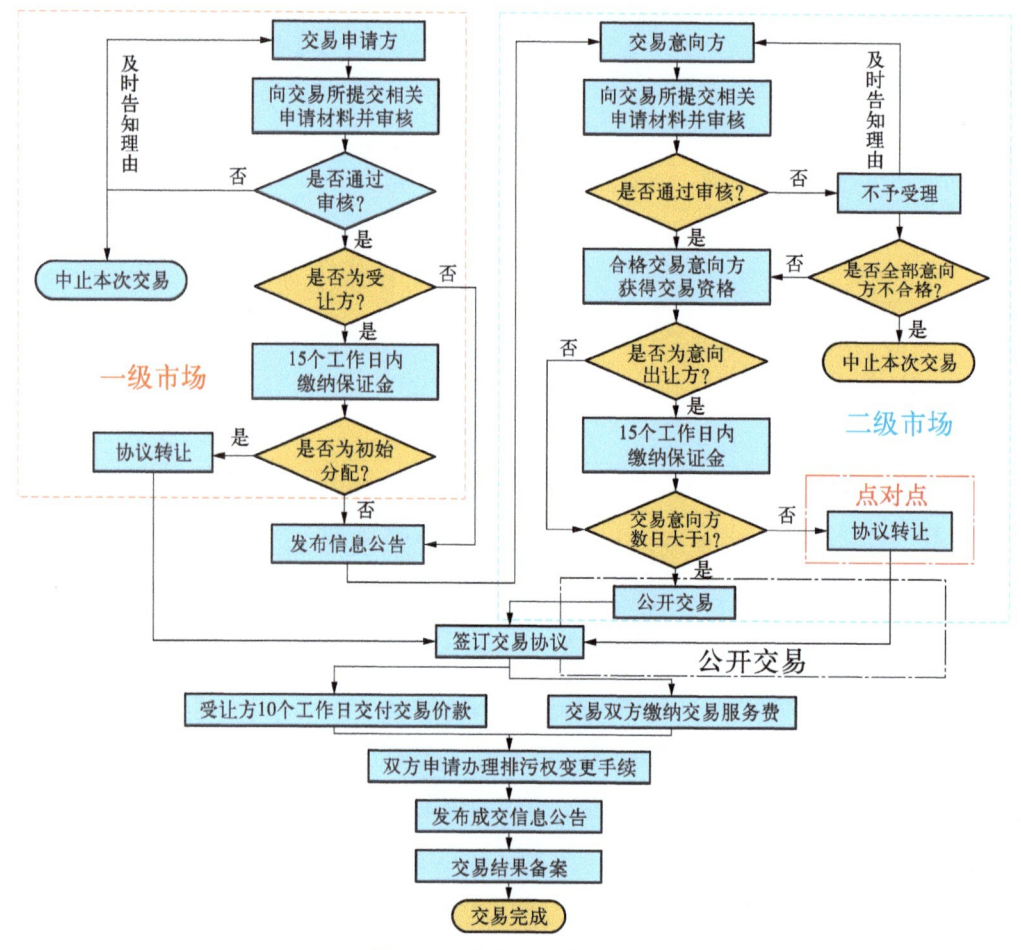

图 2-9 排污权交易流程图

（1）流域跨区水污染经济补偿机制

明确流域水污染的行政区分包治理责任,建立流域跨区水污染的经济补偿制度,是解决流域水资源开发利用的外部性、保护行政区际水资源开发权益、协调流域区际矛盾的重要突破口。解决流域跨行政区水污染纠纷是跨行政区利益协调的重要内容,而建立流域跨区水污染经济补偿的运行机制又是解决流域跨区水污染纠纷的关键。主要包括：① 流域跨区水污染经济补偿的协调机制;② 流域跨区水污染经济损失的评估机制;③ 补偿资金的筹集机制;④ 水污染应急处理机制。

（2）多级行政区生态补偿机制

针对跨区域生态补偿研究中面临的补偿标准难以达成共识、补偿效率低等问题,构建了基于多级行政区划的生态补偿框架。该框架基于生态服务的供需水平,以多层级的政府为实施主体,对大范围、多层级、长周期的区域生态补偿金进行核算。生态补偿框架的多级基本框架是将第一层级(国家—省级行政区)、第二层级(省—市级行政区)、第三层级(市—区县级行政区)这三个单级框架,组合构成一个三层级的多级框架。

(3) 流域跨行政区长效补偿机制

重点是推进跨行政区流域上下游横向生态补偿,突破行政区管理边界,形成上下游地区间共建共享机制;继续创新重点生态功能区财政转移支付机制,保障重点生态功能区的发展权益;实施市场化、多元化生态补偿,提高补偿机制实施成效,发挥多主体能动性以及不同补偿方式的灵活性和适应性。主要做到:① 推进建立跨行政区流域上下游横向生态补偿机制;② 完善重点生态功能区转移支付制度;③ 健全滦河流域市场化、多元化补偿机制;④ 强化滦河流域生态补偿实施保障。

2.2.2.3　创新点

(1) 梳理了容量总量控制的计算方法,在考虑现状因素、社会经济发展贡献因素、产业结构因素、发展阶段以及环境容量等因素的基础上,对比几种常用的水环境容量(EC)分配方法。

(2) 以梳理点源排污权交易方面的相关政策和法律文件为基础,剖析了排污权交易的政策制度,结合其他试点地区实施经验和国内外相关研究现状制定研究方案。排污权交易市场分为一级市场和二级交易市场,一级市场即为政府部门代表广大人民群众与排污单位进行交易,实现排污权的初始分配的过程;二级市场主要是在政府的监督管理之下,各个排污单位之间进行排污权交易的过程。

(3) 构建了基于多级行政区划的生态补偿框架,以期促使水污染排放水平在目标环境容量之下形成基于水质改善的跨界生态补偿机制,实现环境容量资源在承德市各个地区间的优化配置,使流域和区域水环境得到有效改善。

2.2.3　基于耗水(ET)的水权交付及交易政策研究与示范(以石家庄晋州市为试点)*

2.2.3.1　研究内容与成果

项目为落实最严格的水资源管理制度,对农田灌溉用水实行总量控制和定额管理相结合的制度,建立适用于地下水超采区的水权分配与交易机制,促进地下水保护的农业

---

* 由常戈群、伍黎芝、陈向东、王玥执笔。

水价政策和调控机制,推动水资源的合理高效利用,为缓解地下水超采和改善生态环境提供支撑。项目主要研究内容包括基于耗水控制的用水权配置原则和方法、基于耗水控制的用户水权分配指标核算方法及分配方案、基于耗水控制的水权交易规则与机制、基于耗水控制的可交易水权指标核算方法、促进地下水保护的农业水价政策和调控机制、基于 ET 的用水权分配与交易示范。

1. 基于耗水控制的用水权配置原则和方法

项目首先提出了从区域—行业—用户的用水权和耗水指标配置方法。水权分配的思路为明确区域用水权益,区域用水权即区域用水总量控制指标和跨界江河水量分配方案。其次核定各行业分配水量,生活以近 3 年实际用水量平均值确定合理的人均日用水量,结合现状人口总数分配;工业以万元工业增加值用水量、单位产品用水量等计算水量;生态通过人口及人均生态用水定额分析;政府预留原则上不超过总分配水量的 5%;农业为区域可分配水总量扣除预留水量、合理的生活、工业和生态环境用水量后的剩余水量,按各农户确定的灌溉面积进行分配,以行业水权分配给农业水量为控制总量,平均分配到总灌溉面积中,即为分配给农户的亩均用水量,乘以农户占有的灌溉面积的数量,即可得到每户所分配的用水总量。

耗水指标分配首先需要确定区域目标 ET。目标 ET 是指在区域内满足经济持续发展与社会建设要求的可消耗水量,也就是耗水的天花板。项目基于水量平衡的"自上而下法",从区域整体角度出发,推求目标 ET。目标 ET 包括不可控 ET 和可控 ET,不可控 ET 为用于水域、林灌草地和未利用土地中的降水的蒸腾蒸发,项目通过遥感反演与模型模拟计算得出。可控 ET 为人类活动可以消耗的最大可耗水量,其中居工地的人工用水ET,先利用分行业定额法计算居工地的用水总量,再通过耗水率法计算得到居工地的人工补水 ET;农业灌溉 ET 为扣除居工地的生活、工业、生态的耗水量,农户耗水按各农户确定的灌溉面积进行分配,即由亩均耗水量(农业可耗水量减去有效降水量再除以总灌溉面积),乘以农户占有的灌溉面积的数量,得到每户所分配的可耗水量。

2. 基于耗水控制的用户水权分配指标核算方法及分配方案

农户水权指标即为设计到斗口断面的取水指标 Q_{im},项目在农户水权指标的基础上,增加了农户的 ET 控制指标。ET 控制指标即农户可以消耗的最大水量,用于控制灌溉的实际耗水量。通过 ET 用户分配指标可以推算用户可取用水量,即基于 ET 控制的农户水权分配指标 $Q_{农}$,是可允许最大耗水量对应的取水指标。

由于只有取水量可以直接监控,可以将基于耗水指标核算的用户水权指标 $Q_{农}$ 作为取水指标。出现现状取水分配指标 Q_{im}（即现状用户水权指标）和基于 ET 耗水指标的用户水权分配指标不相匹配时，将 ET 指标作为核心。

当 $Q_{浓} < Q_{im}$，$Q_{im} = Q_{浓}$；

当 $Q_{浓} > Q_{im}$，$Q_{im} = Q_{im}$。

项目认为有必要建立取水指标的调整制度，即当发现区域、取水单位和个人、用水户产生的 ET 和退水量超过分配的指标时，相应地减少下一年度（下一轮次）的取水指标。需要在取水许可的有关法律法规中明确，管理机构有权根据 ET 监测结果对取水指标进行调整，从而有效控制对水资源的消耗。

项目同时提出了水权指标监管制度，其中取水指标的监管包括做好取水工程核实、建立完善取水监管制度、加强基础设施建设；耗水指标的监管包括耗水指标监管机制、基于遥感的 ET 监测；退水指标的监管包括建立退水监测机制、加强退水工程设施建设、加强退水污染综合管理。

3. 基于耗水控制的水权交易规则与机制

可交易水量主要来源于区域节余水量，即以区域用水指标为基础，在年度或一定期限内节余的水量；取水户取水权，无偿取得的取水权为通过节水措施节约的水资源，有偿取得的取水权为合法取得的部分或全部取水权；政府持有水权，包括政府回购或有偿收储形成的储备水权，区域预留的用水指标、新增用水指标等；农户或农村集体组织用水权，即农户或农村集体组织全部或部分的用水权。

基于耗水的可交易水权核定。在宏观层面上，当区域农业现状实际 ET 小于区域农业分配的目标 ET 时，农业 ET 被允许进一步增加，即可以增加相应的灌溉水量，除用于转让给新增灌溉用水户外，可增加的灌溉水量也可以用于低于或同等耗水水平的工业企业新增用水。该可增加的灌溉水量即为基于 ET 行业控制指标的可交易的水量，可根据现状实际 ET 与目标 ET 反推取水量的差值进行推算。在微观层面上，研究提出可基于交易耗水变化评估的可交易水权指标分析，当区域现状实际耗水达到或超过区域目标 ET 时，在进行水权交易时，需要评估交易带来的耗水量变化，耗水量减少或不增加的交易是被允许或鼓励的；当区域现状实际耗水未达到或超过区域目标 ET 时，在进行水权交易时，也需要评估交易带来的耗水量变化，耗水量增加的水权交易是要被限制交易水量的。

研究提出了基于 ET 控制的水权交易规则，明确水权交易前要评估测算交易引起的耗水量变化，提交耗水评估材料。若测定水权交易方案完成后 ET 耗水量增加的，则需要重新制定和评估水权交易方案、耗水评估材料。当区域现状实际耗水未达到区域目标

ET 时,当区域用水单位希望通过水权交易获得水资源时,需要从交易水量方面限制低耗水转让方向高耗水受让方的交易。当区域现状实际耗水接近或超过区域目标 ET 时,当进行水权交易时,允许耗水量不增加的交易;鼓励耗水量减少的交易;禁止耗水量增加的交易。当区域现状实际耗水接近或超过区域目标 ET 时,提倡转让方通过休耕或退灌还水方式出让水权,转让方减少 ET 耗水达到原耗水量 60% 以上的,根据耗水减少程度在交易价格上给予不同程度补贴。预留专项资金用于增加河湖生态流量或减少地下水开采的政府水权回购。

研究开展了水权交易价格研究,分析得出影响水权交易价格的关键因素,具体包括自然因素:水资源的分布有极强的时空不均匀性,水资源越稀缺,水权价格也越高。经济因素:社会经济发展水平越低,则水权交易主体能承受的水权交易量也越少,对应的水权价格相对较低;反之,则越高。工程因素:包括工程设施规模、工程状况、供水保证率等。生态与环境因素:水质的下降会减少水资源的多功能性,打破水资源的供需平衡,造成"水质型缺水",从而影响到水权价格。交易期限因素:水权交易期限越长,该过程中不可控因素增多,可能出现的风险越大,水权交易价格也就越高。社会因素:由于我国由计划经济体制转变成了市场经济体制,水权市场市场化的程度对水权价格有着关键性的影响。对于农业—工业间水权交易,《水权交易管理暂行办法》提出,需要根据补偿节约水资源成本、合理收益的原则,综合考虑节水投资、计量监测设施费用等因素确定交易价格。因此,考虑成本是农业—工业间水权交易定价的主要机制,工程因素就成了影响农业—工业间水权交易价格的主要因素。农业—工业间水权交易总成本应涵盖:节水工程建设费用、节水工程和量水设施的运行维护费用、节水工程的更新改造费用、工业供水因保证率较高致使农业损失的补偿、必要的经济利益补偿和生态补偿等。此外,还有必要的税费等,其中,节水工程建设费包括渠道砌护费及配套建筑物费、边坡整修费、道路整修费、道路绿化费、临时工程费及其他费用等。节水工程和计量设施的运行维护费用是指新增灌溉渠系的防渗砌护及各类设施等新增工程的运行、维护费用。节水工程的更新改造费用是指当节水工程的设计使用期限短于水权交易期限时所必须增加的费用。工业供水因保证率较高致使农业损失的补偿,即因设计保证率的不同,在枯水年为保证工业用水而减少农灌用户用水所造成的农作物收益减少,需给予农民一定的补偿;经济利益补偿成本是指经济发展水平在很大程度上影响着水权交易价格,对水管单位给予必要的经济利益补偿;生态补偿成本是由于水权交易造成的生态变化,应该由水权交易项目进行生态补偿;风险补偿成本是指水权交易期限越长,该过程中不可控因素增多,可能出现的风险越大,水权交易价格也就越高。工业企业间、农户间水权交易有集市型特点,对多个买家和多个卖家的报价进行定期统一匹配,频率可以是每周一次,形成市场的均衡价格。在形成指导价方面,以实现的交易水量最大为原则,通过多用户出价排序方式进行交易撮合,确定水权交易指导水价。在该交易机制下,水权交易的成交价格为边际卖家与边际买家的算术平均价格。集市型算法的撮合过程包括:首先将集市中所有卖家的出价按升序排列,所有买家的出价按降序排列;其次依次计算集市中累积的买水量和卖水量;最后当累积水量接近,且临界线处买家出价大于卖家出价,将临界线处买卖双方,即边际卖家与边际买家出价的平均价格作为市场均衡价格。

研究设计了基于耗水控制的水权交易方案,其中灌溉用水户水权交易的主体是指灌区内农户以及用水组织。本次示范实施的灌溉用水户水权交易,是将农业灌溉用水由高耗水农户向低耗水农户的有偿流转。灌溉用水户水权交易期限不超过一年的,不需审批,由转让方与受让方平等协商,自主开展;交易期限超过一年的,事前报灌区管理单位或者县级以上地方人民政府水行政主管部门备案。政府水权回购方一般是政府或者其授权的部门,回购对象一般只针对农业用水,即政府以一定的价格对灌溉用水户节余的水权进行回购,将节余灌溉用水转化为生态用水,有效降低耗水值,同时农户通过回购交易获得收益,有利于激发农户主动节水的动力。政府回购实施步骤主要包括政府回购水权交易方案编制与审批、政府回购水量统计、交易平台挂牌交易、资金结算等。

4. 促进地下水保护的农业水价政策和调控机制

国家层面,为建立健全农业水价形成机制,促进农业节水和农业可持续发展,2016 年 1 月 21 日国务院办公厅发布《国务院办公厅关于推进农业水价综合改革的意见》,文件中指出从分级制定农业水价、探索实行分类水价、逐步推行分档水价三方面来建立健全农业水价形成机制。

地方政府层面,为规范农村供水用水活动,保障农村供水用水安全,维护农户和用水合作组织合法权益,加快农田水利发展,促进地下水资源保护,河北省有关部门在农业水价改革方面制定"定额管理、超用加价的水价制度"和"一提一补农业水价收费政策"。

研究提出了水权管理与考核评价机制,包括成立组织领导,加强协调合作,成立市水权管理与考核评价领导小组,组成水权交易基层服务组织。科学分工,逐村、逐水源工程落实水权交易,协调解决水权交易中的具体问题,层层签订责任书;强化目标考核,明确奖惩责任,全面实施基于耗水控制的水权交易制度考核,建立水权配置和耗水控制目标责任制,完善考核评价体系,突出双控要求和突出节水考核要求;健全交易体系,实现两手发力;坚持政府引导、市场主导的原则,用政府行为推进水权分配,为水市场的发育创造条件;发挥舆论宣传作用,提高节水意识,结合晋州市农业水价综合改革工作的推进,充分利用大众媒体、协会宣传栏广泛开展宣传活动,提高广大市民的水权意识和节水认识。

2.2.3.2 基于 ET 的用水权分配与交易示范

1. 晋州市水权及 ET 指标分配

研究得出晋州市地表水可利用量为 0 万 m^3;南水北调水量为 2 430 万 m^3,浅层地下水开采量为 8 454 万 m^3。生活分配水量按照 10% 的管网漏失率折算到供水厂,水量为 1 455 万 m^3;工业分配水量按近 3 年实际平用水量方式核定,为 1 173.3 万 m^3;生态用水以非常规水为第一水源,晋州市非常规水能够满足全市生态环境用水需求,不占用可分配水量;晋州市预留水量只考虑生活需水增量,为 51.3 万 m^3;农业可分配水量为 7 804.4 万 m^3。进一步将行业用水指标确权到用水户,生活用户水权确权到各水厂,按照人均合理用水量与各水厂供水人口的乘积计算;晋州市规模以上工业用水企业共计 315 家,以近 3 年实际平均用水量为企业水权;生态环境水权为近 3 年年平均合理用水量,确权到园林绿化管理局;晋州市各乡镇、行政村农业水权及农业终端用水户水权等于亩均水权量与对应耕地面积的乘积。

研究采用区域水平衡分析方法,分不同地下水超采程度,考虑外调水的 3 种情况,设计 5 种方案计算晋州市目标 ET,经过比选,$P=50\%$、$P=75\%$ 目标 ET 为 494.47 mm、422.08 mm。晋州市不可控 ET 采用分布式水文模型和遥感分别计算,分布式水文模型根据 WEP-L 模拟,$P=50\%$、$P=75\%$ 的不可控 ET 分别为 203.91 mm、156.17 mm。基于遥感空间降尺度方法估算:其不可控 ET 值与 WEP-L 模拟值相近。根据总目标 ET 与不可控 ET 计算结果,得出 $P=50\%$、$P=75\%$ 可控 ET 为 290.56 mm、265.91 mm。

根据晋州市水权分配结果,晋州市生活分配水量为 1 455 万 m^3。扣除按照 10% 的管网漏失率折算到城镇集中供水厂的水量,城镇生活用水与农村生活用水量为 1 322 万 m^3。本次计算生活耗水率取 0.30,则生活耗水量为 6.41 mm。

晋州市工业分配水量为 1 173.3 万 m^3。考虑晋州市工业结构,以及工艺水平,工业耗水率取 0.35,则工业耗水量为 6.63 mm。

晋州市生态用水量为 450 万 m^3,若不利用再生水,则本次计算中景观用水的耗水率取 0.90,生态耗水量为 6.54 mm。考虑到晋州市污水处理厂实际日处理能力可达到 6 万 m^3,污水经处理后年均再生水排放量达到 2 153 万 m^3;生态环境用水量,以非常规水为第一水源,能够满足全县生态环境用水需求,则生态耗水量分配问题再讨论。

农业耗水采用自上而下农业耗水分配、自下而上计算灌溉耕地 ET、基于遥感数据的实测灌溉耕地 ET 对比分析,自上而下方法分配的农业耗水 ET 略高于自下而上方法所得,这表明分配用水能够满足区域种植结构耗水量需求,可供种植作物正常生长;遥感实测农业耗水 ET 远大于分配 ET 值,表明 ET 指标分配处于合理范围,能够有效控制农业灌溉 ET 消耗,减少无效消耗,从而节约水资源。

研究对基于耗水的水权指标核算,用户指标核算可由农业最大可耗水量反算取水量,并与已分配的农业用水权作比较,当出现取水指标和 ET 指标的分配不相匹配时,则将农户 ET 指标作为刚性耗水约束。在示范实施时,选取晋州市东里庄镇安家庄村进行村级范围示范工作,根据晋州市水权及 ET 指标层级分配得到安家庄村分配结果,得出安家庄村分配耗水指标为 18.48 mm,核算水权为 24.99 万 m³。

2. 晋州市基于耗水控制的水权交易规则

分析得出基于耗水不提倡与推荐水权交易类型。不提倡如下情况的交易:灌溉用水户水权交易,当转让方采用田间节水方式;灌区与工业企业交易,当灌区作为转让方采取渠系节水方式;取水权交易,当受让方为高耗水产业。推荐如下情况的交易:灌溉用水户水权交易,当转让方采用休耕方式;退还灌溉用水、取水权交易,当受让方为低耗水产业;灌溉用水户水权交易,当转让方通过改为旱作作物节水;受让方为生态用水的交易,如地下水水权回购、跨区域调水交易、水源置换的交易。

3. 晋州市数据库搭建及 APP 开发

水权确权数据库,实现用水户信息、地亩数、亩均水量、耗水指标、取水指标、水权登记的登记入库与数据管理。

在水权确权数据库的基础上,搭建水权交易系统并开发手机 APP,实现用户注册、交易申请、信息公告、交易撮合、资金结算及交易鉴证等功能,具备开展取水权交易、灌溉用水户水权交易、政府回购等不同类型水权交易的系统条件。

4. 水权交易案例

(1)成安县水权回购。2017 年 3 月及 2019 年 6 月,成安县开展了两次政府回购。2017 年成安县回购节余水权额度 31.09 万 m³,回购金额 6.2 万元。2019 年回购节余水权额度 13.12 万 m³,回购金额 2.6 万元。成安县政府回购水权的实施,提高了农业用水户节水意识,有效降低了当地耗水,推动了地下水超采区治理工作的有效开展,提升了基层水行政主管部门对通过市场机制参与水资源管理的认识。

(2)元氏县灌溉用水户水权交易。经村级农民用水者协会宣传员,在元氏县水务局及中国水权交易所的共同指导、审核下,苗庄村、西郝村、东韩台村多位用水户参与到了灌溉用水户水权交易中,2019 年、2020 年累计成交灌溉用水户水权交易 47 单,交易水量 10 879 m³。灌溉用水户水权交易将以往单纯依靠奖补进行地下水压采的行政手段,改变为政府制定指导价的市场化手段,上一年度节水的农户将节余水权转让给超用水的农户,获得了节水收益,激发了农户主动节水的内生动力,同时通过水权交易降低了当地实际耗水量,利用市场手段提高了水资源的利用效率和效益。

2.2.3.3　创新点

本课题提出了基于耗水控制的用水权配置原则和方法、用户水权分配指标核算方法、水权交易规则与机制、可交易水权指标核定方法、促进地下水保护的农业水价政策和调控机制。以晋州市为示范区进行了水权与 ET 耗水指标分配,提出基于耗水控制的水权交易规则、水权确权登记数据库设计、水权交易模式及交易平台设计、农业水价与补贴政策、水权管理与考核评价机制。项目将耗水管理与水权相结合,对农业用水进行总量控制和定额管理,建立适用于地下水超采区的水权分配与交易机制。在水权指标控制基础上增加耗水控制,进一步完善了水资源总量控制体系,推动水资源的合理高效利用。

项目首次将耗水(ET)理念引入水权交易体系,相关研究成果在河北省成安县、元氏县得到推广应用,具有较好的创新性。

2.3　水资源与水环境综合管理方法操作手册与技术指南编制

2.3.1　基于 ET/EC/ES 的水资源与水环境综合管理技术指南[*]

2.3.1.1　编制背景

本技术指南在 GEF 海河一期项目试点示范项目成果和应用推广经验的基础上,进一步总结和凝练基于耗水(ET)的水资源综合管理的主流化模式,形成比较完整的、适应

---

[*] 由王忠静、贾海峰、杨雨亭、黄跃飞、Q. J. Wang、S. L. Yu、B. R. Scanlon、G. Kattel、石羽佳、李聪聪、陈正侠、徐常青、郭辉、陈志超执笔。

性、时效性和针对性更好的水资源与水环境综合管理方法体系、指标体系和技术框架。并在此基础上，编写完成基于耗水（ET）/环境容量（EC）/生态服务（ES）的水资源与水环境综合管理创新方法主流化模式操作手册/技术指南，以便应用于指导海河、辽河、黄河流域示范推广区的水资源与水环境综合管理工作，从而进一步提高这些流域和区域水资源与水环境综合管理水平。

本研究的主要目标是通过评估和综合 GEF 海河一期项目、GEF 主流化项目和其他国际研究的结果，制定基于 ET/EC/ES 的 IWEM 技术指南。该技术指南将概述以 ET/EC/ES 为基础的 IWEM 的科学原理和实际应用，并作为 IWEM 方法实施的操作手册。技术准则还将精简综合流域管理方法并促进其在河流流域管理方面的应用，以达到控制水污染和保护生态、可持续的水资源管理的目的。

2.3.1.2　主要内容与成果

1. 基线调查

水资源与水环境综合管理（IWEM）首先需要在对目标流域自然环境、社会经济、污染源分布和水生态环境等状况进行基线调查的基础上，分析流域水环境质量和生物多样性现状，针对当前流域面临的各项问题，提出相应的对策和建议。基线调查推荐目录表如表 2-4 所示。

表 2-4　基线调查推荐目录表

一 级 目 录	二 级 目 录	三 级 目 录
自然社会情况调查	水资源状况	地表水出入境水量/地下水出入境水量
		取水量/排水量/ET
	水污染状况	地表水水质/地下水水质
		点污染源（水质/水量）
		非点污染源（化肥/农药使用量）
	水生态状况	藻类/水生高等植物
		大型无脊椎动物/鱼类
		坡岸形态
	社会经济	人口/面积/产业结构/GDP/用水量
监测系统现状调查	水文站/气象站	降水量/蒸散发
	地表水监测断面	水量/水质
	地下水监测井	埋深/水质
	取水计量	地下水/地表水
	消耗水量（ET）	遥感 ET

（续表）

一级目录	二级目录	三级目录
管理现状与政策法规	排污口监测（EC） 生态控制断面监测（ES） 管理机构 政策法规 现行规划	水量/水质/纳污容量 生态流量 职责范围/办事流程 国家/部委/省市/区县 专项规划/综合规划

2. ET 目标确定与监测管理

在 ET 目标确定与监测管理部分总结了遥感蒸散发技术原理，评价说明了常用的基于遥感的蒸散发模型的优点与不足；围绕水资源与水环境综合管理，梳理流域水量平衡关系，提出 ET 目标设置及分配方法；针对 ET 目标控制与监测管理中的难点，总结凝练了应对方法及措施。ET 计算方法与模型工具主要内容见表 2-5，ET 目标设置与分配方法主要内容见表 2-6，ET 目标控制与监测管理主要内容见表 2-7。

表 2-5　ET 计算方法与模型工具主要内容

主题	主要内容	要点提纲
流域用水、耗水区分	流域用水量	流域用水量指流域内各个用水单元总用水量之和。可按照一定层次结构进行分类。
	流域耗水量	流域耗水量指河道外用水量刨除回归到河道或地下含水层的水量的部分。在数值上，流域耗水量大致等于流域的总蒸散发量。
遥感蒸散发技术原理	基于局地能量平衡的方法	基于能量平衡的遥感蒸散发模型的关键在于利用经典的水热通量传输模型显示的估算显热通量 H，而潜热通量 λE 则作为能量平衡公式的余项求出。模型中需要的关键变量或参数（主要为表面温度与植被指数等）由遥感信息提供。
	基于植被指数-地表温度特征空间的方法	基于植被指数（Vegetation Index，VI）-地表温度（T_s）特征空间的遥感蒸散发估算模型是根据解译遥感反演的植被指数-地表温度特征空间对净辐射在显热通量与潜热通量间的分配进行确定。
	基于 Penman-Monteith 耦合模型的方法	基于 Penman-Monteith 模型的遥感蒸散发模型一般不需要遥感观测的地表温度作为模型输入，而是依赖于遥感反演的植被指数，并与气象数据相结合来确定 Penman-Monteith 模型中的阻力项，进一步利用 Penman-Monteith 模型直接计算蒸散发。
遥感蒸散发估算模型	遥感蒸散发估算概念模型	（1）能量平衡模型：单源模型-(Surface Energy Balance Algorithm for Land，SEBAL)；双源模型-(Two-source Energy Balance Model，TSEB)。（2）植被指数-地表温度特征空间模型：单源模型-三角形和梯形特征空间模型；双源模型- HTEM。（3）基于 Penman-Monteith 耦合模型的方法：MODIS(Moderate resolution Imaging Spectroadiometer)陆地蒸散发算法；Penman-Montheith-Leuning(PML)模型。

主　题	主要内容	要　点　提　纲
	遥感蒸散发监测ETWatch模型	ETWatch是基于能量平衡和PM方法的综合创新模型，采用单源能量平衡模型（即SEBAL和/或SEBS）计算卫星过境瞬时的陆面蒸散发。可以精确估算每个像元的地面粗糙度，从而计算的气能量交换过程中每个像元的空气空力学阻抗。将所得到表面阻抗与空气动力学阻抗代入PM模型可以求取日尺度的蒸散发。利用数据融合算法得到不同时空尺度的蒸散发。
	遥感蒸散发反演的其他模型	经验模型通常基于数理统计方法，构建单参数或多变量甚至复杂的机器学习模型，从而建立蒸散发与遥感易得的解释变量之间的关系。 基于水-碳耦合关系的遥感模型将生态系统的总固碳量（Gross Primary Productivity, GPP）与总耗水量（ET）之比称为生态系统的水分利用率（Water Use Efficiency, WUE）。特定生态系统的WUE在时间上常常维持在一个相对稳定的值。 水量平衡模型即基于水量平衡方程将蒸散发作为水量平衡方程的余项来求解。
	遥感蒸散发计算的尺度扩展	通常空间分辨率的提高需要以时间覆盖率的降低为代价。大多数遥感蒸散发模型，只能计算卫星过境时刻的瞬时地表蒸散发。因此，需要将瞬时蒸散发拓展至更长时间尺度。

表2-6　ET目标设置与分配方法主要内容

主　题	主要内容	要　点　提　纲
流域耗水目标及其设定原则	分配目标	在一个特定发展阶段的流域或区域内，以其水资源条件为基础，以生态环境良性循环为约束，满足经济可持续发展与生态文明建设要求的可消耗水量。
	分配原则	（1）目标ET要适应当地水资源条件； （2）目标ET要注重河道内用水和入海水量； （3）区域间的目标ET要进行系统配置； （4）高效性原则。
流域耗水目标的分类指标与分配方法	分类指标	（1）流域综合ET，即从总量上给出海河流域的ET管理目标，表征全流域可消耗水量； （2）5个分项ET，将ET分为耕地ET、城乡居工地ET、陆生植被ET、水生植被ET和未利用土地ET； （3）可控ET，不可控ET。
	分配方法	（1）二元核心模型进行耦合模拟分析，据此将流域级不同水平年的目标ET分配到各省水资源三级区； （2）目标ET制定情景方案的边界条件； （3）自上而下，制定计算方案集； （4）自下而上，计算区域目标ET； （5）区域调配水量计算； （6）目标ET评估和调整。

（续表）

主 题	主要内容	要 点 提 纲
数据要求、计算步骤和不确定性修正	基础数据	（1）土地利用数据； （2）遥感监测的 ET 数据； （3）气象数据； （4）出入境及入海水量； （5）引黄水量； （6）黄河侧渗； （7）南水北调配水； （8）耕地面积； （9）种植结构。
	计算步骤	（1）面积修正； （2）不可控 ET 确定； （3）人工补水； （4）灌溉耕地 ET 计算； （5）目标 ET 确定； （6）评估和调整 ET。
	不确定性修正	利用贝叶斯加权平均的方法对流域整体 ET 的不确定性进行修正

表 2-7 ET 目标控制与监测管理主要内容

主 题	主要内容	要 点 提 纲
流域用水与耗水监测	分配目标	连续监测河道/沟渠内流量、区域地下水水位、流域实际 ET 等要素。
流域用水及耗水管理	建立基于 ET 的水资源管理体系	（1）建立以 ET 为核心的水资源管理理念； （2）建立 ET 管理机构； （3）建立用户参与管理的民主管理体制； （4）加强对基层人员的培训。
	建立基于 ET 的水资源管理组织实施体系	（1）将广义的水资源配置系统纳入流域水资源规划； （2）完善主要跨省河流省界断面水量监测站网； （3）建立基于 ET 的监测评价指标体系。
	加大对节水建设的资金投入	（1）把节水高效农业建设列为重点，国家在资金投入上给予扶持； （2）充分挖掘现有投资潜力，拓宽投资渠道。
	采取综合措施做好农业节水	（1）继续进行原有灌区的更新改造； （2）加强土壤墒情监测，采用适宜的灌溉技术； （3）选用良种； （4）推行秸秆覆盖，减少无效蒸发； （5）机械蓄水保墒。
	合理调整种植结构	全流域各区域应大幅度压缩水田种植面积；在保证粮食安全的前提下，适当减少灌溉面积；大城市应适度控制城市规模和人口的快速增长。

(续表)

主　题	主要内容	要　点　提　纲
	积极利用多种水源发展农业节水	(1) 根据作物的生长机理充分利用降水和土壤水,减少灌溉用水; (2) 积极开发浅层地下水资源,发展井灌,推行井渠结合的灌溉方式; (3) 污水资源化,利用地下微咸水,增加灌溉水源。
	工业和生活节水措施	(1) 城市水利用实施"节流优先,治污为本,多渠道开源"战略对策; (2) 深化改革,加强城市水市场监管; (3) 加强管理,努力创建节水型城市。
流域水效率与效益的改进措施	建议开展工作	(1) 建议加强 ET 数据的地面验证,提高遥感监测 ET 数据的精度; (2) 开展可控 ET 与不可控 ET 的区分研究; (3) 建立 ET 与可调控用水指标之间的关系。

3. EC 目标确定与监测管理

在 EC 目标确定与监测管理部分综述了环境容量的相关理论方法及其在区域水资源规划及管理中的应用,揭示不同理论方法优点与不足;介绍了水体允许纳污量计算的复合算法,能够综合稳态算法和动态算法的优点,根据控制目标,确定准确的允许纳污量。介绍了环境容量目标值的设置与分配方法,并针对 IWEM 管理需求进行了优化;针对 EC 目标控制与监测管理中的难点,总结凝练了应对方法及措施。EC 计算方法与模型工具主要内容见表 2－8,EC 目标设置与分配方法主要内容见表 2－9,EC 目标控制与监测管理主要内容见表 2－10。

表 2－8　EC 计算方法与模型工具主要内容

主　题	主要内容	要　点　提　纲
EC 定义和基本特征	定义	水环境容量(EC)的概念源于环境容量,指的是在给定水体范围和水文条件,规定排污方式和水质目标的前提下,单位时间内该水体最大允许纳污量。
	基本特征	(1) 资源性;(2) 区域性;(3) 系统性;(4) 动态发展性。
EC 的影响因素和确定原则	影响因素	(1) 水体特性;(2) 环境功能要求; (3) 污染物质;(4) 排污方式。
	确定原则	(1) 保持环境资源的可持续利用; (2) 维持流域各段水体环境容量的相对平衡。
EC 的计算步骤和设计条件	计算步骤	(1) 水域概化; (2) 基础资料调查与评价; (3) 选择控制断面; (4) 建立水质模型; (5) 容量计算分析; (6) 环境容量确定。

主　题	主要内容	要　点　提　纲
	双向算法步骤	（1）反算法过程估算总体允许纳污量； （2）优化负荷分配方案； （3）正算法校核负荷分配情景下目标区域达标情况； （4）优选可行方案。
	设计条件	水环境容量计算一般以一年中排污量最大、水量最枯、扩散条件最差的条件作为设计条件，具体包括计算单元、控制断面、水文条件、边界条件和排放方式等几个方面。
EC 计算模型和参数确定	零维模型	符合下列两个条件之一的环境问题可概化为零维问题： （1）河水流量与污水流量之比大于 $10\sim20$； （2）不需考虑污水进入水体的混合距离。
	一维模型	一维模型假定污染物浓度仅在河流纵向上发生变化，主要适用于同时满足以下条件的河段： （1）宽浅河段； （2）污染物在较短的时间内基本能混合均匀； （3）污染物浓度在断面横向方向变化不大，横向和垂向的污染物浓度梯度可以忽略。
	二维模型	当水中污染物浓度在一个方向上是均匀的，而在其余两个方向是变化的情况下，一维模型不再适用，必须采用二维模型。河流二维对流扩散水质模型通常假定污染物浓度在水深方向是均匀的，而在纵向、横向是变化的。
	湖库模型	（1）在估算模型中将湖库概化为零维模型（狭长的河道型湖库可以进行一维概化），湖库中的污染物看作完全均匀混合，忽略由污染源分布位置的不同带来的允许排放量的差异。 （2）使用单一稳定的水文条件作为湖库估算模型的输入条件。 （3）简化日照、风力、底泥等复杂的边界条件对湖库中污染物的影响。 （4）模型只估算单因子污染物的允许纳污总量，不考虑多种污染物之间的相互影响。
	非点源模型	指南中介绍了常见的非点源模型。在流域内确定的水文条件下，可根据水体的类型、规模、排口分布和污染物现状不同，选取不同的水质模型进行水环境容量的计算。
	模型参数确定	（1）降解系数确定方法； （2）不同水期、最枯月之间降解系数关系。
	参数取值与率定	（1）试错法； （2）自动搜索识别法。
	参数验证与误差分析	常用的有图形表示法、相关系数法、相对误差法等。
河流湖库 EC 反向计算示例	河流 EC 反向计算示例	（1）不考虑混合区的水环境容量； （2）考虑混合区的水环境容量。
	湖库 EC 反向计算示例	（1）不考虑混合区的水环境容量； （2）考虑混合区的水环境容量。

表 2-9　EC 目标设置与分配方法主要内容

主　题	主要内容	要　点　提　纲
EC 目标及其分配原则	水环境容量目标	水环境容量的目标总量是以一定的水质目标为基础来确定的污染物允许的排放总量,以水环境容量为基础确定的排污总量目标能够充分体现环境的承载能力和纳污能力。
	水环境容量分配原则	(1) 科学性; (2) 公平性; (3) 效率性; (4) 经济性。
分配方案确定	分配技术	(1) 方案比较法; (2) 优化方法; (3) 交互改进法; (4) 正反耦合算法; (5) 经验估算法。
分配方法	传统分配方法	(1) 等比例负荷分配法; (2) 边际净效益最大法; (3) 基尼系数法。
	基于多因子基尼系数效率优先分配法	(1) 分配方案的优化调整; (2) 多因子基尼系数法水污分配技术路线。
	层次分配法	需要进行的两个步骤: (1) 层次分配体系; (2) 效果检验。
分配方案优化方法	污染源-水质响应关系与污染源贡献度分析	(1) 建立污染源排放方式时间函数; (2) 模拟单个污染源对控制断面的影响; (3) 模拟多个污染源联合排放对控制断面的影响; (4) 建立污染源-控制断面水质响应关系函数; (5) 分析污染源对混合区面积的影响。
	减排可行性与经济效益分析	(1) 确定污染源减排在技术可行情况下的最大减排值; (2) 建立污染源控制的经济函数。
	优化分配方案	(1) 明确的优化负荷分配方案; (2) 最终优化方案的制定方法讨论。

表 2-10　EC 目标控制与监测管理主要内容

主　题	主要内容	要　点　提　纲
污染物削减目标核定	分区核定	在控制单元减排目标核定时,需要根据不同控制单元的差异性分区核定。
	分类核定	在控制单元减排目标核定时要根据不同污染物及其来源,有针对性地确定目标核定方法。
	分级核定	在不同排放限制的要求下,针对不同企业制定相应的减排措施、减排目标以及相应的目标核定程序。
	分期核定	在控制单元减排目标核定时要遵循在"分期"削减的原则下,分阶段核定减排目标可达性。

（续表）

主　题	主要内容	要　点　提　纲
污染物总量监控	污染物通量监控	国际上常用的河流（非感潮河段）物质通量估算方法有5种，可以根据流域水文、污染负荷的具体情况选用适用的估算方法。
	污染源监控	污染源的总量监控方案包括污染源监控对象的筛选、监控指标和监控频率的确定等方面。
控制单元污染物减排	深化节能减排	构建从资源、能源、污染物产生到排放的全过程减排机制。
	削减点源和面源污染	（1）加大工程减排力度，继续开展城镇污水处理设施建设、现有污水处理厂升级改造及配套管网建设； （2）发展精细农业，推广优化配方施肥，选用新型高效肥料。
	保护水环境	（1）组织制定全流域水源地保护的规划； （2）强化流域内城市和农村集中式饮用水源地污染防治和保护； （3）加强工业企业污水治理，提高工业污水治理效率和效果； （4）搞好流域内城市污水处理厂建设和运行。
	建设自然生态和城市生态	（1）建设生态城市，坚持城市生态和农村生态并举、生态建设和生态保护并重； （2）强化管理，对国家重点保护的野生动物、野生植物及重点林地、沙地和湿地等，坚决实施强制性保护政策，维护和恢复濒危物种种群； （3）统筹城乡环境保护，做好农村环境连片整治示范工作； （4）积极推动面源污染防治。
	全面提升环境监管能力	深化环保机构体制改革，优化职能配置，建设监测预警和数据共享环境质量监控体系。

4. ES 目标确定与监测管理

在 ES 目标确定与监测管理部分综述了生态服务功能的相关理论及其在区域水资源水环境规划与管理中的应用，揭示不同理论之间的优点与不足；围绕流域水资源与水环境综合管理（IWEM），详细阐述了生态系统服务目标设定原则及设定方法；针对 ES 目标控制与监测管理中的难点，总结凝练了应对方法及措施。ES 计算方法与模型工具主要内容见表 2-11，ES 目标设置与分配方法主要内容见表 2-12，ES 目标控制与监测管理主要内容见表 2-13。

表 2-11　ES 计算方法与模型工具主要内容

主　题	主要内容	要　点　提　纲
水生态系统服务	生态系统服务的概念	生态系统服务是人类从生态系统中能够获取的所有利益或者生态系统为人类生存、生活与发展提供的所有直接或者间接贡献。
	生态系统服务价值的分类	水生态系统服务划分为供给服务、调节服务、文化服务3个大类。

(续表)

主　题	主要内容	要　点　提　纲
生态系统服务价值计算方法	生态系统服务价值计算的基本原理	(1) 直接使用价值； (2) 间接使用价值； (3) 期权价值； (4) 存在价值； (5) 遗赠价值。
	直接评估法	市场价值法、替代成本法、条件价值法、机会成本法、替代成本法、恢复和防护费用法、影子工程法、旅行费用法和享乐价格法等。
	间接评估法	物质转换法和能值转换法。 间接评估法中的生态模型利用空间数据模拟生态系统服务价值的空间分布特征，一定程度上克服了传统生态学统计方法难以可靠反映空间分布特征的缺点。但大部分已有的生态模型是针对特定地区的生态系统，普适性不高。
	常用的计算方法	(1) 市场价值法； (2) 替代成本法； (3) 影子工程法； (4) 生产函数法； (5) 旅行成本法； (6) 内涵价格法； (7) 条件价值法。
水生态系统服务价值计算方法体系	水生态系统服务价值计算方法体系	(1) 供给服务价值：水资源供给价值、水产品生产价值、水力发电价值、河道航运价值； (2) 调节服务价值：水源涵养价值、洪水调蓄、河流输沙价值、水质净化价值、固碳释氧价值、空气净化价值、气候调节价值、物种多样性保护价值； (3) 文化服务价值：休闲旅游价值、景观价值。
	水生态系统服务价值计算数据要求及获取来源	(1) 水生态系统服务计算的指标及相应数据的获取来源； (2) INVEST模型数据要求及获取来源。

表 2 - 12　ES 目标设置与分配方法主要内容

主　题	主要内容	要　点　提　纲
生态系统服务目标设定原则	生态流量目标参考量	(1) 基本生态流量：维持河流、湖泊、沼泽本身所具有的生态系统服务功能不丧失，所需要保证的最小流量(水位/需水量)； (2) 适宜生态流量：维持河流、湖泊、沼泽本身所具有的生态系统服务功能正常发挥，所需要保证的最小流量(水位/需水量)。
	生态流量目标的设定原则	(1) 科学性原则； (2) 以人为本原则； (3) 分功能计算原则； (4) 主功能优先原则；

主　题	主要内容	要　点　提　纲
		(5) 时空分段原则； (6) 整体性原则； (7) 动态性原则。
设置流域 ES 目标的方法	ES 目标确定流程	流域内水系的生态流量(生态水位/生态需水量)主要分为河流生态流量(需水量)、湖泊生态水位、沼泽生态需水量。其中,河流的生态流量主要从河流控制断面生态流量(需水量)和河口生态流量(需水量)两方面进行分别计算。
	河流控制断面生态流量确定方法	(1) 河流控制断面基本生态流量确定方法； (2) 河流控制断面适宜生态流量确定方法。
	河口生态流量确定方法	(1) 河口基本生态流量； (2) 河口适宜生态流量。
	湖泊的生态水位确定	(1) 湖泊基本生态水位； (2) 湖泊适宜生态水位； (3) 内陆河尾闾湖泊生态水位。
	沼泽生态需水量确定方法	(1) 沼泽基本生态流量； (2) 沼泽适宜生态流量；
	具体生态流量(需水量)计算方法	(1) Q_P 法；(2) 流量历时曲线法；(3) 7Q10 法；(4) 近 10 年最枯月平均流量(水位)法；(5) Tennant 法；(6) 水文频率曲线法；(7) 河床形态分析法；(8) 湿周法；(9) 生物空间法；(10) 生物需求法；(11) 输沙需水计算法；(12) 入海水量法；(13) 河口输沙需求计算法；(14) 河口盐度平衡需水计算法；(15) 湖泊形态分析法；(16) 水量平衡法。
数据要求与结果不确定性	数据要求	(1) 对应流域的自然地理资料； (2) 流域相关的控制断面分布情况； (3) 相关的水文资料； (4) 河湖的形态资料； (5) 流域水生生物资料。
	评估与计算结果的不确定性	(1) 不确定性的 4 种来源； (2) 估算不确定性的 2 种常用重采样方法：jackknife 法和 Bootstrap 法。

表 2 - 13　ES 目标控制与监测管理主要内容

主　题	主要内容	要　点　提　纲
流域河湖生态流量监测	水位、流量监测方法	(1) 水力学测流法； (2) 流速面积法。
	生态流量监测系统	(1) 现有的监测单元； (2) 通信传输单元； (3) 流域生态流量监管平台和云服务器； (4) 用户移动端。

主　题	主要内容	要　点　提　纲
流域河湖生态价值管理	强化流域生态服务认知	对流域生态系统服务功能的合理利用与保护,首先需要明确流域生态系统服务价值的存在和大小,同时人们还需要明确和认识各种生态服务之间的权衡与协同关系。
	完善生态服务相关监测	选择关键流域节点,设置传感器或人工进行水文、生态等数据监测,针对流域各类生态服务进行数据化、实时化监测,建立流域生态服务监管平台,实现流域生态价值的可视化、实时化。
	实施生态管理措施	根据流域特有的水文、生态特征以及流域生态服务价值信息,可以制定一系列相关的"生态红线"指标,生态流量等规范要求,避免流域各项生态系统服务功能受到不可逆的损伤和破坏。
流域河湖生态服务价值改进措施	流域河湖监管	(1)"因地制宜"确定生态流量限值; (2)结合已有监测设施建立统一的"智慧流域"管理系统; (3)建立统一的跨区域、跨部门协调机制。
	流域河湖生态服务价值市场化	(1)建立和健全水权交易体系; (2)加强流域生态的融资。
	流域生态服务提升	针对流域生态系统提供的水产品生产、旅游景观、文化服务等多个方面,需要进行价值提升。

5. ET/EC/ES 目标协调及方案优化

在 ET/EC/ES 目标协调及方案优化部分分析了流域、区域及部门管理的交叉融合和难点、原则、协调方法,流域与区域 ET/EC/ES 目标值的协调平衡原则及方法;解析了流域管理的 ET/EC/ES 目标内涵、关联和基本原则,提出了基于 ET/EC/ES 目标耦合与方案优化方法;提出了 IWEM 实施方法、监督措施和管理方法;提出了在流域实施 IWEM 的组织保障、技术保障及经费保障措施。ET/EC/ES 目标协调及方案优化主要内容见表 2－14。

表 2－14　ET/EC/ES 目标协调及方案优化主要内容

主　题	主要内容	要　点　提　纲
流域 ET/EC/ES 目标值协同与分配	流域 ET/EC/ES 目标值协同分配原则	效率和公平原则是流域 ET/EC/ES 目标值协同分配基本原则。流域主体功能优化的水资源分配机制旨在以一种相对公平的方式,使沿岸地区经济和社会福祉的综合功能实现成果最大化,并且能维系流域重要生态系统的可持续性。
	流域 ET/EC/ES 目标值协同分配方法	(1)建立跨区域水权交易; (2)建立水质的排污许可管理; (3)加强生态文明建设。
基于 ET/EC/ES 目标值的 IWEM 方案优化	枚举-模拟-比选法	优先枚举优化方法先确定 ET 目标值,根据 ΔET 来确定相应的 ET、ES 目标值。包括以下部分:情景设置、模拟分析、方案对比、准则评价、方案推荐。

主　题	主要内容	要　点　提　纲
	目标-约束-优化法	目标-约束-优化法是先确定 ES 目标值,以 ES、EC 耦合结果作为约束条件,求解 ET/EC/ES 整体最优。采用水资源系统分析中的系统分解重构、目标约束设置、系统优化求解的整体优化方法。
	帕累托最优方案求解	推荐依托帕累托最优原理在 ET/EC/ES 目标值约束下求解最优方案。 在枚举-模拟-比选法中,无法实现整体 IWEM 方案上的最优,除非枚举出一切可能的目标情况,对所有目标情况总体效益进行计算,一般这样的做法难以实现。 目标-约束-优化法可以对 ET/EC/ES 目标值之间进行耦合,进行整体约束,从而达到整体 IWEM 管理总效益最优,求解出流域管理中的 pareto 最优解集。
流域与区域 ET/EC/ES 目标值的协调与平衡	流域与区域 ET 目标值的协调与平衡	(1) 无须节水情景分析; (2) 必要节水情景分析; (3) 按照丰、平、枯情况来制定不同的"名义 ET 目标值"; (4) 对超额完成节水目标下的水量分配制定相应的管理方案; (5) 制定合理的奖惩措施以促进基于目标值的管理高效实施,政府管理机构需进行严格的监管以规范管理的实施过程。
	流域与区域 EC 目标值的协调与平衡	(1) 无须削减情景分析; (2) 必要削减情景分析; (3) 基于年内径流分布来制定不同的"名义 EC 目标值"; (4) 考虑未来发展,预留部分余量以容纳污染负荷; (5) 制定合理的奖惩措施以促进基于目标值的管理高效实施,政府管理机构需进行严格的监管以规范管理的实施过程。
	流域与区域 ES 目标值的协调与平衡	(1) 未开发或开发程度低的河流情景分析; (2) 开发程度高的河流情景分析; (3) 基于年内、年及变化情况制定不同的"名义 ES 目标值"; (4) 分阶段、逐步实现目标,联合实施效果更新计划; (5) 制定合理的奖惩措施以促进基于目标值的管理高效实施,政府管理机构需进行严格的监管以规范管理的实施过程。
不同行业部门 ET/EC/ES 目标值的协调与平衡	不同部门间的优化配置	(1) 区域水资源以供定需优化配置模型; (2) 利用智能优化算法构建优化配置模型并求解; (3) 协调经济用水和生态用水之间的矛盾。

2.3.1.3　实施方案

流域水资源与水环境综合管理(IWEM)主要基于耗水(ET)/环境容量(EC)/生态服

务(ES)这 3 个目标对流域水资源与水环境进行综合的管理。IWEM 实施及监督主要内容见表 2-15。

表 2-15 IWEM 实施及监督主要内容

主 题	主要内容	要 点 提 纲
实施 IWEM 的注意要点	实施范围	流域综合管理是以流域为单元,在利益相关方的共同参与下,从流域复合系统的内在联系出发,运用综合的思维、方法和手段对流域治理开发与保护进行全面管理,实现流域社会经济可持续发展,促进流域公共福利最大化。
	重要条件	(1) 加强流域立法,规范流域管理; (2) 建立综合管理数据库,促进数据共享。
	流域组织	流域综合管理的重点不仅在于水行政管理,更重要的是在流域规划、防洪抗旱、水利工程建设和运行、水生态保护等方面,建立起不同部门和地方政府之间的协调机制。
	跨界问题	自然资源分配管理问题通常涉及多个利益相关者(多部门)。
	能力建设和技术支持	(1) 完善并强化流域统筹体系; (2) 加强流域统筹的监督考核; (3) 推进流域全覆盖监控与信息共享。
实施 IWEM 的监测管理平台	平台说明	平台旨在实现对综合管理的过程和效果的实时监测,为综合管理的跟踪反馈分析评价提供数据。监测系统的规划原则是保证综合管理体系能够及时和准确地获得所需要的各类消息。
	平台功能	(1) 系统管理; (2) 信息交换; (3) 统一模型管理; (4) 公共服务。
	性能指标和基准测试	制定测试计划,进行平台性能测试和内置应用程序基础测试。
	基于评估结果的适应性管理	采取不断学习调整的系统过程,改进水资源的规划与管理对策。
	监测和评价	监测管理平台监测资源利用状况、工作进展程度。科学地对流域水资源与水环境联合评价,为流域水资源水环境配置和管理提供依据。
风险管理及适应性调整	IWEM 演化过程的概念化螺旋模型	概念化螺旋模型对可选方案和约束条件的强调有利于减少过多测试(浪费资金)或测试不足(产品故障多)所带来的风险;更重要的是,在螺旋模型中维护知识模型的另一个周期,在维护和开发之间并没有本质区别。
	流域水文再评价	(1) 检验气候变化对水文水资源影响需要对水循环要素变化进行检测与归因分析; (2) 对气候变化与人类活动对水循环与水资源影响进行定量评估。
	气候变化的影响	(1) 对水资源分布的影响; (2) 对供需水的影响; (3) 对水质的影响; (4) 对水环境管理的影响。

主 题	主要内容	要 点 提 纲
	人类活动的影响	（1）水文循环产生直接干预和影响； （2）人类活动下土地利用变化的影响。
	调整管理计划以 适应变化	（1）应对气候变化：适应性管理对策，综合性管理措施； （2）应对人类活动：严格落实水资源管理"三条红线"控制指标，缓解跨流域调水工程的不利影响，流域重大水资源利用工程逐步实行统一调度，完善水资源开发、利用、治理、配置、节约、保护的各项管理制度。

2.3.1.4　保障措施

基于 ET/EC/ES 目标的流域水资源与水环境综合管理（IWEM）需要配套保障措施，如组织保障、政策保障、技术保障、经费保障等。IWEM 保障措施主要内容见表 2 - 16。

表 2 - 16　IWEM 保障措施主要内容

主 题	主要内容	要 点 提 纲
实行 IWEM 的 组织保障	强化统筹管理	建立流域管理机构，如： （1）流域综合管理协调委员会； （2）流域综合管理技术委员会； （3）项目办公室。
	加强部门协调	（1）建立结构性协同机制； （2）建立程序性协同机制； （3）完善民主参与和协调协商机制。
	加强流域与区域协同	（1）加强流域统筹，开展跨界河湖系统治理，指导地方开展统筹管理工作； （2）事关流域全局或跨行政区域水事的行动需会同各省区市人民政府及相关部门进行工作； （3）流域管理部门要高度重视流域水资源水环境的综合管理，将思想和行动统一到高效管理中。
实行 IWEM 的 政策保障	完善用水总量控制政策	（1）响应三条红线，落实最严格水资源管理制度； （2）严格规划管理和水资源论证； （3）严格进行用水总量、耗水总量控制； （4）建立健全水权制度，运用市场机制合理配置； （5）严格实施取水许可； （6）严格地下水管理与保护。
	完善排污总量控制政策	（1）响应三条红线，落实最严格水资源管理制度； （2）坚持排污总量控制； （3）加快开展监控能力建设； （4）切实加强水功能区监督管理； （5）严格控制入河湖排污总量。

（续表）

主　题	主要内容	要　点　提　纲
	加强生态流量改善政策	（1）规范河流水系的生态流量； （2）基于流域综合管理部门，流域跨区域跨部门合作，对生态补水、环境治理进行统一调度、统一管理； （3）加快推进河湖生态流量（水位）信息监测网络建设。
实行 IWEM 的技术保障	知识管理（KM）系统	知识管理在流域水资源与水环境管理建设中的定位和作用主要包括： （1）促进跨行业的信息和知识交流，加强协作，提高工作效率； （2）实现水资源与水环境管理知识的沉淀和积累； （3）促进已有知识的整合和新知识的生成； （4）以良好的技术手段促进知识共享和指导实践。
实行 IWEM 的经费保障	政府投入	（1）持续保障政府财政投入，合理划分各区域政府间财政事权和支出责任，进一步完善支付制度； （2）落实生态保护补偿制度，落实生态保护权责，调动各方参与生态保护积极性，推进生态文明建设。
	社会融资	（1）公益性质的社会融资：由一些社会公益机构和关心流域生态安全的人民群众自发组织，以各种方式筹集资金； （2）市场性质的社会融资：通过国家农业发展银行设立生态治理专项或是与流域管理密切相关的其他专项贷款，实行融资。
	强化监管	（1）全面落实管理责任； （2）全面改进管理方式； （3）全面增强管理能力； （4）确保经费保障具有稳定性和可持续性。

2.3.1.5　主要创新点

基于 ET/EC/ES 目标的流域水资源与水环境综合管理技术指南有以下创新点：

（1）系统全面地总结了流域水资源与水环境综合目标值管理理论、流域水资源与水环境综合管理目标值（ET/EC/ES）计算方法、流域水资源与水环境综合管理目标值（ET/EC/ES）分配方法、实现流域水资源与水环境综合管理目标值（ET/EC/ES）管理的措施、保障流域水资源与水环境综合管理目标值（ET/EC/ES）实现的综合管理体系。

（2）提出了具有创新性、可推广性的流域水资源与水环境综合目标值管理理论与方法体系，提出枚举-模拟-比选法和目标-约束-优化法两种技术路线，可以针对不同流域的资源禀赋和经济社会发展水平，提出基于流域统筹和系统均衡的要求，以适应不同的流域管理目标。参照流域水资源与水环境综合管理典型案例提供的重要经验，结合我国正在组织实施的最严格水资源管理制度建设和水污染防治行动计划及生态红线保护要求，整理和总结出理论上有创新的，可进一步推进流域和区域水资源与水环境综合管理的方法，提炼出能在更大范围，特别是干旱半干旱地区以及国外相类似地区推广应用的方法和示范案例，综合考虑水环境容量（EC）和生态服务（ES）约束下，流域的耗水目标（ET），为流域水资源与水环境综合管理提供技术指导。

（3）编制了翔实的流域水资源与水环境综合管理典型案例集，进行了客观的国内外典型流域水资源与水环境综合管理的对比分析。选择国内外典型流域，采用流域水资源与水环境综合管理技术框架，总结典型流域水资源与水环境综合管理具体实践，分析其在应用过程中存在的问题，以及特定条件下关键技术的处理方法；分析推广应用的潜力，以及因国情/资源禀赋不同而需要关注的问题，拟为流域管理提供不同角度的依据。

2.3.2　基于遥感技术的非点源污染管理操作手册/技术指南（以承德市为试点）*

2.3.2.1　研究背景和意义

非点源污染防治是水资源与水环境综合管理的重要方面，基于国家"水十条"对非点源污染防控的具体要求，结合我国非点源污染的现状和遥感技术优势，进一步探索非点源污染快速评估体系，研发非点源污染重点区域识别方法和非点源污染时空特征分析方法，构建一套基于遥感技术的科学性和适用性强的非点源污染负荷估算技术体系，同时形成一套具有操作性强的非点源污染管理技术手册并在全国应用推广，将有利于促进我国非点源污染管理体系的发展，更好地落实"水十条"具体工作要求。

2.3.2.2　研究主要内容

《生态环境监测规划纲要（2020～2035年）》提出了要按照"遥感监测为主、地面校验为辅"的原则，构建农业非点源污染综合监测评估体系，掌握重点流域农业非点源污染类型、污染物种类和污染程度，指导农业非点源污染较重区域或有条件的地方开展小流域单元地面监测试点，校验模型关键参数，稳步提高遥感监测精度。因此，本标准规定了基于DPeRS模型对多尺度非点源污染负荷的时空特征进行定量分析的技术要求，从空间上识别非点源污染重点区域及主要污染源，服务于非点源污染综合管控措施及水环境管

---

* 由张建辉、王雪蕾、冯爱萍、郝新、陈静、孙文博执笔。

理政策的制定。

2.3.2.3　技术方法

DPeRS 模型是遥感分布式非点源污染估算模型,在模型结构、模型运行条件和模拟指标等几个方面具有较大的管理应用优势,以遥感像元为基本模拟单元,在保证模拟精度的前提下极大地提高了非点源污染模拟的空间分辨率;同时模型中耦合了定量遥感模型,弥补了无资料或缺资料地区模型估算的不足;其参数设置为开放模式,可以根据参数丰富度进行重新构架,可以根据管理需求完成流域、行政区和国家层次的非点源污染监测与评估;模拟指标为 TN、TP、$NH_4^+ - N$ 和 COD_{Cr},与国家管理部门关注指标相一致。此外,DPeRS 模型系统可以实现遥感像元尺度的污染负荷空间可视化,直观提供了非点源污染空间分布的“关键地区”,并从农田生产、农村生活、畜禽养殖、城镇生活和水土流失 5 个方面对非点源污染源进行解析,与传统总量减排核算方法相比,实现了从“点”到“面”的突破,模型结果可服务于非点源污染防治方案的科学制定。

2.3.2.4　核心结论和主要成果

1. 技术流程

基于遥感技术的非点源污染空间管控的技术路线图如图 2 - 10 所示。

2. 数据收集

DPeRS 模型所需的空间数据包括遥感、气象、地形和土壤等数据,其中遥感影像数据主要用于研究区土地利用分类信息提取和月植被覆盖度反演,如表 2 - 17 所示。表 2 - 18 是模型需要的地面数据清单,包括研究区人口数据、农业生产数据、畜禽养殖数据等相关的基础资料。

3. 模型数据库构建

（1）空间数据库

① 研究区边界:基于 DEM 数据和河网数据,采用 ArcGIS 软件进行流域边界提取。

② 坡度坡长数据:基于 DEM 数据和流域边界数据计算流域的坡长空间数据;采用 ArcGIS 软件中空间分析功能,基于 DEM 数据计算流域坡度空间数据。

③ 土壤数据:基于我国 100 万土壤类型矢量数据利用 ArcGIS 软件的裁剪功能获得土壤类型数据,基于第二次全国土壤普查土壤剖面数据利用 ArcGIS 软件进行空间差值和裁剪获得土壤理化属性数据。

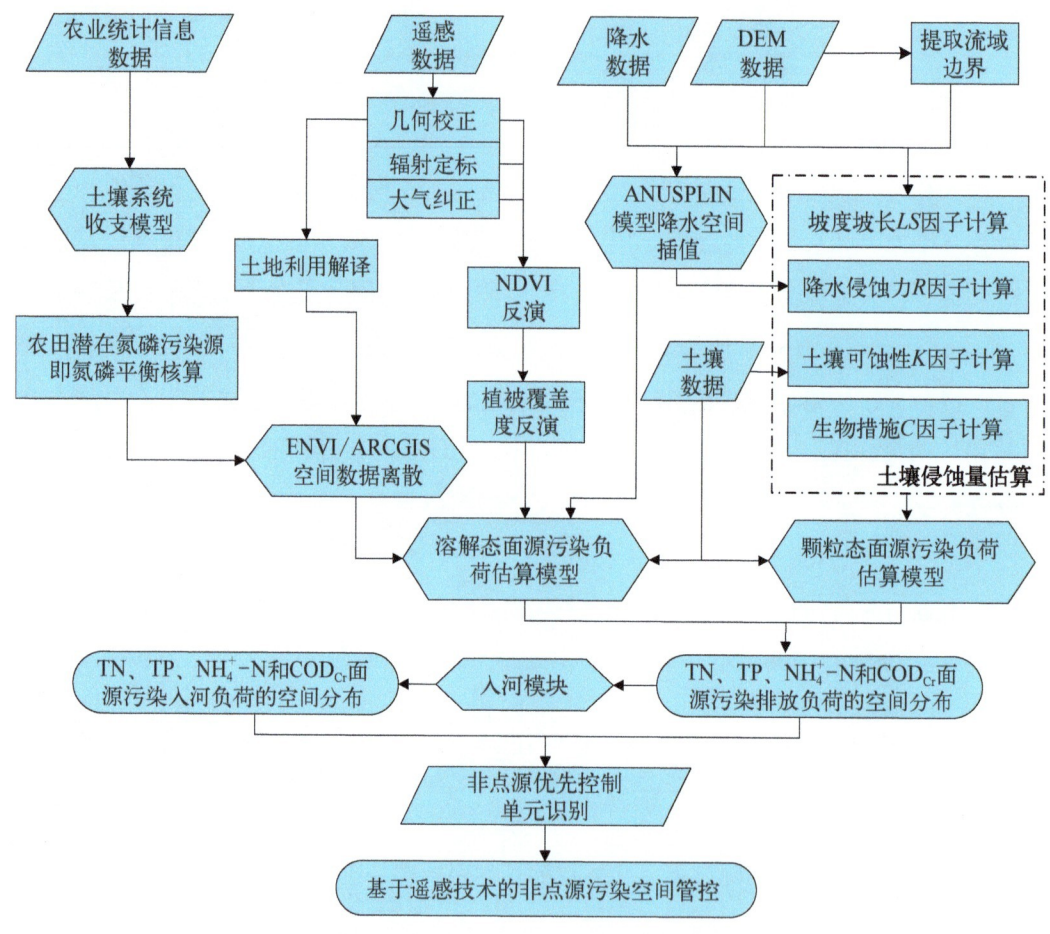

图 2-10　基于遥感技术的非点源污染空间管控技术路线图

表 2-17　空间数据清单

资料类型	资料内容	数据来源
地形数据	30 m/90 m/1 000 m,数字高程数据(Digital Elevation Model, DEM)	地理空间数据云平台(www.gscloud.cn)
土壤数据	土壤类型空间分布和土壤属性	中国科学院南京土壤研究所,中国土壤科学数据库(http://vdb3.soil.csdb.cn),第二次全国土壤普查
气象数据	降水量	中国气象数据网(http://data.cma.cn)
土地利用	耕地(水田/旱地)、林地、草地、居民建设用地、水域等不同土地利用类型的分布	MODIS、Landsat、HJ-1/CCD 和 Sentinel-2A/B 等卫星影像数据
植被覆盖度	30 m 植被指数产品	Landsat 系列数据、HJ-1/CCD 数据和 Sentinel-2A/B 的 MSI 数据
	250 m 植被指数产品	MOD13Q1 产品
	1 000 m 植被指数产品	MOD13A2 产品

表 2 - 18 地面数据清单

资料类型	资 料 内 容	数 据 来 源
水文数据	径流量、输沙量、输沙模数	各水文控制站实测值
水质数据	总氮、总磷、氨氮和化学需氧量	各国控和省控水质监测站的空间位置和实测值
人口数据	城镇人口及其密度、乡村人口及其密度	—
生活垃圾数据	城镇生活垃圾处理率、入网率、累积率及氮磷含量,乡村生活垃圾处理率、入网率、累积率及氮磷含量	—
农业生产数据	耕地面积,水田/旱地面积,灌溉面积,氮肥、磷肥、复合肥纯量,水稻、小麦、玉米、豆类、高粱、棉花、花生、胡麻籽、甜菜、蔬菜、果用瓜、水果总产,水稻、小麦、玉米、大豆播种面积,作物耕作模式,农田总氮、总磷和氨氮冲刷系数	农业统计年鉴
畜禽养殖数据	大牲畜、牛、肉牛/乳牛、羊、猪、家禽存栏数和出栏数、畜禽养殖污水产生量、畜禽粪便产生量、畜禽粪便处理方式、处理量、处理率、畜禽饲养周期	农业统计年鉴

④ 土地利用数据:对卫星影像数据经过辐射定标、几何校正、大气校正的数据前处理,按照监督分类的最大似然法以人机交互方式完成土地利用解译。土地利用提取流程如图 2 - 11(a)所示。

⑤ 气象数据:基于站点月降水数据,采用 ANUSLIN 模型以站点数据高程和空间站点 DEM 数据作为协变量进行降水量的空间插值,得到所需时段的月降水空间分布。

⑥ 河网数据:对应 DEM 数据比例尺。

⑦ 植被覆盖度数据:利用 MRT 软件和 ENVI 软件的 IDL 平台对遥感影响数据进行提取,经过图像辐射定标、几何校正、大气校正等数据前处理,经过图像拼接和裁剪后按像元二分法对植被覆盖度进行计算。植被覆盖度数据提取流程如图 2 - 11(b)所示。

(2) 农田氮磷平衡数据库

基于人口量、作物产量及播种面积、施肥量等调研数据,采用 DPeRS 模型氮磷平衡核算模块构建研究区农田氮磷平衡数据库。

(3) 社会经济数据库

基于人口密度、畜禽养殖数据域等调研数据以及氮磷平衡空间结果,结合行政边界数据,通过 DPeRS 模型氮磷平衡核算模块中的写入 shp 功能,可生成上述社会经济数据库的空间数据。

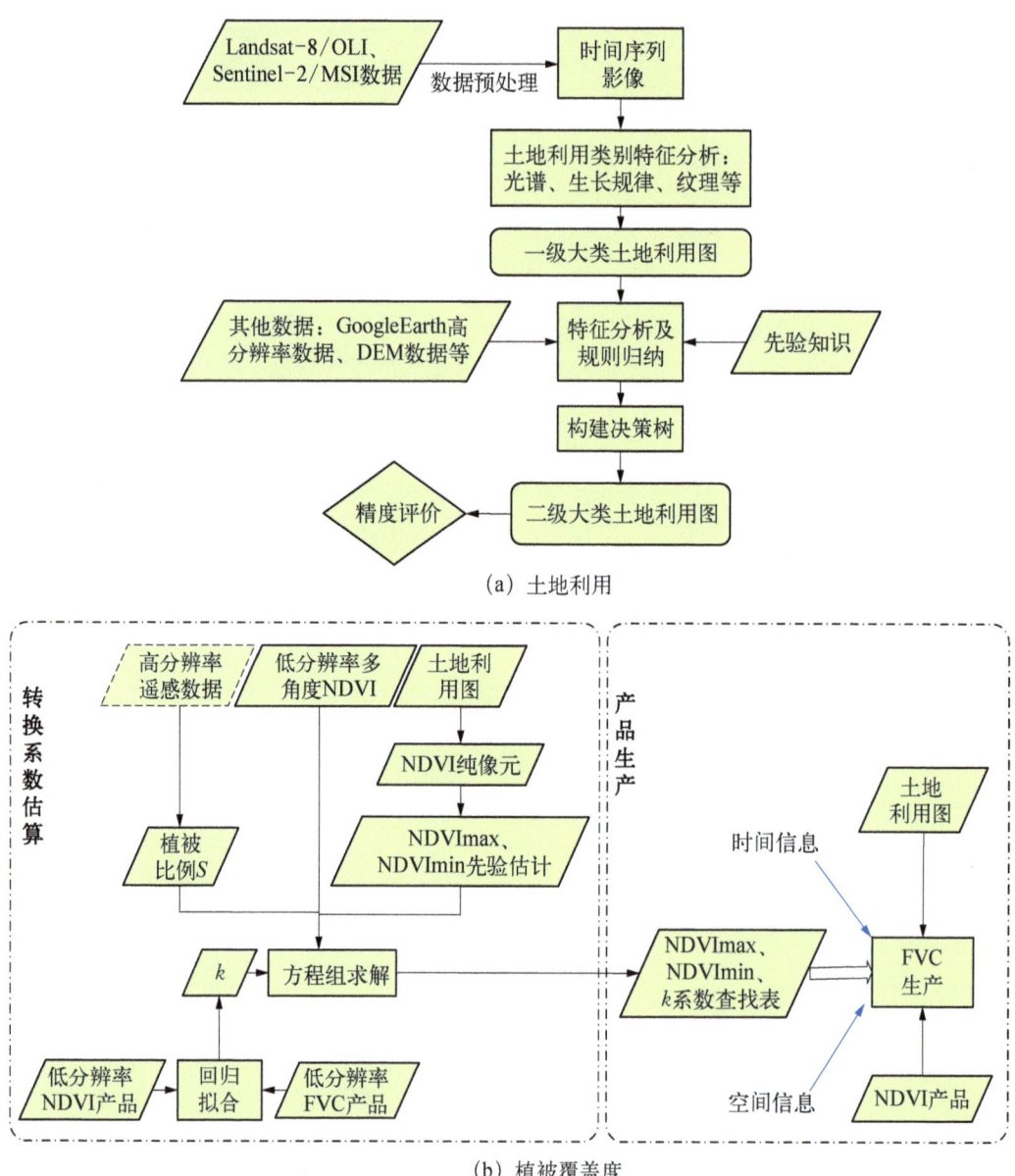

（a）土地利用

（b）植被覆盖度

图 2-11　土地利用数据和植被覆盖度数据提取流程

（4）参数文件数据库

参数文本文件包括：农田模块 TN 和 TP 的参数文件、农村居民点模块参数文件、城市径流模块文件、畜禽源强参数文件等。基于文献查阅或开展监测实验可获取相关参数，参数类型如表 2-19 所示。

表 2-19 参 数 清 单

文件命名及格式	含 义
factor_k	土壤侵蚀计算中 K 因子图层数据,由土壤机械组成计算完成
TN 和 TP 的系数.txt	反映不同类型的单位污染物中所含的 TN、TP 量
三级分区 COD_{Cr} 和 $NH_4^+ - N$ 系数.txt	反映不同类型的单位污染物中所含的 COD_{Cr} 和 $NH_4^+ - N$
源强、垃圾累计率、垃圾处理率和垃圾入网率.txt	根据各区域的经济发展状况,确定不同地区不同污染类型的源强、垃圾累计率、垃圾处理率和垃圾入网率
三级分区降水参数.txt	用于三级分区中统计每月降水量在 5 mm 和 12.7 mm 以上的降水次数,从而计算出地表的垃圾累积量

(5)入河系数数据库

非点源入河系数包括地表径流系数和泥沙输移系数。基于 DEM 高程数据和监测站点点位信息空间数据,对流域进行水文单元分区,采用公式(2-4)和公式(2-5)计算每个径流系数和泥沙输移系数。

$$CR = \frac{Runoff}{Prec} \tag{2-4}$$

$$SDR = \frac{Sed}{Sel} \times 100\% \tag{2-5}$$

式中,CR 为径流系数(无量纲);SDR 为泥沙输移比例(%),可基于年均土壤流失量(t)和侵蚀产生量(t)进行计算。$Prec$ 和 $Runoff$ 分别为年降雨量和年径流量。其中 $Prec$,$Runoff$ 和 Sel 数据来源于站点实测数据。

4. 模拟核算与结果统计

模型模拟分农田径流、畜禽养殖、城镇径流、农村生活和水土流失 5 大模块分别计算,其中农田径流模块包括农田总氮和农田总磷 2 个子模块,畜禽养殖包括大牲畜、小牲畜和家禽 3 个子模块。模型计算结果包括排放和入河 2 个部分。

5. 精度控制

(1)输入数据质量控制

① 卫星数据质量:避免有条带的遥感数据参与数据处理;遥感图像云层覆盖应不超过 10%,避免使用覆盖研究区域的云层所占比例过多遥感数据;确认配准遥感数据几何位置,配准精度在一个像元之内。

② 社会经济数据库通过查阅全国、省、市和县级统计年鉴进行数据填写和校核,并通

过农田氮磷平衡结果进行错误数据的追踪和修改,保证数据的精度。

（2）模拟结果质量控制

在非点源污染比较集中、点源相对较少地闭合小流域进行监测试验,监测指标包括农田、养殖、农村生活等非点源污染相关指标,监测方式采用统计调查与实地监测相结合。

6. 模型验证

采用 SWAT 模型 HRU 尺度污染物的输出通量与 DPeRS 模型模拟的污染物的入河量进行对比分析,进一步验证 DPeRS 模型模拟结果的准确性。基于 SWAT 模型的 HRU,利用 ArcGIS 空间提取工具对 DPeRS 模型模拟的非点源污染 TN 和 TP 入河量的模拟结果进行提取,利用相关分析对 SWAT 模型 HRU 尺度的输出结果和通过 HRU 提取的 DPeRS 模型模拟的非点源污染 TN 和 TP 入河量进行统计分析。

7. 成果表征——非点源优先控制单元筛选识别

控制单元采用《重点流域水污染防治规划（2016～2020 年）》提出的全国 1 784 个控制单元。通过对比非点源污染排放负荷和入河量与研究区所在省份非点源污染本底阈值进行优先控制单元识别,各省市非点源污染的本底阈值为采用 DPeRS 模型评估的各省市 2005、2010 和 2015 年的非点源污染量的平均结果。

8. 非点源污染控制措施

根据非点源污染负荷、污染物入河量和优控单元分布,结合不同非点源污染物类型的特点,以污染源管理、农用地管理、城市土地规划等为主要途径,通过工程措施和非工程措施对非点源污染进行管理。

在非点源污染控制措施实施过程中综合考虑水体能够接受的最大污染负荷、污染负荷分配、安全临界值和不确定性等因素,建立在充分有效的环境效益分析和成本效益分析基础上,以满足生态环境质量及管理的需求。

2.3.2.5 主要创新点

研究以 DPeRS 模型为基础研究工具,构建一套基于遥感技术的科学性和适用性强的非点源污染负荷估算技术体系,同时形成一套具有操作性的非点源污染管理技术手册,形成了非点源污染时空特征的分析方法,实现了非点源污染重点区域的快速识别方法,为流域水环境管理政策的制定提供可靠依据。基于该方法在海河流域和滦河子流域承德市实现了遥感的非点源污染控制方法的应用示范,为遥感方法用于流域非点源污染监测在海河、辽河、黄河等三大流域的应用推广奠定了基础。

2.3.3 水资源与水环境综合管理中综合毒性排放控制的指标体系(以承德市为试点)[*]

2.3.3.1 研究背景

城市生活污水和工业行业排水成为我国水环境污染重要点源污染源之一。由于我国北部平原地区如海河流域缺水严重,尤其津京冀地区年降雨量在城市和平原地区较低,导致北方城市(北京市)河流中由工业行业排水或城市污水处理厂排水等非常规补给达到 70%。工业行业排水或城市污水处理厂排水含有多种污染物,其种类繁多,其中含有多种有毒有害污染物,且呈现污染物复合污染态势,环境危害相对较大,对水体生态系统产生潜在威胁。

我国水环境检测指标一直以化学分析为手段,以化学物质为主要单一数字化管理标准,对于非常规水源补给河流水质管理采用单一指标体系,基于化学分析手段存在滞后性,尤其对于新污染物关注明显不足,难以形成有效分析方法和手段,特别是在标准物质不能及时获得的情况下,将忽略新污染物的存在,同时化学分析方法不能评估多种污染物共存下物质效应和风险,可能低估排水生态或健康风险,因此,行业排水或纳污水体对人类或水生态引起潜在健康和生态风险。针对城市生活污水和工业行业排水带来的环境和健康危害,欧盟等发达国家构建了系统的排水生物毒性评估体系、联合化学分析以及原位生物多样性调查等多种手段,构建了完整的水生态完整性评价和评估体系指标,为水质改善和提高提供了技术支撑。当前排水生物毒性基准和标准还处于概念阶段,基本上未能形成有效的管理技术体系。因此,亟待发展一套适用于我国国情综合毒性评估技术方法体系,并提出和建立我国流域综合毒性管理基准和标准,形成适合我国国情的流域综合毒性管理技术导则和指南。

2.3.3.2 研究内容

① 构建适合我国国情的综合毒性评估方法,并开展标准化研究;② 基于综合毒性测试方法,开展流域中典型行业排水综合毒性研究,获取流域中典型行业排水以及纳污水体综合毒性表征;③ 基于科学性、系统性、可操作性与可比对性等原则,提出流域综合毒

---

[*] 由查金苗、闫亮执笔。

性管理基准和标准。

2.3.3.3 主要研究方法

（1）综合毒性测试方法

流域综合毒性管理测试方法原理如下：利用整个污水样本进行生态毒理测试，以得到整个样品包括未知物质的综合毒性效应。试验终点、持续时间和生物种类各不相同，试验场地可在实验室条件下或现场（如笼中研究或人工溪流）进行，对单个物种或简单群落（多个物种）进行，其常规的毒性测试方法包括以下方法：

大型溞 24 h/48 h 运动抑制试验：测定急性毒性，计算运动抑制生物百分比；

淡水虾 24 h 急性毒性试验：测定急性毒性，计算虾的死亡百分比；

轮虫 24 h 急性毒性试验：测定急性毒性，计算轮虫的死亡百分比；

原生纤毛虫 24 h 生长抑制试验：测定急性毒性，确定排水急性毒性；

发光细菌试验：测定发光细菌暴露 15 min 和 30 min 后的发光抑制情况；

单细胞绿藻 72 h 生长抑制试验：测定 72 h 藻细胞增殖速度，该试验亦可用于排水毒性的 48 h 快速筛选；

轮藻 90 min 电生理试验：测定其细胞膜电位去极化的半数抑制浓度；

浮萍 7 d 生长抑制试验：在单一栽培条件下对试验样品进行不同的稀释，然后将生长速率与对照培养的生长速率进行比较，分析的参数可以是总叶面积、生物量或叶绿素；

大型溞 21 d 繁殖试验：测定长期毒性，测定亲本动物的生存和繁殖能力；

淡水鱼胚胎及幼体试验：测量孵化和存活的鱼卵和幼鱼的数量，期限为 10～14 d。最常用的品种是斑马鱼，但也可以用于其他淡水鱼品种；

Umu 试验：测定排水的遗传毒性，将鼠伤寒沙门氏菌暴露于废水中，以确定 4 h 的诱导效应；

突变沙门氏菌埃姆斯试验：测定排水的基因毒性，菌落是逆转突变的标志，在排水筛选中最常用的沙门氏菌菌株是 TA98 和 TA100；

微核试验（V79 细胞株）：一种利用哺乳动物体外试验测定排水的遗传毒性，检测水溶性物质对 V79 细胞染色体或有丝分裂的损伤；

鱼肝细胞 72 h 暴露 EROD 活性试验：测定细胞对排水中外源物质代谢所引起的毒性效应；

鱼肝细胞卵黄蛋白原 72 h 诱导试验：测定鱼体内分泌紊乱情况，将雄性鱼的肝细胞

暴露于排水中,测量细胞中产生的卵黄蛋白质量;

雌激素酵母 72 h 筛查试验:测定排水的雌激素干扰效应;

雄激素酵母 72 h 筛查实验:测定排水的雄激素干扰效应。

上述所有测试都适用于排水分析,而且大多数是标准化的。试验采用稀释法,通常采用 6 种不同的浓度。测试结果可以用不同的单位表示,但最常用的单位是 EC_{50} 值。

测试生物的选择标准包括生态相关性、易于饲养和成本效益,以及是否了解生物的行为、生命周期和栖息地要求。建议同时选取几个不同营养级(如细菌、浮游植物、无脊椎动物和鱼类)最好是 3~5 个进行测试。首先,不同物种的敏感性存在差异,因此,使用多个物种增加了测试的可靠性。其次,没有一个物种可以表征所有的实质性毒性终点。

另外,试验存在一定的差异性,差异的来源有很多,比如,实验室内部和实验室之间的变异,测试生物体敏感性的变异。在一定程度上,可变性可以通过改进质量控制、使用标准化和有效的方法、检测、培训、经验和信息交换来降低。虽然可变性可能使结果的解释和最终结论复杂化,但生物可变性是反映环境状况的一个事实。

生物毒性检测技术是工业废水水质安全评价的重要手段,其可以评价工业废水中未知有毒有害污染物对生物的影响,也可反映工业废水中众多污染物间复杂的相互作用和污染物的生物可利用性。在废水毒性控制和管理中发挥着重要的作用,可用于寻求某种化学物质或工业废水对水生生物的安全浓度,为制定合理的水质标准和废水排放标准提供科学依据,也可用于评价废水处理的技术。

(2) 综合毒性表征方法

为了便于比较样品的毒性大小,将抑制率、死亡率、EC_{50} 和 LC_{50} 转换为毒性单位(Toxic Unit, TU)。TU 值越大,该水样对水生生物的毒性越强。

对于急性毒性测试结果,毒性单位 $TUa = 100/EC_{50}$ 或 LC_{50}。如果水样的未稀释浓度导致小于 50% 的抑制率或死亡率,则对应的 EC_{50} 或 LC_{50} 无法利用 Probit 等方法得出。对于此类水样,其 $TUa = 0.02 \times$ 未稀释浓度的抑制率或死亡率。

对于慢性毒性测试结果,毒性单位 $TUc = 100/NOEC$。

为了表征水样中毒性物质对由菌、藻、溞和鱼构成的简单生态系统的危害,同一样品的最大急性或慢性数据用于表明该样品对水生生物的急性或慢性毒性。

2.3.3.4 核心结论和成果产出

本研究获得《我国典型流域综合毒性表征报告》和《流域综合毒性管理技术导则和指

南》(建议稿)两个核心成果。

1.《我国典型流域综合毒性表征报告》

本报告综合了包括珠江流域、淮河流域和海河流域在内的典型流域的排水综合毒性测试,在此期间形成了发光菌发光抑制试验、小球藻48 h生长抑制试验、大型溞48 h运动抑制试验、青鳉鱼96 h急性致死试验、大型溞14 d繁殖试验、青鳉鱼17 d受精卵孵化及幼鱼暴露试验、河蚬急性毒性试验和河蚬14 d短期慢性毒性试验的标准实验方法。并分析了流域内的工业行业类型、产业特征和污染物排放特征,为下一步的流域生态环境改善提供了依据。

《典型流域综合毒性表征报告》系统表征了我国典型流域包括珠江、海河、淮河等流域排水生物毒性,系统分析了典型流域生物毒性现状和排水安全状况,是我国基于综合毒性管理的第一手资料,同时也使用多种我国本地种开展工作,获得的数据有效保护了我国水生态安全。

本研究得到:① 不同行业排水有毒物质的组成或浓度差别较大,所表现出的毒性效应类型也有所差异。② 不同生物对同一排水的急、慢性毒性敏感性不同;同一水样不同生物的敏感性也有所差异,因此,为得到更加真实可靠的数据,在排水毒性表征过程中选择多种不同种类的生物进行毒性试验是有必要的。

2.《流域综合毒性管理技术导则和指南》

流域综合毒性管理体系构建提供了相关的制定建议,大致包括流域概况、工业类型及排水方式调查,基于流域水环境质量改良目标的毒性测试以及毒性建议限值。

《流域综合毒性管理技术导则和指南》的出台将更有利于中央和地方各级水资源和环保等相关部门以综合方式管理水资源和水环境,并能获得旨在提高水资源利用效率和环境保护的创新技术和方法。而流域内各个河道湖泊水质的改善可使沿岸居民获得更加安全清洁的水资源。

2.3.3.5 综合毒性指标体系在滦河(承德段)试点

明确滦河流域(承德段)城市污水处理厂出水对滦河水质的影响,选择了城市污水处理厂出水口、混合区、上游断面(离出水口约2 km)、下游断面(离出水口约2 km)共计4个采样点。每个采样点采集水样20 L,开展了小球藻抑制试验、大型溞致死试验和鱼类急性致死试验,以及鱼类慢性毒性试验。

参照行业排水急性毒性等级划分标准,4个断面采样点无明显毒性,未出现藻类生长抑制、未出现溞类活动抑制和未出现鱼类急性致死现象。

14 d鱼类短期慢性暴露,在暴露过程中鱼类未出现死亡现象,因此,4个断面整体短期慢性毒性未达到1慢性毒性单位(TUc)。生物标志物结果发现,城市污水厂上游乙酰胆碱酯酶活性被抑制,表明上游可能存在神经毒性类物质如有机磷农药或重金属等存在,但在出水口、下游和混合区水样中均未显著抑制乙酰胆碱酯酶活性,表明其他3个断面神经类活性物质影响不大,且表明城市污水处理厂工艺对神经类活性物质处理效果良好;上游、出水口、混合区和下游IBRv2指数分别为2.60、9.88、3.62和7.73,与淮河流域和海河流域相比较整体上不高,但出水氧化应激活性明显高于其他断面,表明出水中外源物质明显较高,其次是下游断面,上游断面外源物质明显较少(图2-20)。建议对上游神经类活性物质需要加强管理,需要有效降低污水处理厂出水中外源物质。

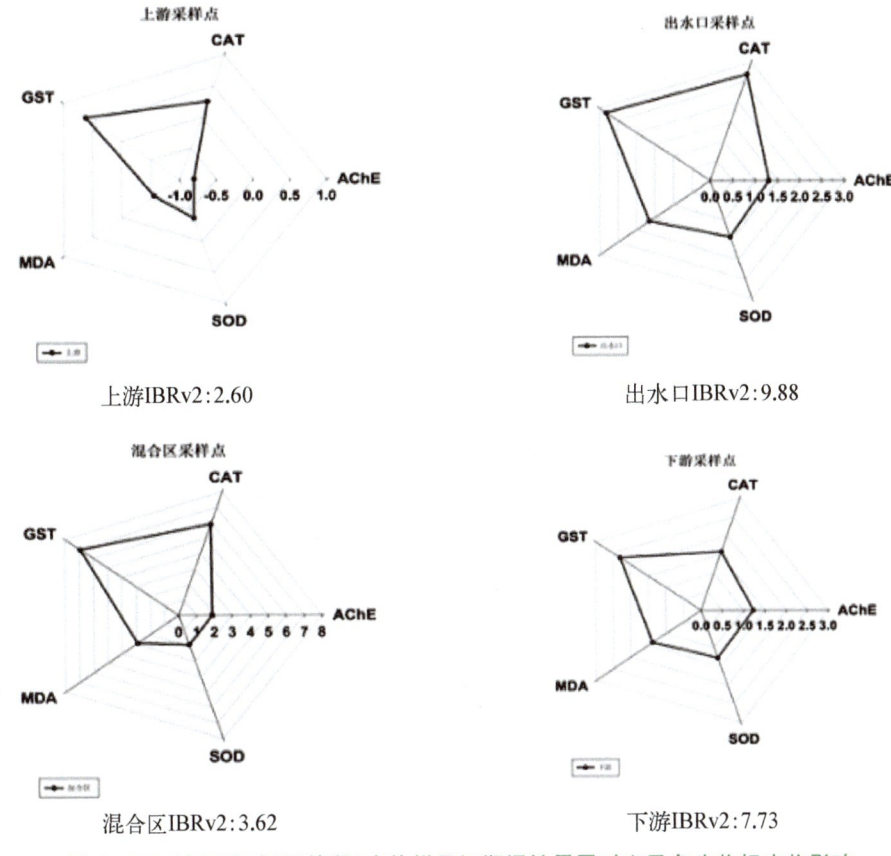

上游IBRv2:2.60

出水口IBRv2:9.88

混合区IBRv2:3.62

下游IBRv2:7.73

图2-12 滦河流域(承德段)水体样品短期慢性暴露对斑马鱼生物标志物影响

滦河流域(承德段)4个断面结果表明,目前4个断面水样未显示急性毒性和慢性毒性,此研究满足排水综合毒性管理要求,完成了3个不同营养级(包括藻类、溞类和鱼类)急性毒性测试和鱼类短期慢性毒性测试,当前急性毒性结果明显低于急性毒性基准值(0.3 TUa),慢性毒性测试结果显示低于慢性毒性基准值(1 TUc)。依据当前结果,滦河流域(承德段)4 个断面水样对于生物是相对安全的。

2.3.3.6 主要创新点

摸清了我国典型流域行业排水生物毒性表征,整合国际上排水毒性管理经验和技术,提出了我国流域综合毒性管理技术导则与指南。上述创新点为行业排水安全排放提供了技术支撑和基础数据,同时为安全排放提供管理策略,将为解决海河流域水资源短缺问题提供了思路,为流域水资源高效利用和回用提供监测与管理策略,有效支撑了GEF 主流化项目节水和再生水回用总目标,与节水和水资源高效利用子项目有效衔接。

获得了典型流域生物毒性表征,为我国水质目标管理提供新思路,为我国"十四五"规划编制提供基础数据和管理策略,生物毒性表征进一步表明排水对纳污水体生态系统的影响,从而有效支撑黄河流域生态保护和高质量发展以及生态文明建设等国家重点战略。

3 海河流域水资源与水环境综合管理示范成果

3.1 承德市水资源与水环境综合管理示范

3.1.1 滦河流域水污染综合状况监测与评估[*]

3.1.1.1 研究背景

本项目通过收集承德市的统计年鉴、政府报告,查阅相关文献资料,结合实地走访等调查措施,了解承德市关于滦河流域的水环境管理状况以及落实情况,对水资源水环境管理效果进行综合评估。项目成果逐年评估水环境效果,为流域完成准确定量分析和评估提供了支撑。同时水资源与水环境综合管理措施实施效果有利于推进综合管理措施的推广和应用。项目成果补充完善滦河流域承德段的水资源、水环境和水生态等方面的资料,可作为支撑承德市水资源与水环境综合管理规划(IWEMP)编制和滦河流域GEF水资源与水环境综合管理项目跟踪监测数据整理的基础。为实现区域水资源、水环境协调发展提供了一定的理论基础,为承德市关于滦河流域的"十四五"水生态环境规划提供了参考。

3.1.1.2 主要研究内容

1. 滦河流域水质、水量、污染源状况监测分析

根据滦河流域水系分布,结合河北省"水五十条"目标责任书中地表水水质目标,在滦河流域干流、一级支流等主要水系及部分重要控制单元,设置水质监测断面,开展水

---

[*] 由赵晓红、韩枫、李宣瑾、李红颖、张成波、李振兴、陈静、刘晶晶、苑秋菊、洪志方执笔。

量、水质常规监测,并对全流域重要的水系的历史数据进行采集、购买补充,整体建设滦河流域承德段 3 年(2019～2021 年)的观测数据库;综合分析河流水环境污染与水资源状况,评价 2019～2021 年滦河水环境质量类别,评价滦河水文水资源状况,分析滦河流域水环境质量与水文、水资源空间变化;根据控制单元划分情况,开展流域污染源调查与污染数据建设工作,明确对滦河干流主要监控断面有主要影响污染源的分布情况,分析污染源数量、排放状况与污染负荷组成,分析对水质监测断面实现水质目标的影响。

2. 滦河流域水污染状况评估

基于流域水资源与水环境综合管理的理念,围绕国家“水十条”要求和河北省“水五十条”要求,开展滦河流域水污染、水资源状况综合分析工作,具体内容包括:基于中国当前水质水量的分析标准,评估滦河流域水环境质量、水资源状况、水污染源状况等,研究水质、水量、污染源近 3 年的变化趋势等;根据滦河流域近年整体开展的水污染治理和节水措施实施等,开展水量水质的定量评估工作,评估近年水环境、水资源变化情况;基于流域水污染综合状况评估,开展流域重点问题的识别工作,识别滦河流域重点问题所在区域、重点问题对象以及问题清单等。

3. 滦河流域水资源水环境综合管理效果评估

梳理滦河流域近年开展的水资源水环境综合管理工作,开展综合管理工作对水环境质量、污染排放、水资源状况改善的评估,计算评估 2019～2021 年滦河流域水环境质量逐年改善的状况以及滦河流域对标国家和省级要求的改善情况;评估滦河干流水文、水资源变化情况,基于几种主要污染物分析入海污染的变化情况,支撑流域水环境综合管理效果评估工作。

4. 滦河流域持续推进水资源水环境综合管理有关对策措施与建议

根据滦河流域水量、水质、污染源状况监测评估结果,系统全面地总结滦河流域实施水资源水环境综合管理的经验,分析存在的不足之处,并从控制单元管理、污染总量控制管理、排污权管理、环境容量管理等方面,提出进一步加快推进滦河流域实施水资源水环境综合管理制度的针对性的对策措施与建议。

3.1.1.3 主要技术和示范成果

1. 重点控制单元多年水质和水量变化

(1) 水质变化特征

通过总结现已获取数据,整理 2011～2018 年滦河流域承德段重点控制单元的主段面水体水质、水量变化情况,并对水质和水量之间的相关性进行了分析。在此基础上,对 2015 年和 2018 年的重点控制单元不同污染来源的主要污染物(COD、NH_3-N、TN 和 TP)的排放情况进行估算,明确 2015～2018 年期间滦河流域承德段的污染减排情况,并结合滦河流域承德段各重点控制单元主要管理措施和工程项目,对流域管理已取得的综合成效进行分析与总结。

2011～2018 年上板城大桥、大杖子(一)、李台、上二道河子、大杖子(二)重点控制单元水体的水质均得到了一定改善,郭家屯、兴隆庄、唐三营、党坝控制单元的水质变化保持稳定。2011～2015 年重点控制单元水质超标时段覆盖全年,主要超标指标为有机污染物;2016～2018 年重点控制单元超标时段多为 3～5 月(融冰期)和 7～9 月(丰水期),主要超标指标为 TP 和有机污染物。与 2011～2015 年相比,2016～2018 年重点控制单元的水质达标率有所提高,水质有所改善。承德地区全年的降水量主要集中在夏季丰水期。此外,每年 3～5 月份随着气温逐渐升高,陆地积雪逐渐融化,雪融水迅速通过地表径流汇入河道,进而出现融冰期(桃花汛期),水流量明显增大。滦河上游坝上地区生态环境脆弱,且大多是坡耕地,土地沙化和水土流失问题严重。丰水期的大量雨水、融冰期的融雪径流携带泥沙及植物腐殖质进入水体,从而导致断面水体 I_{Mn} 和 TP 含量较高。冬春季节水温低,硝化作用缓慢,污水处理厂的尾水排放对河道中 NH_3-N 造成影响,导致水体 NH_3-N 含量较高。

滦河上游是重要的水土流失防治区,2017 年位于滦河上游的丰宁水电站停止蓄水,丰水期大量径流带着泥沙进入河道,导致下游泥沙含量明显增加,从而导致水体中 TP 指标严重超标。此外,考虑到泥沙对于水质测定结果的影响,水体静置后测定其各项指标,结果显示,NH_3-N 未超标;TP 尚未超标,以可溶态为主;无机碳是水体中碳的主要形态。

(2) 水量变化特征

利用 Mann-Kendall 趋势检验对 2011～2018 年重点控制单元断面的流量变化进行分析(见图 3-1),数据显示 2011～2018 年滦河干流大杖子(一)、大杖子(二)、上板城大桥、党坝和唐三营断面的流量均呈现出显著降低的变化态势。与 2015 年相比,2018 年郭家屯、李台、大杖子(一)、兴隆庄、大杖子(二)、党坝、上板城大桥和唐三营断面的年流量均有所上升。

2018 年流域内 27 眼地下水监测井中水质为较好的有 17 眼,占地下水监测井总数的 63.0%;水质较差的有 6 眼,占地下水监测井总数的 22.2%;水质极差的有 4 眼,占地下水监测井总数的 14.8%。氨氮、硝酸盐氮、亚硝酸盐氮均达到Ⅲ类及以上水平。根据用水

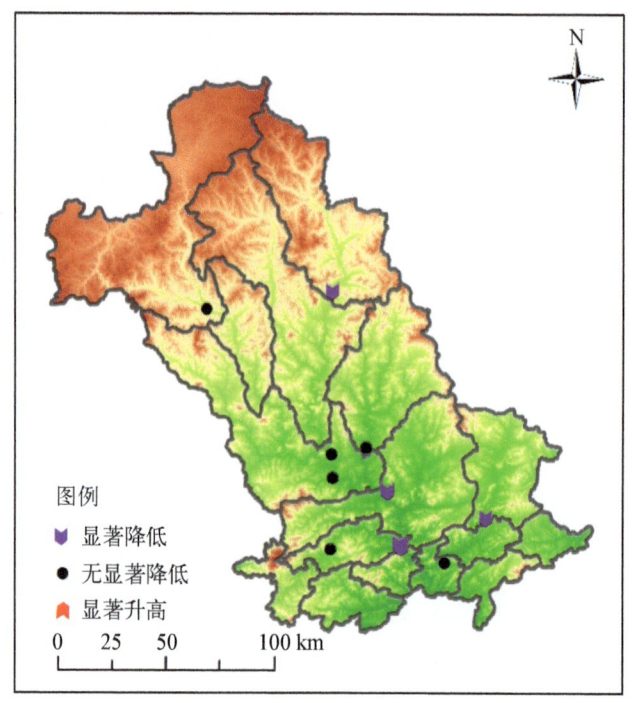

图 3-1　重点控制单元断面流量变化趋势(2011～2018 年)

统计数据分析,承德市居民生活用水、工业用水及农业用水中地下水供水量分别占地下水供水总量的 31.9％、27.6％和 40.5％,居民生活用水普遍使用地下水,工业用水、农业用水中地下水供水量分别占供水总量的 70％、30％左右。2010 年以来,承德市滦河流域供水量保持稳定,多年平均供水量约 75 361.5 万 m³,约占承德市各流域供水总量的 80％。流域供水主要依靠浅层地下水供水,平均占比达到 56％。因此,地下水污染严重影响承德市的水资源。

2. 综合管理成效

2011～2018 年承德市采取了一系列工程措施保障滦河流域水质达标,主要集中在工业结构调整、城市污水处理与再生利用、重点行业减排、规模化畜禽养殖水污染治理、农业面源污染防治、集中式饮用水源地保护、农村环境综合整治和生态环境修复等方面。主要的管理制度包括河长制、生态补偿制度、水资源管理"三条红线"刚性约束、实施水质差异化管控。主要的工程治理措施主要是河滨带湿地建设、落实"一段面一策"和水质预警分析、"三年百项治污工程"、"八百里滦河水质保护工程",针对凌汛期、汛期、枯水期和平水期实施高标准精细化管理等,投资 120 余项工程,投资总金额达 50 多亿元。滦河流域上游以关闭污染企业和建设污水处理工程相结合为主要措施,中游以重点污染物减排和畜禽养殖水污染治理为主要手段,下游以建设污水处理与再生利用工程为主。

2015～2018年,柳河大杖子(二)断面TP始终稳定在Ⅱ类,其他控制单元的COD、NH₃-N、TN和TP都有了一定程度的削减。其中滦河郭家屯、滦河大杖子(一)、柳河大杖子(二)和滦河上板城大桥控制单元的COD和NH₃-N削减比例较大,滦河上板城大桥和伊逊河承德市唐三营控制单元的TN和TP削减比例较大。受煤矿开采和废弃矿坑的影响,水土流失状况尚未得到彻底改善,因此,大杖子(二)控制单元内TP未实现削减。

通过分析滦河流域重点控制单元污染物排放总量减排与水环境质量达标率改善情况间的关系发现,2015～2018年,郭家屯、兴隆庄(偏桥子大桥)、唐三营、三块石(26♯大桥)、大桑园和大杖子(二)控制单元的污染物排放总量减排与水环境质量达标率改善情况之间的相关性最好,大杖子(一)和上板城大桥控制单元的响应关系次之,党坝、上二道河子和李台控制单元的响应关系较差。因此,郭家屯、兴隆庄(偏桥子大桥)、唐三营、三块石(26♯大桥)、大桑园和大杖子(二)控制单元的污染物排放总量控制对水环境质量改善的意义非常突出,污染物排放总量控制对水质改善的效果优于其他控制单元。造成党坝、上二道河子和李台控制单元响应关系效率低的原因可能是:上游的郭家屯控制单元的污染物会随着水量向下游输送,从而影响其环境本底值。此外,河流干流区受河流输送的影响较大。

3. 滦河流域承德段水质水量分析

(1) 2019～2021年各控制单元水质水量情况

根据滦河流域2022年水质目标设置,滦河流域大杖子(二)、上二道河子断面的水质目标为Ⅱ类,其余断面水质目标为Ⅲ类。如图3-2所示,2019～2020年滦河流域承德段不同控制单元主断面水质情况较好,其中滦河流域郭家屯、偏桥子大桥、上板城大桥、唐三营、李台、26♯大桥和入海口断面出现Ⅳ类水,郭家屯、偏桥子大桥、上板城大桥和入海口监测断面出现Ⅴ类水,26♯大桥水质甚至出现劣Ⅴ类,其余断面的水质达到或优于Ⅲ类水。未达标控制单元主断面的主要超标指标为高锰酸盐指数、化学需氧量、NH3-N、石油类和TP,超标时段主要分布在5～7月和10～12月。2020年仅上板城大桥断面在个别月份出现劣Ⅴ类水,26♯大桥、党坝、郭家屯、李台、偏桥子大桥、上板城大桥和唐三营断面出现Ⅳ类或Ⅴ类水,其余断面水质均达到或优于Ⅲ类水;主要超标指标为高锰酸盐指数和TP,超标时段集中在6～9月。

2021年各主断面水质总体状况良好,无劣Ⅴ类水质出现,李台、大杖子(一)、郭家屯、兴隆庄、上板城大桥和唐三营断面出现Ⅳ类或Ⅴ类水,其余断面水质均达到或优于Ⅲ类

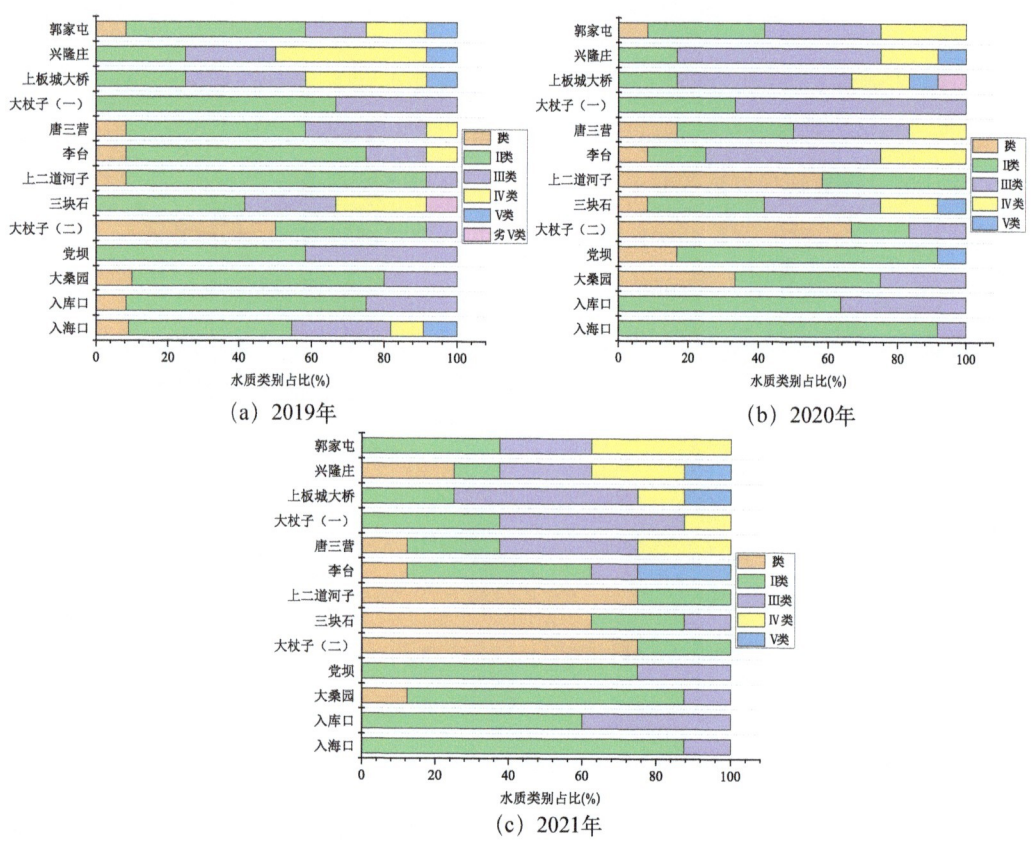

图 3-2 2019～2021 年滦河流域承德段逐月断面各类水质占比情况

水。主要超标指标为 I_{Mn} 和 TP，主要超标时段集中在 6～9 月。与 2018 年相比，郭家屯、兴隆庄、大杖子(一)、上二道河子、大杖子(二)和党坝断面按月统计的水质类别有所上升。滦河流域承德段不同监测点位水质状况整体良好，所有断面均达到Ⅲ类及以上水质类别，部分断面水质类别年均值达到Ⅰ类，与 2019 年和 2020 年相比，2021 年 1～10 月各断面水质类别基本不变，入库口监测点位水质类别由Ⅲ类升为Ⅱ类。与 2022 年目标水质相比，受 2021 年丰水期的影响(非全年数据)，仅大杖子(二)断面在 2020～2021 年尚未达到水质目标的Ⅱ类标准，2019～2021 年其余各断面水质类别均达到目标水质标准。

为明确滦河流域承德段的氮磷来源及污染成因，进一步分析了流域氮、磷和碳分布。总体而言，滦河流域上游地区水土流失较严重，在雨水不断冲刷下，土壤有机质的分解及碳酸盐岩的分解作用，使水体中无机碳浓度升高；中游地区位于主城区，生活污染对水质影响严重，有机碳含量较高；下游地区水流速缓慢，水流滞留时间长，无机碳占比较大。硝态氮是流域氮的主要来源，硝态氮带有正电荷，土壤胶体则大多为负电荷，因此，硝态氮大多以吸附态存在，上游地区硝态氮占总氮的比例较大。滦河流域存在总磷含量超过

Ⅲ类水标准限值但可溶性磷浓度很小的现象,即大多数磷以颗粒态附着的形式存在,这一点在上游的郭家屯、李台等断面较为明显。因此,加强水土保持、流域生态修复和治理十分重要。

2019～2020年滦河流域部分控制单元的重点月份流量数据显示,与2019年相比,2020年7～10月滦河的两个水文站水量均有所升高,瀑河流域宽城水文站、武烈河承德水文站、柳河流域李营水文站的流量相对较低,滦河流域的流量均高于其他流域。

（2）水环境与水资源综合管理效果

采用基于熵值权重的TOPSIS评价法对研究区的ET/EC/ES综合管理效果进行分析和评估,TOPSIS法的接近度反映了评价方案与最优方案在位置上的接近或远离程度。2015～2021年承德市水资源与水环境综合管理效果不断提升,取得了一定的成效。受2017年水质变化的影响,2017年的相对接近度较2016年有所增加但增幅较小,2019～2021年因水资源总量相比于前几年较少,尽管水质有所提升,但是增幅有所降低。评估过程主要考虑水质和水量等指标,尽可能减小降水量等天然因素对水资源总量的影响,建议在不同年份制定相应的调水策略,补充干涸河段,在提升水质的同时,保证河流充足的流量,达到水资源与水环境的协调平衡,保障区域的水生态安全。

3.1.1.4 问题与建议

综上,滦河流域承德段仍存在水土流失问题严重、农业面源污染问题突出、生活污水处理能力不足和工业废水处理有待加强等问题,各控制单元的主要问题和措施见表3-1。

表3-1 滦河流域承德段各控制单元存在问题和主要措施

河流	控制单元	主 要 问 题	主 要 措 施
滦河	滦河郭家屯控制单元	水土流失问题一直存在:控制单元内分布有25个水土流失重点区域,汛期泥沙会影响断面水质;受丰宁抽水蓄能电站改建的影响,泥沙下泄带有磷的同时也会导致河道淤积	加强滦河干流和小滦河的河道生态修复与治理,强化水土流失综合整治,实施干流丰宁抽水蓄能电站段、郭家屯段、小滦河等河段生态治理,推进水源涵养林及水土保持林建设,加强清洁小流域建设,强化丰宁县兴洲河(凤山段)河道清淤
		水质受到农业种植和畜禽养殖污染影响:沿河分布有耕地约2 377 hm²,汛期和灌溉期化肥和农药易入水体;隆化县和丰宁县沿河区段分布有大量村庄和农户,存在畜禽散养情况	推进隆化县和丰宁县的农药化肥减量工程,加强畜禽养殖规范化管理

（续表）

河流	控制单元	主 要 问 题	主 要 措 施
		农村生活污水处理设施尚未完善：丰宁县外门沟乡、苏家店乡和隆化县郭家屯镇的污水收集及处理设施尚待完善	加强乡镇生活污水收集处理，实施郭家屯镇污水处理设施及配套管网建设，开展丰宁县外门沟乡、四岔口乡、苏家店乡、鱼儿山镇及大滩镇污水处理厂及配套管网建设
	滦河兴隆庄（偏桥子大桥)控制单元	生活污染仍存在：隆化县韩家店乡、湾沟门乡、旧屯乡、碱房乡等乡镇的污水管网未实现全覆盖，控制单元内的 2 座污水处理厂尾水影响断面水质	推进乡镇生活污水处理，实施隆化县韩家店乡、湾沟门乡、旧屯乡、碱房乡等污水处理站及配套网管建设
		水土流失问题较严重：控制单元内分布有 13 个水土流失重点区域，区域整体坡度大，土壤风化强烈	推进滦河干流生态综合整治，开展河道清淤疏浚、实施岸坡生态防护，新建拦沙坎，构建生态缓冲带，加强岸坡绿化
		农业种植造成的面源污染仍存在：控制单元内耕地面积 12.81 万亩，多沿河道两侧分布。区域的农业生产活动对农药和化肥依赖性大，部分化肥和农药会随着雨水冲刷进入河流	推进隆化县农药化肥施用减量工程
	滦河上板城大桥控制单元	生活污染基础设施建设不完善：生活污染物排放量较大，承德市主城区存在管网老旧、雨污混流现象，丰宁县北部、滦平县的农村污水收集设施不完善，双桥区-承德县上板城镇污染也会影响水质	加强主城区生活污水收集处理，实施太平庄污水处理厂三期及双滦区第二污水处理厂建设，加强配套管网建设、雨污分流及老旧管网改造。推进滦平县乡镇生活污水收集处理
		污水处理厂尾水影响仍较大：上板城大桥断面距离太平庄污水处理厂较近，污水处理厂的尾水和溢流污水仍会影响断面水质	
		工业企业污染治理有待加强：承德高新技术产业开发区、滦平高新区绿色铸造产业园尚未建设完善的污水处理设施和配套管网，双桥区、双滦区、高新区建筑垃圾处理尚未建立完善的转运处理体系，工业企业污水和建设垃圾处理及其配套措施完善亟待加快	加快建设和完善承德县经济开发区、承德高新技术产业开发区上板城区域的污水收集和处理设施。推进双桥区、双滦区、高新区建筑垃圾处理，实施承德环能热电有限责任公司 4# 垃圾焚烧炉建设工程
		存在水土流失问题：控制单元内分布有 25 个水土流失重点区域，这些区域在暴雨冲刷下使得土壤颗粒和可溶性氮磷易进入水体，导致断面水质受到影响	加强滦河干流河道生态环境治理，开展护岸建设、河道垃圾清理、清淤平整等
	滦河大杖子（一）控制单元	污水收集处理设施尚未完善：承德县城污水官网老旧，头沟镇、高寺台镇等城镇污水处理设施及管网不完善，污水处理不彻底	推进承德县污水处理工程建设，强化承德县老旧污水管网改造；开展甲山建材物流园区污水处理项目建设

（续表）

河流	控制单元	主要问题	主要措施
伊逊河	伊逊河承德市唐三营控制单元	农业面源污染仍存在：控制单元内约18.3%的土地为农田，主要分布在承德县和平泉市。此外农业面源冲刷是TN和TP排放的重要来源，因此农业面源的治理十分必要	加强承德县、平泉市农药化肥减量施用
		水土流失问题仍存在：控制单元内河岸两侧坡度较大，土壤风化强烈，局地暴雨频发，导致水土流失在局部区域仍较突出	加强滦河干流河道生态环境治理
		水土流失现象仍存在：控制单元内分布有27个水土流失重点区域，因此，汛期和暴雨季节可导致土壤颗粒和可溶性氮磷进入河道	加强伊逊河水系河道生态环境治理
		市政基础设施建设有待完善：围场县城区部分污水配套管网老旧，存在跑、冒、漏、滴风险，四合永镇污水处理设施处理能力不足	强化围场县城区污水配套管网建设及老旧管网改造，建设围场县污水处理厂尾水人工湿地
		畜禽养殖粪污污染问题仍存在：围场县、隆化县张三营、唐三营、尹家营片区农村养殖场分布较分散，汛期储粪池中粪便与雨水混合容易溢出，存在少量粪污与雨水混合流入河道现象	推进畜禽养殖粪污垃圾无害化处理
	伊逊河李台控制单元	农村面源污染仍突出：控制单元内的隆化县和围场县都是农业大县，存在有机产业规模小、分散的特点，大多数农业活动仍为传统模式。由于其自身的分散性、不确定性、滞后性等特点，TN的削减比例较小	推进隆化县及围场县农药化肥减量施用
		水土流失问题一直存在：控制单元分布有25个水土流失重点区域，受上游生态环境脆弱、河流泥沙含量等问题，汛期（7～9月）TP超标情况较为明显	加强伊逊河生态修复、生态护堤和生态护岸建设
		生活污染问题仍存在：隆化县、滦平县生活污染产生量较大，区域污水收集和处理管网建设老旧，区域污水处理厂负担过载，污水处理厂尾水处理需进一步加强	加强隆化县污水处理厂升级改造，深化脱氮除磷，进一步提升出水水质，强化配套管网建设及老旧污水管网改造，实施尾水人工湿地建设及中水回用工程
武烈河	武烈河上二道河子控制单元	农村面源污染加重水体TN、TP浓度超标风险：控制单元内分散养殖的大部分畜禽粪污未经无害化处理便直接露天堆放在附近的河岸和农田，造成地表水面源污染。控制单元约16.8%的面积是农田，汛期冲刷也会导致河流污染加重	推进承德县和隆化县农药化肥减量工程，加快畜禽规划化养殖，同时开展武烈河河道清理和生态修复

（续表）

河流	控制单元	主 要 问 题	主 要 措 施
		部分地区污水管道建设尚不完善：双桥区污水管网不健全，污水跑漏现象时而发生。双桥区双峰寺至太平庄污水管道超负荷运行，输水能力不足，污水收集管网有待完善	推进双桥区污水收集管网建设，加快双峰寺至太平庄污水主干管道建设
柳河	柳河承德市三块石(26#大桥)控制单元	鹰手营子矿区、兴隆县污水处理设施处理能力不足，城区污水收集管网存在雨污混流现象	推进鹰手营子矿区柳源污水处理厂升级改造，强化主城区配套污水管网建设及雨污分流改造
		鹰手营子矿区垃圾转运及处理设施尚未完善，生活垃圾堆存量较大，产生的渗滤液是潜在水环境污染源	开展鹰手营子矿区生活垃圾中转站及建筑垃圾填埋场建设，推进实行垃圾分类
		控制单元内农田和建设用地多沿河道分布，断面水质受到畜禽养殖污染和农药化肥影响较大	加强鹰手营子矿区、兴隆县农药化肥减量施用
		提高河道防洪能力，突出河道在防洪安全、供水安全、生态安全方面的用途	实施柳河生态环境综合治理，强化护岸工程、河道渗滤床、人工湿地等建设
	柳河大杖子(二)控制单元	农业面源污染仍存在：控制单元内部分农田沿河道分布，雨水冲刷导致化肥农药进入水体。兴隆县平安堡镇、李家营镇、大杖子镇等区域存在村民自建养猪棚，猪粪未及时清理现象	推进鹰手营子矿区寿王坟镇、汪家庄镇、承德县大营子乡、兴隆县北营房镇、李家营镇、大杖子镇农药化肥减量施用及畜禽养殖粪污垃圾无害化处理
		当地生活污水污染问题突出：环境基础设施缺乏，农村地区人口居住较分散，居民生活污水主要是随地泼洒，或者就近倒入村边沟壑而进入水体，污染严重，对河流水质有一定的影响	加快推进兴隆县污水收集及处理设施建设
瀑河	瀑河党坝控制单元	基础设施不健全：平泉市区由于雨污合流、管网覆盖不全及部分管网老化破损等原因导致污水不能全部收集处理，此外，部分偏远地区尚未建立完善的污水收集、处理和垃圾收集转运体系，污水散排、生产生活垃圾无序堆放等现象对水质也会造成影响	加强村民环保意识，强化平泉市老旧污水管网改造及雨污分流，实施南城区及乡镇学校污水处理项目建设
		农业面源污染问题仍突出：控制单元内村镇多沿河岸分布，地形以中山和低山丘陵为主，当地的农业活动对化肥、农药的依赖较强，雨水冲刷下会导致营养盐和农药进入水体，从而加剧农业面源污染。散户养殖缺少废水处理设施，产生的畜禽粪便等在汛期会随雨水进入河道	推进平泉市农药化肥减量施用及畜禽养殖粪污垃圾无害化处理。加强瀑河黑山口段、小寺沟桥至党坝断面、支流卧龙岗川等河道综合整治

河流	控制单元	主 要 问 题	主 要 措 施
瀑河承德市大桑园控制单元		农村住户分散,农村生活垃圾收集困难,垃圾处理不便捷。此外,河道范围内堆放的垃圾渗滤液影响水环境	强化宽城县污水处理厂配套管网改造及生活垃圾处理处置建设,实施宽城镇、龙须门镇、板城镇环卫一体化的垃圾收集转运模式
		控制单元内的农田主要分布于宽城县,雨季冲刷造成的农药化肥污染可能影响水质。中小型畜禽养殖场尚未建立完善的畜禽粪污垃圾处理系统	加强宽城县农药化肥减量施用及畜禽养殖粪污垃圾无害化处理
	潘家口控制单元	生活污染收集与处理设施不完善:宽城县塌山乡、梓罗台镇等地区生活污水和生活垃圾收集、转运和处理设施尚未健全,生活污染对河流和水库水质存在一定影响	加强宽城县塌山乡、梓罗台镇等生活污水垃圾收集处理;实施梓罗台镇闯王河段及塌山乡清河段、潘家口水库环境综合治理,强化潘家口水库湖库富营养化、蓝藻监管与预警
		农业面源污染仍存在:宽城县沿河区域分布有农田和畜禽养殖散户,畜禽粪污未实现无害化处理	强化农药化肥减量施用及畜禽养殖粪污垃圾无害化处理

3.1.1.5　创新点

通过滦河流域水质、水量、污染源数据分析,根据其变化评估滦河流域水污染状况和滦河流域水资源水环境综合管理效果,为持续推进流域水资源水环境综合管理提供对策措施与建议。项目成果针对水环境质量进行逐年评估,可为流域完成准确定量分析和评估提供支撑。项目成果补充完善了滦河流域承德段的水资源、水环境和水生态等方面的资料,可作为支撑承德市水资源与水环境综合管理规划(IWEMP)编制和滦河流域 GEF 水资源水环境综合管理项目跟踪监测数据整理的基础,为实现区域水资源、水环境协调发展提供了一定的理论基础。同时水环境与水资源综合管理措施实施效果有利于推进滦河流域水资源与水环境综合管理措施的推广和应用。

3.1.2　滦河流域水生态状况评估与对策[*]

3.1.2.1　研究背景

水是生态和环境的主导要素,是生态系统结构和功能的重要组成部分。水生态问题

---

[*] 由何跃君、李宣瑾、李红颖、赵建伟、刘晶晶、谢铮、孙文博、王东阳、王思力执笔。

的综合性表明其不仅仅是水体本身的问题,更主要是由于水生态系统的结构和功能遭到破坏,导致生态系统服务下降或丧失。解决水问题,需要从系统的角度出发,不仅关注水体本身,更重要的是关注整个水生态系统,通过划定修复保护与水生态系统相关的水生态空间,进而保护系统的结构和功能,维护关键的生态系统服务。本项目研究思路与目标紧紧围绕基于耗水(ET)和环境容量(EC)及生态系统服务(ES)3E 约束的流域水资源与水环境综合管理方法体系、指标体系和技术框架的总体要求,以滦河流域(承德市段)为研究对象,综合运用 GEF 主流化项目有关 ET/EC/ES 的 3E 融合理念,研究了滦河流域水生态系统的时空异质性规律,识别影响流域水生态系统分布格局、功能状况、主要问题及关键影响因素;开展了滦河流域水生态状况评估,施行滦河流域水生态空间管控分区,形成基于水生态管控分区的滦河流域水生态保护的综合管理思路和修复策略。

3.1.2.2 研究内容

1. 开展滦河流域水生态状况调研与分析

全面分析国内外有关流域水生态评估的文献资料,并针对滦河流域主要特征和实际情况,开展滦河流域水生态状况调查与研究工作,充分利用统计数据和调查监测数据,从水生态压力、水生态现状、水生态功能和水生态风险等 4 个方面进行分析,进一步分析评价滦河流域水生态状况,识别流域水生态系统质量状况与空间格局,筛选不达标水生态系统功能状况的主要问题,并提出影响水生态质量的关键因子。

2. 开展滦河流域水生态状况评估工作

在借鉴已有相关研究成果基础上,结合滦河流域承德市段实际情况,构建涵盖土地利用、栖息地状态、水功能供给、水环境净化等多要素的水生态评估指标体系,对滦河流域水生态状况进行评估。对滦河流域水生态系统进行问题诊断,并针对诊断发现的主要矛盾和重点问题,明晰问题产生的原因,分析主要的水生态的压力因素和支撑因素。

3. 制定滦河流域水生态空间管控分区方案

基于滦河流域水生态状况评估,分析滦河流域水生态分布格局,识别生态脆弱区域,筛选优先保护区域,并与承德市经济社会发展规划相衔接,识别经济社会协调发展的区域,建立包括流域—水功能区—控制单元—行政区域等 4 个层级、覆盖滦河流域承德段生态空间管控体系。制定流域水生态空间管控分区方案,按照"流域统筹、区域落实"的思路,明晰各级行政区域管控规则。

4. 制定滦河流域承德段水生态管理与修复方案

紧紧围绕国家确定的"建设京津冀水源涵养功能区"战略定位,并针对滦河流域承德市段的干流、支流、围场坝上、重点矿区治理等片区,基于 ES/ET/EC 融合实施与管理的理念,以改善滦河流域水质为核心,明确水生态管理与修复总体目标,提出滦河水生态修复战略和治理思路,研究重点问题修复对策,提出优化流域生态管控空间,强化中上游生态保护修复,实施河流小流域综合治理,开展水生态调控与修复,提升流域环境监管能力等一系列流域水生态管理方案。

3.1.2.3 主要研究方法

本项研究报告在总结 GEF 海河一期项目的成功经验和国家和河北省水污染防治行动计划("水十条")等相关规划的有效措施上,突出滦河流域的特色,坚持问题导向与目标导向,将水资源、水环境、水生态等"三水"统筹兼顾水文化、水安全的思路,贯彻落实到本项研究项目的问题诊断、症结分析、状况评估、任务设计、措施制定等各个环节中。

1. 现状调查

通过社会经济统计、历史资料收集、生态调查、水文调查、水质监测等技术手段,了解滦河流域基本概况和识别存在的主要问题,分析评估滦河流域的历史变化过程和变化趋势。

2. 管控分区划定

主要参考《重点流域水污染防治"十三五"规划编制技术大纲》,在国家和河北省水污染防治行动计划承德市涉及控制单元划分成果的基础上,按照承德市水(环境)功能区划成果,优化选取地方控制断面节点,按照自然汇水情况和排污去向,将控制单元进一步统筹划定成水生态空间管控分区,实现对滦河流域(承德段)各区县、乡镇的重点管控。同时,实现水生态管控空间内的地表水水(环境)功能区与排污口、污染源的衔接。

3. 评估内容与方法

以滦河流域水生态空间管控分区为评估单元,以水域和陆域为评估对象,选取评估指标体系,诊断各评估单元的健康状况及流域整体综合生态状况。主要由评估单元、评估对象、评估指标体系、评估计算和标准分级 5 个环节组成。

4. 对策与建议

在进行滦河流域生态健康状况诊断分析的基础上,结合滦河流域社会经济发展状况,提出滦河流域生态系统保护和管理建议,以及具体的保护治理措施和方案。

项目研究技术线路图如图 3-3 所示。

3.1.2.4 核心结论

具体操作,主要参考《重点流域水污染防治"十三五"规划编制技术大纲》及"十四五"流域生态保护要求,在"水十条"承德市涉及控制单元划分成果的基础上,按照承德市水(环境)功能区划成果,优化选取地方控制断面节点,按照自然汇水情况和排污去向,综合叠加"水功能区架构-水生态问题识别-土壤侵蚀模数分析-水生生物调查评价"技术成果,突出滦河流域水资源供给保护、水文调节保护、水生命支持的 3 个重点功能,在此基础上,优化整合为滦河流域水生态修复管控分区。同时实现对滦河流域(承德段)各区县、乡镇的重点管控,以及水生态管控空间内的地表水水(环境)功能区与排污口、污染源的衔接。

具体结果,结合国家开展的国控断面汇水范围(即控制单元)划定成果,将滦河流域(承德段)划分为 10 个管控分区。本研究有效衔接国家划定结果,以 10 个管控分区为基础,强化空间管控措施,各管控分区详细信息详见表 3-2 和图 3-4。

具体策略,以"全局统筹、分区治理、夯实基础、突出特色"为核心,以"上游增能力,中游强管控,下游减负荷"为主线,从严格水资源保护、加强水生态空间管控、保障河流生态流量、推动重点区域修复治理和强化水生态监测等方面入手,系统修复治理,打造良好的水生态基础。上游加强涵养水源,严格管控生态空间;中游以自然环境承载力为最大刚性约束,加强生态环境治理;下游结合跨区域调水,优化水资源配置格局。实现水源涵养、生态屏障、生态优化等作用能力在不同分区相互支撑的生态格局。

水生态保护与修复的重点是保障生态系统维持正常水循环所需的水量平衡关系。坚持节水优先、水资源保护与治理并重。利用"点、线、面"结合的方法,其中"点"是滦河流域水生态系统中具体保护和修复的区块,"线"是河流主要干支流河道,"面"是划定的水生态修复管控分区。在实现水生态环境保护以及修复的过程中,根据流域内水生态环境的完整性,构建"点、线、面"一体化的水生态环境保护以及修复方法体系。在具体工程和措施上,主要按照清淤疏浚、水系连通→控源截污→生态修复→水环境治理→长效管理的治理策略进行。

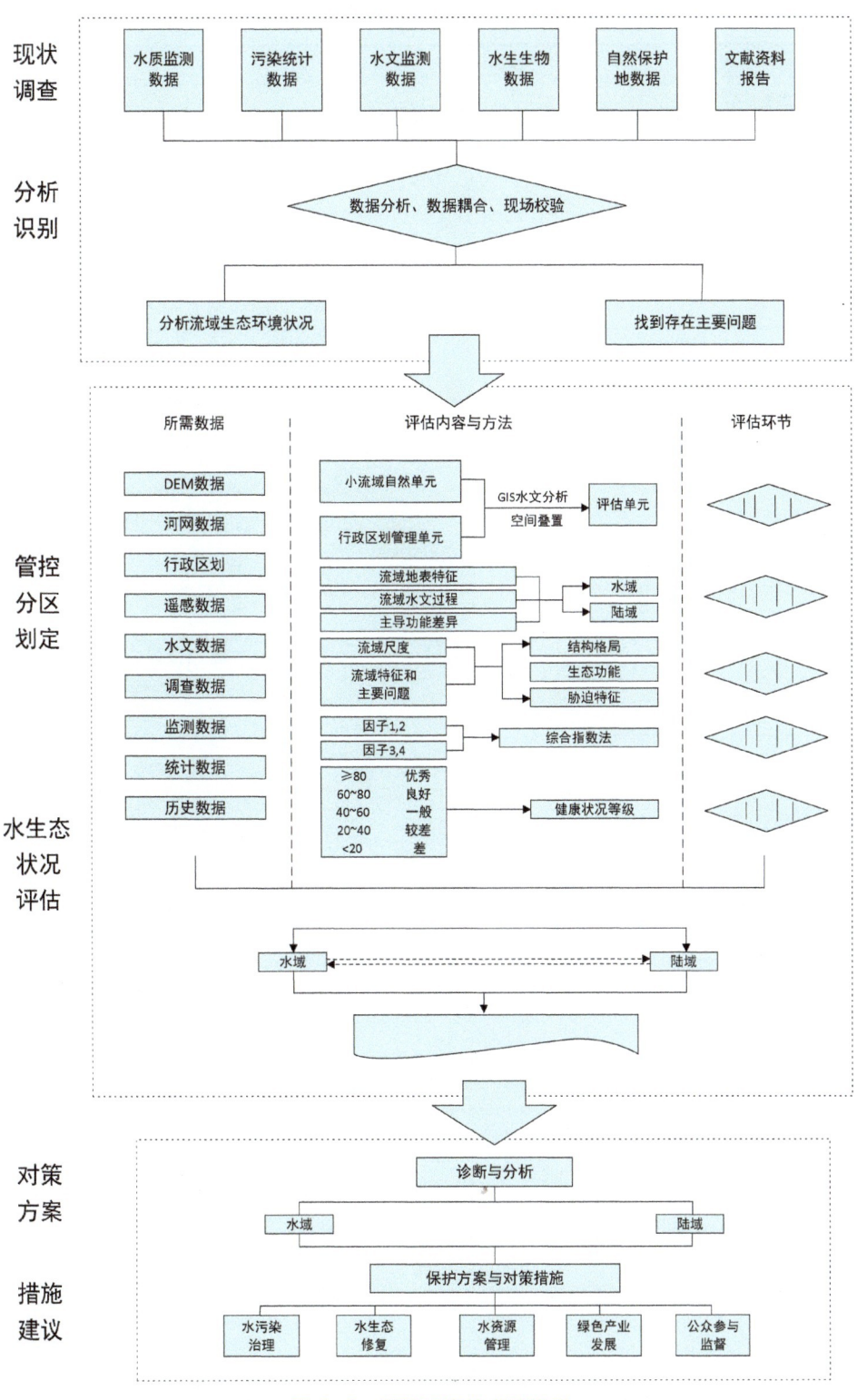

图 3-3 项目研究技术路线图

表 3-2　滦河流域水生态空间管控分区划分结果表

序号	空间管控分区名称	管控类别	控制断面	所在水体	涉及区县	涉 及 乡 镇
1	滦河郭家屯管控分区	优先保护区	郭家屯	滦河	隆化县	**郭家屯镇**
					丰宁满族自治县	万胜永乡、四岔口乡、苏家店乡、**外沟门乡**、**草原乡**
					围场满族蒙古族自治县	御道口镇、**老窝铺乡**、**南山嘴乡**、**西龙头乡**、塞罕坝机械林场、国营御道口牧场
2	伊逊河唐三营-李台管控分区	重点修复区	唐三营、李台	伊逊河	围场满族蒙古族自治县	**围场镇**、四合永镇、棋盘山镇、**腰站镇**、龙头山镇、道坝子乡、黄土坎乡、**四道沟乡**、兰旗卡伦乡、**银窝沟乡**、大唤起乡、哈里哈乡、半截塔镇、下伙房乡、**燕格柏乡**、牌楼乡、城子乡、石桌子乡、大头山乡
					隆化县	**唐三营镇**、安州街道、汤头沟镇、张三营镇、**蓝旗镇**、步古沟镇、尹家营满族乡、庙子沟蒙古族满族乡、偏坡营满族乡、山湾乡、**八达营蒙古族乡**、西阿超满族蒙古族乡、白虎沟满族蒙古族乡
					滦平县	红旗镇、**小营满族乡**
3	武烈河上二道河子管控分区	优先保护区	上二道河子	武烈河	双桥区	狮子沟镇、双峰寺镇
					承德县	头沟镇、高寺台镇、岗子满族乡、磴上乡、两家满族乡、三家乡
					隆化县	韩麻营镇、中关镇、七家镇、荒地乡、章吉营乡、茅荆坝乡
4	滦河兴隆庄（偏桥子大桥）管控分区	重点修复区	兴隆庄	滦河	隆化县	太平庄满族乡、**旧屯满族乡**、碱房乡、**韩家店乡**、**湾沟门乡**
5	滦河上板城大桥-大杖子（一）管控分区	重点管控区	上板城大桥、大杖子（一）	滦河	双桥区	西大街街道、头道牌楼街道、潘家沟街道、中华路街道、新华路街道、石洞子沟街道、桥东街道、水泉沟镇、牛圈子沟镇、大石庙镇、冯营子镇、上板城镇

（续表）

序号	空间管控分区名称	管控类别	控制断面	所在水体	涉及区县	涉及乡镇
					双滦区	钢城街道、元宝山街道、双塔山镇、滦河镇、大庙镇、偏桥子镇、西地镇、陈栅子乡
					滦平县	中兴路街道、滦平镇、长山峪镇、**金沟屯镇**、张百湾镇、大屯镇、**付营子乡**、**西沟满族乡**
					丰宁满族自治县	凤山镇、**波罗诺镇**、选将营乡、西官营乡、王营乡、北头营乡
					承德县	下板城镇、甲山镇、六沟镇、三沟镇、东小白旗乡、鞍匠乡、刘杖子乡、新杖子乡、孟家院乡、八家乡、上谷镇、满杖子乡、石灰窑镇、五道河乡、岔沟乡、仓子乡
					平泉市	七沟镇
6	柳河三块石（26#大桥）-大杖子（二）管控分区	重点修复区	三块石、大杖子（二）	柳河	鹰手营子矿区	铁北路街道、鹰手营子镇、北马圈子镇、寿王坟镇、汪家庄镇
					兴隆县	兴隆镇、平安堡镇、雾灵山乡、北营房镇、李家营乡、大杖子乡
					承德县	大营子乡
7	瀑河党坝-大桑园管控分区	重点修复区	党坝、大桑园	瀑河	平泉市	平泉镇、杨树岭镇、小寺沟镇、党坝镇、卧龙镇、南五十家子镇、梓椤树镇、青河镇、王土房乡、道虎沟乡
					宽城满族自治县	宽城镇、龙须门镇、板城镇、化皮溜子镇
8	潘家口水库管控分区	优先保护区	潘家口水库	潘家口水库	宽城满族自治县	梓罗台镇、塌山乡、孟子岭乡、独石沟乡
9	潵河蓝旗营管控分区	重点修复区	蓝旗营	潵河	兴隆县	半壁山镇、**蓝旗营镇**、大水泉镇、南天门满族乡、三道河乡、安子岭乡
10	青龙河四道河管控分区	重点修复区	四道河	青龙河	宽城满族自治县	汤道河镇、苇子沟乡、大字沟门乡、大石柱子乡

图 3-4　滦河流域(承德段)水生态修复管控分区划定

3.1.2.5　主要创新点

参照国家《重点流域水污染防治"十三五"规划编制技术大纲》及"十四五"流域生态保护要求,在河北省"水五十条"承德市涉及控制单元划分成果的基础上,按照承德市水(环境)功能区划成果,优化选取地方控制断面节点,按照自然汇水情况和排污去向,综合叠加"水功能区架构-水生态问题识别-土壤侵蚀模数分析-水生生物调查评价"技术成果,突出滦河流域水资源供给保护、水文调节保护、水生命支持的3个重点功能,在此基础上,优化整合为滦河流域水生态修复管控分区,遵循流域生态的系统性和整体性特征,实现对滦河流域(承德段)各区县、乡镇的重点管控,以及水生态管控空间内的地表水水(环境)功能区与排污口、污染源的衔接,促进流域水生态保护的精细化、科学化管理与修复。

本项目研究成果为全球环境基金(GEF)水资源与水环境综合管理主流化项目基

于 ET/EC/ES 目标值的流域综合管理技术指南/操作手册、承德市水资源与水环境综合管理规划(IWEMP)2 个重点任务和产出,在系统理论、技术方法、保护修复策略、应用案例等方面,提供了技术内容支持。同时,也为滦河流域及京津冀区域水生态文明建设和水环境保护建设提供科学依据,有利于推动区域水生态和自然资源环境持续健康发展。

3.1.3　滦河子流域基于 ET/EC 的排污定额管理示范*

3.1.3.1　项目背景

1. 立项意义

滦河是海河流域主要水系之一,不仅支撑着区域内经济社会的发展,也是直辖市天津市、工业重镇唐山市的主要水源地,引滦入津供水工程产生了巨大的社会、经济和生态效益。滦河流域是京津的水源涵养区和生态保护区,也是京津冀协同发展的重要组成部分。河北省承德市位于滦河上游、中游区域,涉及承德市境内流域面积 28 616 km²,占承德全市总面积的 72%。承德市滦河的水生态环境安全,对于保障滦河的水生态环境健康和京津的水资源利用具有重要意义。

本示范研究项目工作的开展全面贯彻了党的十八大、十八届三中、四中全会和十九大精神,大力推进生态文明建设。基于承德市滦河流域为缺水地区,污染防治工作应坚持控源减污与开源增容并重。对于水量,通过全方位节水、科学调度水利设施以增加下泄水量等手段,维持河流最小生态流量,强化生态流量对改善流域水质的基础性、前置性作用。用最可行的手段、最有效的方案、最管用的机制强化滦河流域水污染防治,为下游京津地区提供良好的生态屏障。项目产出成果将支撑承德市 IWEMP 的技术工作,为切实保护滦河流域水环境质量,落实水资源水环境综合管理模式提供支撑,以供流域管理单位和项目受益区有关部门参考,利于进一步扩大 GEF 主流化项目的影响。

2. 研究目标

本项目以持续改善承德市滦河水质、确保滦河水生态环境能够永续发展为主要目标,将滦河流域选作目标区域,根据《承德市滦河流域水污染防治规划(2012~2020 年)》和《滦河上游水生态环境综合治理方案项目建议书》等研究中的耗水(ET)、环境容量(EC)计算结果,充分衔接承德市水污染防治行动计划,构建承德市滦河流域优先控制单

---

*　由为陈荣志、张阳、梅笑冬、刘如铟、覃露、李阳、田雨桐、赵丹阳、王东阳、张萌、周强、张成波、李振兴执笔。

元清单;基于流域 EC 现状及分布,识别各优先控制单元水环境问题,计算各优先控制单元减排要求,提出各控制单元水环境持续改善和综合管理方案。同时与 GEF 主流化项目国家层面其他研究成果及石家庄市项目研究成果相结合,支撑承德市 IWEMP 的技术工作,为切实保护滦河流域水环境质量,落实水资源水环境综合管理模式提供支撑,进一步扩大 GEF 主流化项目的影响。

3.1.3.2 研究内容和技术路线

1. 水环境管理目标的设计

根据承德市滦河流域控制单元的水环境问题,建立控制单元指标目标体系。控制单元指标体系以水环境质量目标为核心,考虑污染源与污染控制等水环境管理指标。充分考虑必要性及可达性,衔接水(环境)功能区目标、"十四五"规划目标、现状水质类别、水质变化趋势等,合理确定目标值,构建承德市滦河流域优先控制单元清单。

2. 控制单元达标方案评估

基于环境容量分配结果,结合控制单元达标方案的评估技术方法,评估试点控制单元水环境污染物总量控制目标与水环境质量改善的响应关系;考虑控制单元的经济发展条件和污染物的来源,研究控制单元污染减排潜力;根据经济预测情况,结合污染物减排策略和水平,预测污染物排放情况;根据污染物排放预测情况,分析污染总量减排目标合理性、减排措施有效性、减排效果可达性。

3. 基于 EC 与 ET 的控制单元达标方案设计

以滦河水质目标为基础,结合 EC 环境容量计算结果,并综合考虑 ET 节水需求(包括农业、工业及城镇生活节水),进行控制单元间和控制单元内的不同方案优化。在多方案比选的基础上,通过模型方法设计提出可操作、技术经济可行的污染物总量削减方案,并具体落实工业企业的污染物排放总量要求。

4. 控制单元 EC 管理政策制度研究

结合国内外总量控制的环保与经济政策,借鉴国内外先进科学技术及理论研究方法,从污染物总量控制、考核、监测等体系建设方面,结合 ET 的改善潜力和 EC 的管理要求,对滦河子流域控制单元未来水污染物总量控制目标、考核指标设置等提出具体政策建议。

项目技术路线如图 3-5 所示。

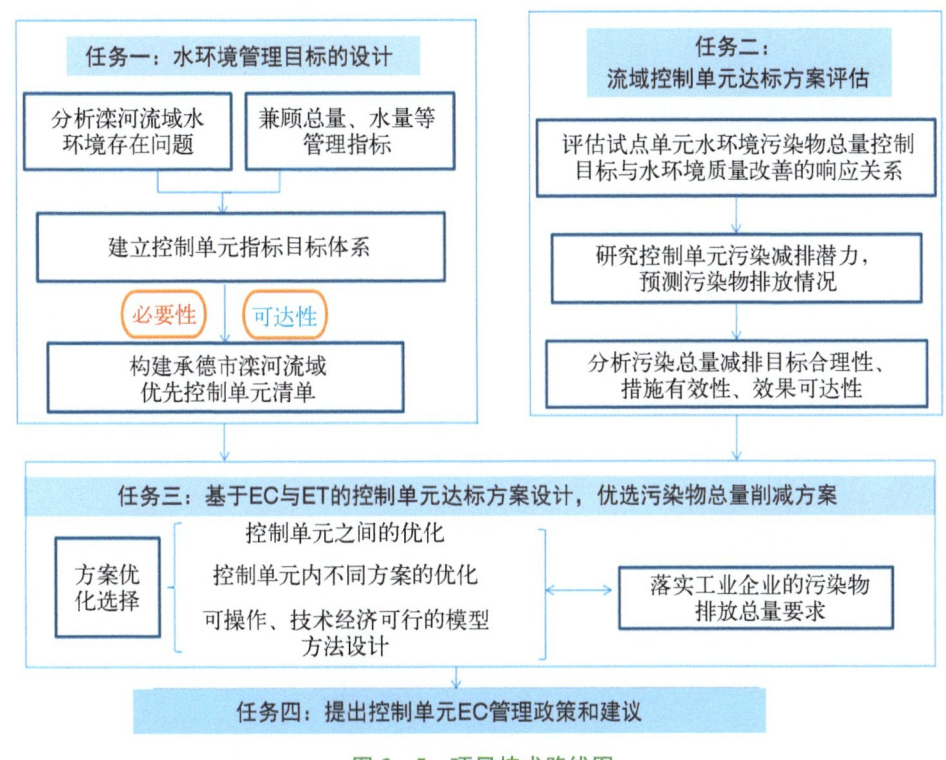

图 3-5 项目技术路线图

3.1.3.3 主要研究成果

1. 控制单元清单划分

控制单元划分根据滦河及其各支流作为陆域划分的基础,根据河流水系和断面位置确定了陆域的汇水范围,并按照承德市辖区内各乡镇县的行政边界来构建控制区以维持行政边界具有完整性。控制断面应当位于重要支流、县城下游、重要功能水体、跨县(区)界水体、重污染区域下游、水质较差河段等位置,并对临近的控制断面选择具有重要性、代表性的断面予以保留。出于数据获取的便利性和现实情况的考虑,控制断面主要选取现有的国控、省控、市控断面,但部分地区可能缺少断面,此时也可以进行断面替换。

根据以上方法,利用已有的国控、省控、市控断面,选择了具有区域污染代表性、控制必要性的断面,并根据滦河及其各支流的长度,各支流选择1~3个控制断面比较合适,而干流上可以设置5个控制断面。因此,选取了大杖子(二)、三块石、大杖子(一)、郭家屯、上板城大桥、兴隆庄、潘家口水库、大桑园、党坝、蓝旗营、上二道河子、李台、唐三营、

95

大黑汀水库、滦县大桥、四道河、闪电河中桥等 17 个控制断面。

以上述控制断面为节点,以上游到下游、左岸到右岸、支流到干流的顺序确定各区县排污去向,对各区县行政区内的主导排污去向明确且单一的,按照行政区域划分各控制单元。对有多个排污去向的,则按照汇水范围进行拆分,并按行政区域进行参考。

承德市滦河流域的控制单元划分清单如图 3-6 所示。

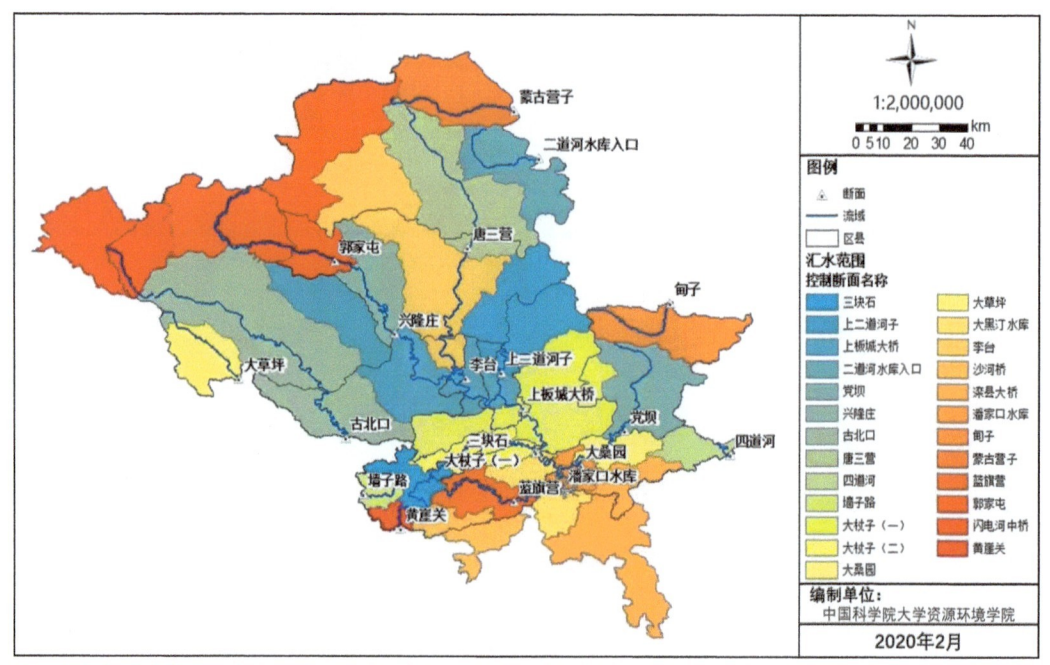

图 3-6 滦河流域控制单元分布图

2. 流域控制单元环境容量

基于 MIKE11 水动力-水质模型在农村-城市流域均具有很好的利用性,结合滦河流域环境现状,选用 MIKE11 模型对承德市滦河流域水环境容量测算以及污染物总量减排进行模拟研究。结果显示,滦河流域控制单元总氮指标所有断面基本在每个月份均会出现超标现象;化学需氧量、总氮、总磷指标除化学需氧量及总磷个别断面个别月份超标外,其余指标环境容量均富余。2019 年 COD 指标超标情况,偏桥子大桥控制断面在 3 月、7 月分别超标 3 563.14 t/a、711.59 t/a;郭家屯控制断面在 4 月超标 5 481.91 t/a;李台控制断面在 6 月超标 365.45 t/a;唐三营控制断面 7 月超标 371.52 t/a;三块石控制断面 11 月超标 t/a。2019 年总磷指标超标情况,唐三营控制断面在 7 月超标 0.74 t/a。

3. 控制单元达标方案设计

基于流域水环境特点,对流域进行基于 ET 的 EC 讨论应建立在流域不同水量供给的基础上。因此,在确定控制单元月环境容量的基础上,不同的 ET 对流域控制单元环境容量的影响在模型里的表达,以控制单元之间水资源变化对环境容量的影响变化为不同情景进行模拟,分别计算出控制单元 ET 变化后,EC 的变化。技术路线图如图 3 - 7 所示。

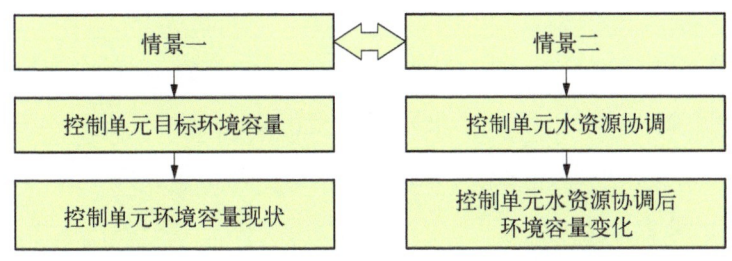

图 3 - 7　滦河流域基于 ET 的 EC 技术路线图

(1) 基于环境现状的控制单元环境容量核算

对比汛期非汛期环境容量可发现,汛期污染物污染总量比非汛期污染物总量高,在汛期时,由于雨水冲刷,地表污染物经雨水携带带入流域中,造成面源污染,因此汛期污染物总量比非汛期时污染物总量高。对此,建议可以加大蓄水设施建设,一方面可以提高非汛期的水资源供应不足的应对能力,另一方面也可以强化汛期流域内的防洪体系。同时,对河道及支流两侧的植被进行修复、实施河湖生态隔离带和沿河水源涵养林建设也可在一定程度上起到水土涵养,减少土质中营养物质大量流失的作用,这在一定程度上也可以降低水体环境中 TP 和 TN 等指标。另外,汛期时,滦河干流上板成大桥控制单元 COD、TP 指标超出目标环境容量 482.5 t/a、1.13 t/a,滦河支流伊逊河李台控制单元 TP 指标超出目标环境容量 3.2t/a。汛期非汛期所有控制断面 TN 指标均超出目标环境容量,因为 TN 不参评,所以对于 TN 的超标现象在各大流域均有出现。而上板城大桥 COD 指标超标,建议可通过控制污水处理厂点源污染物排放进行控制。因此,可将各控制单元污水处理厂污水处理设施能力低下问题纳入考虑范围。

(2) 基于目标 ET 的控制单元环境容量核算

① 基于目标 ET 的流域控制单元污染物总量

根据不同的目标 ET 情景,各流域控制单元污染物总量也不尽相同。目前,将目标 ET 分为以下两个情景:情景一,即郭家屯单元滦河干流入河量增加 0.02 亿 m³,流量增加 0.63 m³/s;情景二,即郭家屯单元滦河干流入河量增加 0.2 亿 m³,流量增加 6.3 m³/s,伊逊河唐三营入河量增加 0.015 亿 m³,流量增加 0.47 m³/s,伊逊河李台入河量增加 0.03 亿 m³,流量增加 0.94 m³/s。

在以情景一作为调蓄方案的条件下,郭家屯、偏桥子大桥、上板城大桥、大杖子(一)控制单元的各项污染物总量均有明显下降。其余控制单元的污染物总量没有发生变化,原因是情景一的调蓄方案影响干流,其余在支流上的各控制单元污染物总量不会变化。在以情景二作为调蓄方案的条件下,由于增加了数个调蓄位置,所以李台、唐三营控制单元的污染物总量也有了明显下降。

情景一的调蓄方案在汛期和非汛期都能发挥降低整体流域中各污染物总量的作用,但是降低幅度较小;而情景二的调蓄方案,对于偏桥子大桥、大杖子(一)、李台控制单元的各项污染物总量降低幅度巨大,最终使得整体流域中各污染物总量降低幅度非常明显,这一效果在汛期和非汛期都很明显,在减少污染物总量上情景二具有更好的效果。

② 基于目标 ET 的流域控制单元的环境容量超标情况

与基于环境现状的减排结果相比,采用情景一这种较为简单的调蓄方法,确实让汛期与非汛期的各控制单元环境容量现状都有所改善,并且使上板城大桥控制单元的总磷环境容量现状降低到低于目标环境容量以下,对环境有改善作用。但未纳入参评的总氮的环境容量现状、汛期上板城大桥控制单元 COD 环境容量现状、汛期伊逊河李台控制单元总磷环境容量现状仍旧超过了目标环境容量,总体改善效果还可以进一步提高。

采用情景二的调蓄方法较为复杂,但是在经过调蓄之后,各控制单元环境容量现状改善较情景一更为显著,并且针对 COD、氨氮、总磷,所有原超过目标环境容量的控制单元在汛期与非汛期全部降低到未超标状态,并且原本所有控制单元均超标的总氮项目也明显改善,部分控制单元的总氮环境容量现状降低到了目标环境容量以下,水质总体改善效果明显强于情景一。

根据以上对比,可以注意到采用目标 ET 进行水资源调蓄相比基于环境现状的效果更好,其对于改善环境容量、改善水质都具有一定的意义,且情景二的调蓄方案达到的效果明显好于情景一的方案。

③ 基于目标 ET 的管理方案

根据目标 ET 及给定的水量和流量,得出模拟环境容量结果,可知在情景一中,郭家屯单元滦河干流入河量增加 0.02 亿 m^3 水、流量增加 0.63 m^3/s 的条件下,除了总氮指标,以及滦河干流上板城大桥控制单元汛期 COD 指标依然超出 −301.04 t/a 以外,其他控制单元在汛期与非汛期指标均达标。总氮因不参评,在此不进行考虑。然而,只在流域上游区域进行水资源调蓄,并不能完全解决中下游污水处理厂下游控制单元汛期的水质问题。因此,建议增加其他区域进行水资源调蓄或者在承德市上板城污水处理厂投入使用的情况下,结合对上板桥控制单元内污水处理厂试行污水处理厂提标,并针对有机物质处理推进污水处理站及配套管网设施建设。

而在情景二中,郭家屯单元滦河干流入河量增加 0.2 亿 m^3 水、流量增加 6.3 m^3/s,伊逊河唐三营入河量增加 0.015 亿 m^3、流量增加 0.47 m^3/s,伊逊河李台入河量增加 0.03 亿 m^3、流量增加 0.94 m^3/s 的条件下,各控制单元污染物指标除不参评的总氮外均达标且剩余比较大的环境容量,建议可对水资源调蓄量等进行相应调整。

3.1.3.4　结论

以上研究可为承德市基于 ET、EC、ES 的水资源水环境水生态综合管理规划编制提供决策依据,提高流域水污染防治效果的有效性,能够在治理过程中突出重点,针对优先单元的水环境问题集中力量率先突破解决,经济上可以促进水污染物削减、提高"十三五"期间水污染治理投入的实效、水体质量改善、城市水循环系统科学化、节水和污水资源化、饮用水安全,改善了当地的生态环境,也有利于保障人民群众生活环境的提升,并能促进国家主要水污染物总量控制指标的完成,解决水污染控制与治理面临的紧迫难题,能够形成水环境保护的科学管理体制。上述研究内容能够为承德市滦河流域的水容量控制、水生态修复提供科学可靠的依据和支撑,有利于制定更为科学合理的政策方案。

3.1.4　基于遥感的非点源污染控制方法示范[*]

3.1.4.1　研究背景和研究意义

依据 GEF 主流化项目要求,在承德市应用水资源与水环境综合管理方法,本研究以滦河流域为示范区,进行非点源污染示范研究。滦河是京津冀地区的重要水源地之一,自 20 世纪 80 年代初引滦工程投入运行以来,已累计向天津、唐山、秦皇岛 3 座城

＊ 由张建辉、王雪蕾、冯爱萍、郝新、陈静、孙文博执笔。

市及滦河下游地区供水 300 多亿 m³,产生了巨大的社会、经济和生态环境效益。滦河流域不仅是京津冀地区的重要水源地之一,也是京津冀都市圈最前沿的生态环境屏障。然而随着用水量的增加,废水排放量也相应增加,承德市滦河流域水环境总体上呈恶化趋势,水污染引起的"水质型缺水",加剧了水资源的短缺,使得人们用水紧张和用水不安全。大量污水未经处理直接排入河道,加上化肥、农药大量使用,导致河流、水库水环境污染加剧。因此,在承德市滦河流域开展非点源污染研究具有重要的现实意义。

3.1.4.2　研究主要内容

以滦河流域承德市作为基于遥感的非点源污染技术方法应用示范区,结合承德市遥感影像和野外调研情况,构建非点源污染数据库,通过模型工具对承德示范流域的农田源、畜禽源、农村生活源、城镇生活源以及水土流失源等 5 个污染源类型,总氮、总磷、氨氮和化学需氧量 4 个污染指标的污染负荷和总量及非点源污染空间分布特征等因子进行识别和分析,识别污染敏感区,判别污染源汇关系。基于非点源污染遥感评估集成模型,分析典型区多类型多指标非点源污染特征,明确非点源污染通量和非点源污染空间分布特征,分析非点源污染控制因子,结合示范区地面监测结果,开展滦河流域承德市基于遥感技术的非点源污染综合评估。基于模型分析结果和示范区现状,从行政手段、法律手段、经济手段、科技手段等方面提出具有可操作性的非点源污染综合管理和控制的措施和建议。

3.1.4.3　技术方法

本研究通过遥感数据、降雨数据、DEM 数据以及农业统计信息数据,通过遥感分布式非点源污染模型 DPeRS 进行 TN、TP、$NH_4^+ - N$ 和 COD_{cr} 非点源污染入河负荷空间分布特征综合评估。结合非点源污染入河负荷空间分布特征综合评估的结果,拟选取 1 个典型子流域开展遥感监测、地面监测和空间结果验证的示范研究。最后基于非点源污染的空间分布特征分析结果和示范区野外调研成果,明确重点控制区非点源污染通量和非点源污染空间分布特征及非点源污染控制因子,提出具有可操作性的非点源污染综合管理和控制的措施和建议,为滦河流域承德市非点源污染控制及地表水质管理提供参考。

3.1.4.4 核心结论和主要成果

1. 数据库构建

构建 2019 年滦河流域承德市非点源污染模拟数据库(30 m),采用 DPeRS 模型对滦河流域承德市非点源污染量进行空间核算。代入模型的输入数据包括滦河流域承德市土地利用、月植被覆盖度、月降水量、坡度坡长、土壤类型、土壤氮磷含量等,具体是采用 30 m 分辨率的 Landsat-8/OLI 数据、10 m 分辨率的 Sentinel-2A/2B 数据等多源卫星数据进行滦河流域承德市土地利用提取和月植被覆盖度反演,主要空间数据如图 3-8 所示。

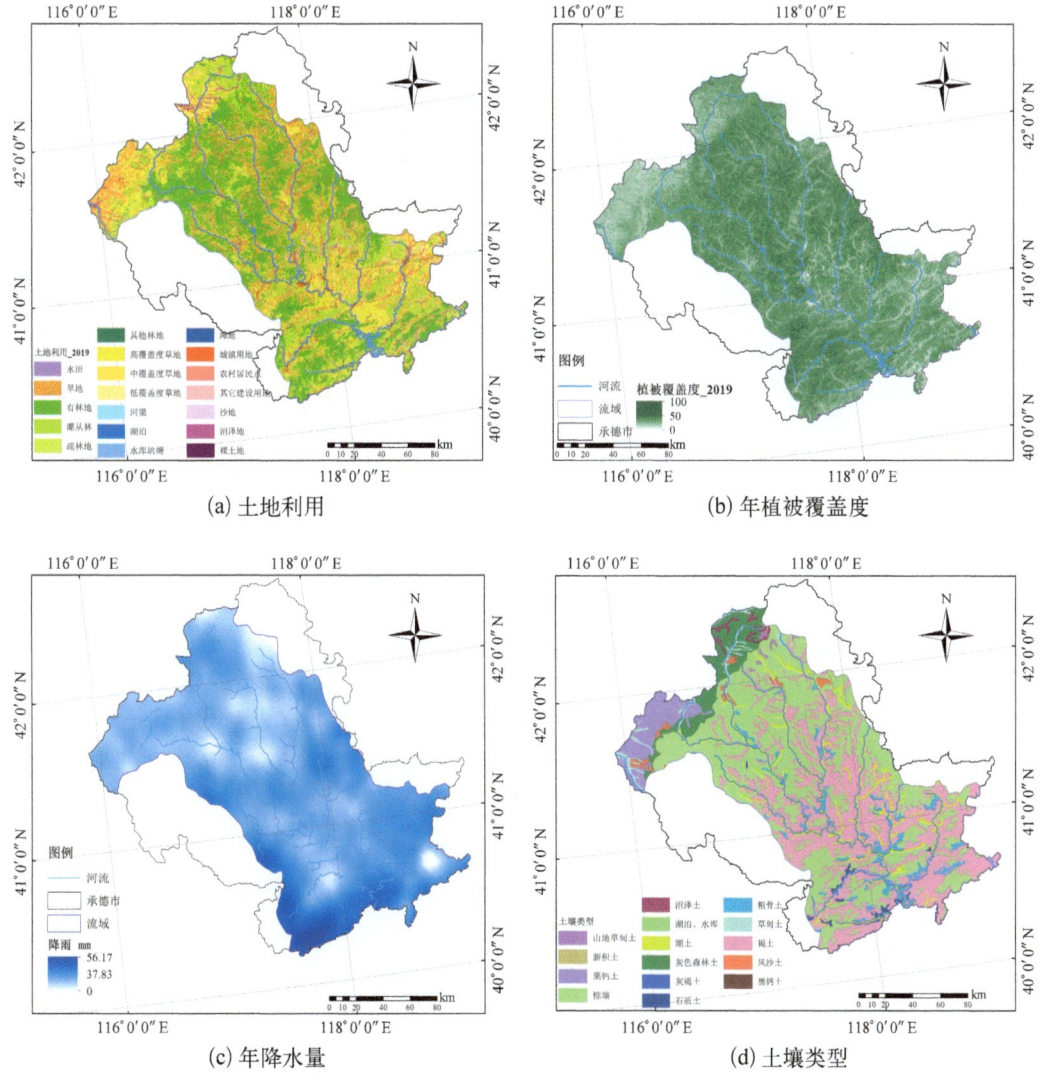

(a) 土地利用   (b) 年植被覆盖度

(c) 年降水量   (d) 土壤类型

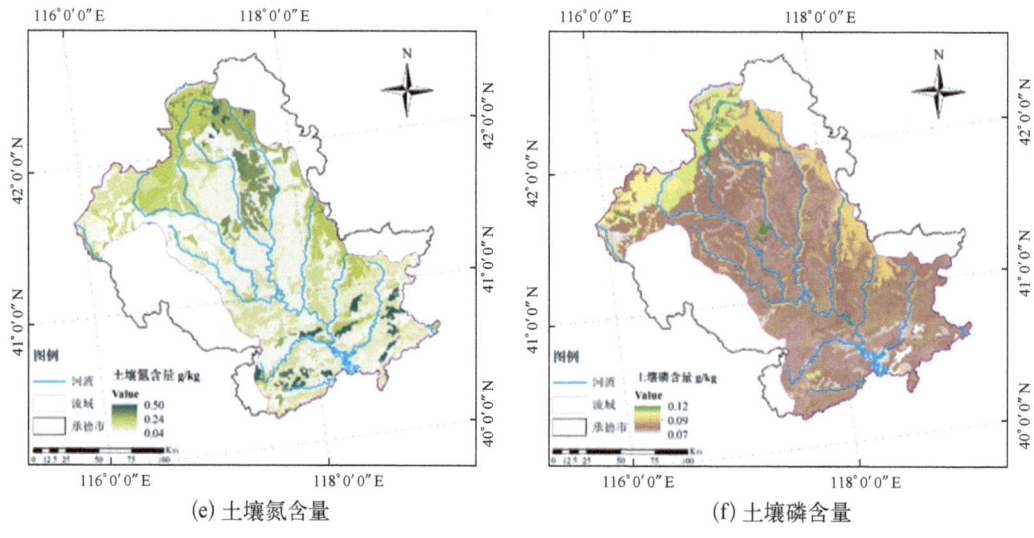

(e) 土壤氮含量　　　　　　　　　　　　　　(f) 土壤磷含量

图 3 - 8　滦河流域承德市主要空间数据

2. 模型模拟结果

采用非点源污染遥感监测评估模型对滦河流域承德市农田径流型、农村生活型、畜禽养殖型、城镇径流型和水土流失型 5 种类型 TN、TP、$NH_4^+ - N$ 和 COD_{Cr} 非点源污染负荷进行了空间估算，空间分布上，滦河流域承德市中部和南部地区非点源污染负荷相对较高，TN 和 $NH_4^+ - N$ 非点源污染高负荷区主要分布在耕地上（见图 3 - 9）；农田径流是滦河流域承德市最主要的氮型（TN 和 $NH_4^+ - N$）非点源污染源，TP 非点源污染源主要为农田径流和水土流失，畜禽养殖是 COD_{Cr} 指标首要的污染类型。滦河流域承德市 5 种类型非点源污染排放量统计信息详见表 3 - 3。

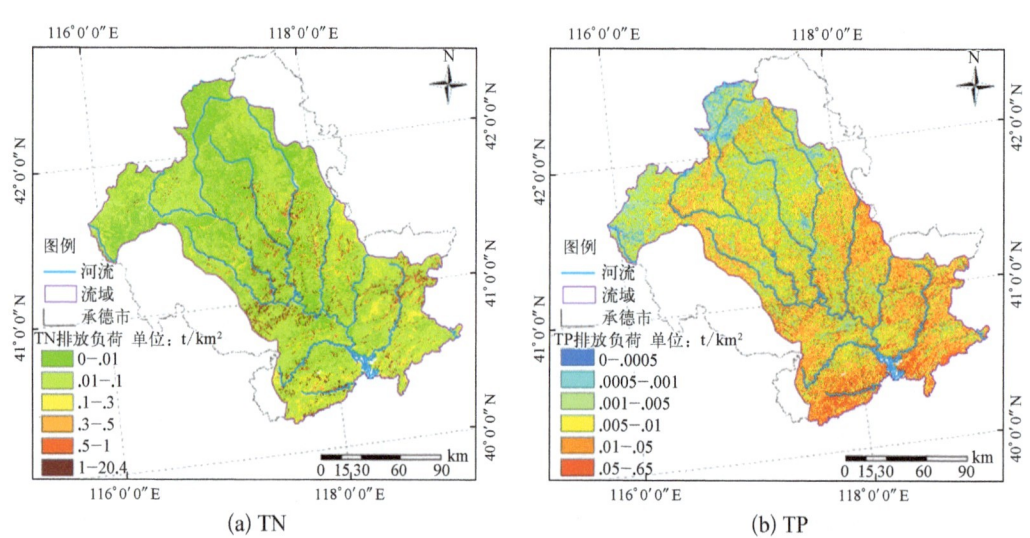

(a) TN　　　　　　　　　　　　　　　　　(b) TP

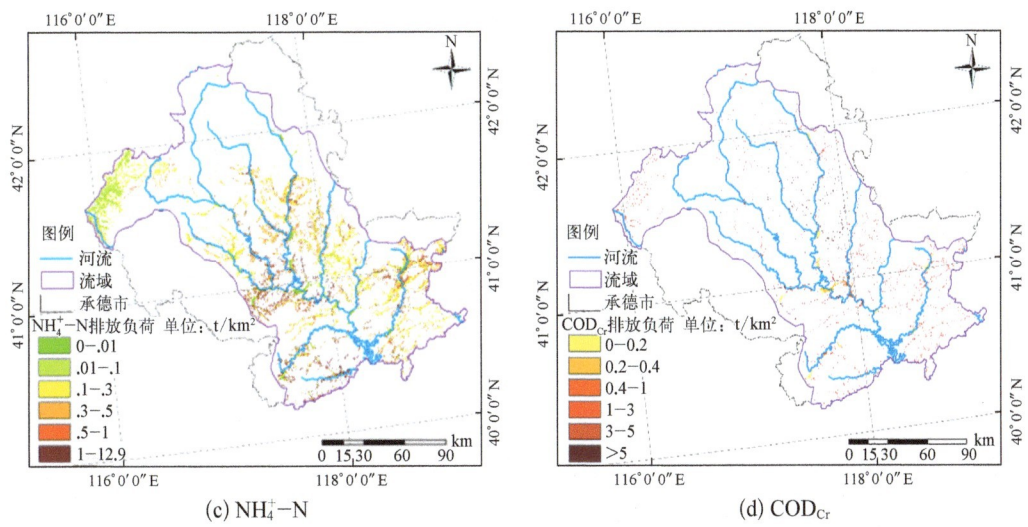

(c) NH₄⁺−N　　　　　　　(d) COD_Cr

图 3-9　滦河流域承德市非点源污染排放负荷空间分布图

表 3-3　滦河流域承德市非点源污染排放量统计结果（DPeRS 模型）

类　　型	TN		TP		NH₄⁺ - N		COD_Cr	
	排放负荷 (t/km²)	总量 (t)	排放负荷 (t/km²)	总量 (t)	排放负荷 (t/km²)	总量 (t)	排放负荷 (t/km²)	总量 (t)
农田径流型	0.099	2 882.6	0.004	115.7	0.06	1 788.1	—	—
畜禽养殖型	0.000 1	2.7	0.000 3	7.4	0.000 02	0.6	0.05	0.000 1
农村生活型	0.000 1	1.5	0.000 2	4.8	0.000 05	1.5	0.002	0.000 1
城镇径流型	0.000 05	1.4	0.000 1	1.8	0.000 1	1.8	0.001 3	0.000 05
水土流失型	0.025	739.6	0.010	297.1	—	—	—	—
类型汇总	0.12	3 565.5	0.014	400.3	0.06	1 792.0	0.05	0.12

　　基于滦河流域承德市 2019 年总氮和总磷非点源污染排放负荷结果，结合当年滦河流域承德市空间入河系数，估算了 2019 年滦河流域承德市非点源污染入河负荷，与排放负荷相比，滦河流域承德市入河负荷相对较小，这与该流域水资源量少有密切关系，流域非点源污染入河负荷空间分布如图 3-10 所示。滦河流域承德市 5 种类型非点源污染入河量统计信息详见 3-4。

　　基于滦河流域承德市非点源污染排放负荷和入河量结果，对滦河流域承德市划定的 19 个控制单元进行非点源污染优先控制单元筛选与分析，TN、TP、NH₄⁺ - N 和 COD_Cr 非点源污染优先控制单元统计详见表 3-5；空间分布上，滦河流域承德市非点源污染优控指标主要为氮磷型，且总磷指标为整个区域需防控的非点源污染指标，Ⅰ类优控单元主要分布在示范区西南部和东南部的部分地区（见图 3-11）。针对不同非点源污染控制单

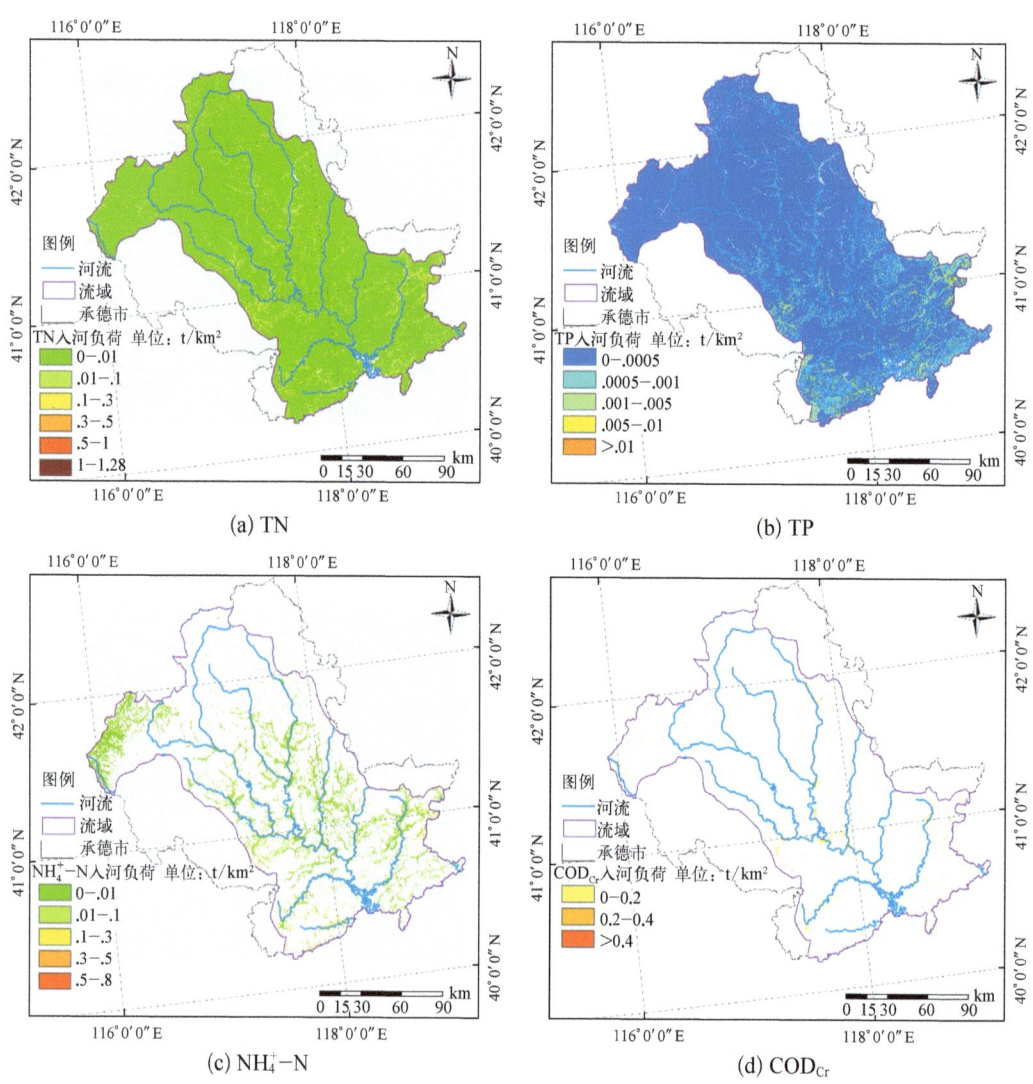

图 3 - 10　滦河流域承德市非点源污染入河负荷空间分布图

表 3 - 4　滦河流域承德市非点源污染入河量统计结果（DPeRS 模型）

类　型	TN		TP		$NH_4^+ - N$		COD_{Cr}	
	入河负荷 （t/km²）	总量 （t）	入河负荷 （t/km²）	总量 （t）	入河负荷 （t/km²）	总量 （t）	入河负荷 （t/km²）	总量 （t）
农田径流型	3.820	111.49	0.144	4.19	2.405	70.20	—	—
畜禽养殖型	0.003	0.09	0.008	0.24	0.001	0.02	1.613	0.003
农村生活型	0.002	0.06	0.006	0.19	0.002	0.06	0.062	0.002
城镇径流型	0.001	0.03	0.001	0.04	0.001	0.03	0.031	0.001
水土流失型	0.303	8.83	0.119	3.49	—	—	—	—
类型汇总	4.10	119.6	0.27	7.8	2.41	70.3	1.71	4.10

表 3 – 5　非点源污染优先控制单元筛选信息统计表

指　标	非点源污染优控单元个数			非点源污染优控 面积占比（%）
	Ⅰ类	Ⅱ类源头	Ⅱ类入河过程	
TN	3	12	0	68.47
TP	4	15	0	100.00
$NH_4^+ - N$	3	10	0	65.41
COD_{Cr}	0	0	0	0

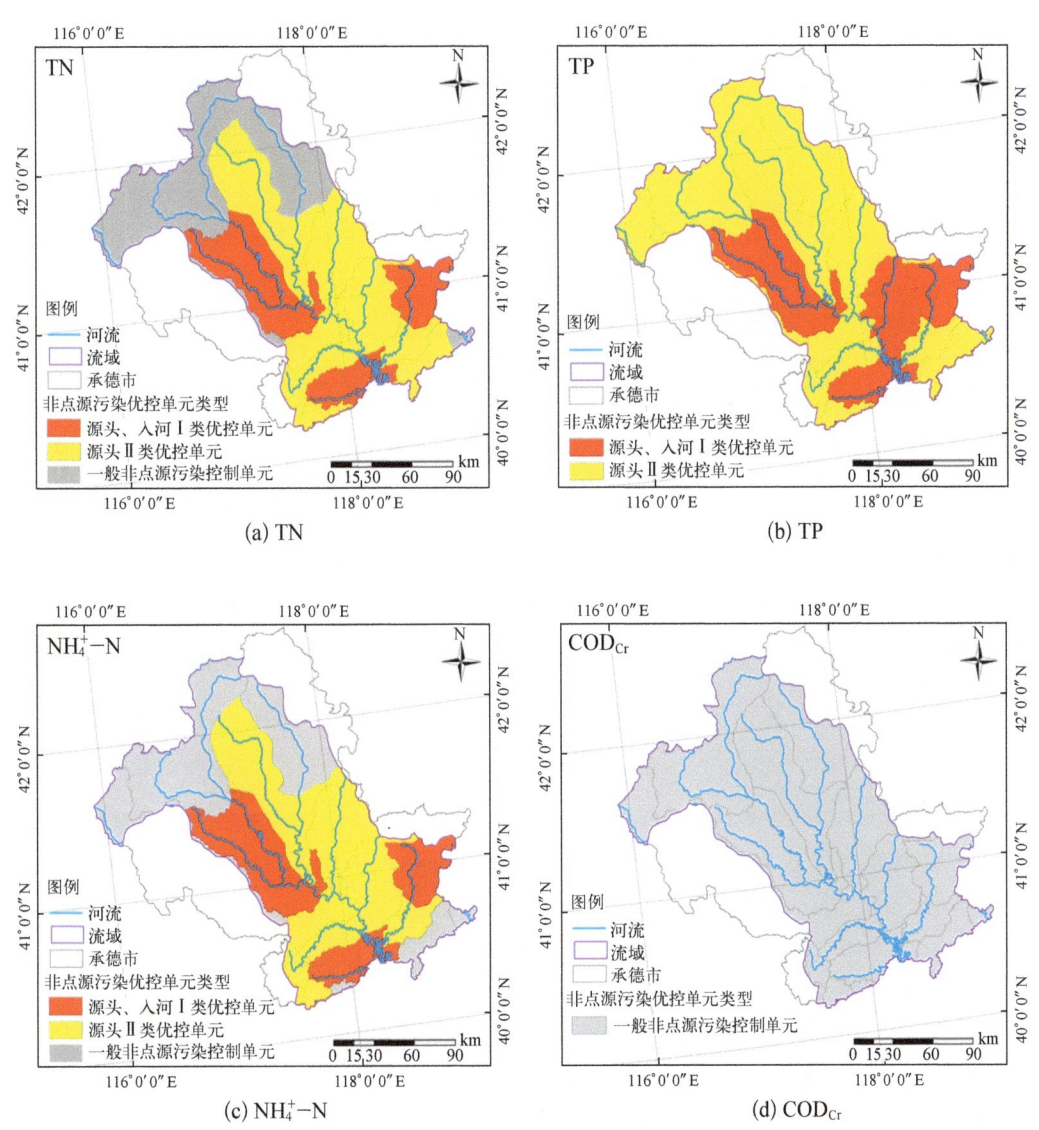

(a) TN　　　　(b) TP

(c) NH_4^+-N　　　　(d) COD_{Cr}

图 3 – 11　滦河流域承德市非点源污染优先控制单元空间分布图

元,结合土地利用方式和主要污染类型,因地制宜制定非点源污染控制措施,对于源头、入河过程Ⅰ类优先控制单元,应从源头治理和过程控制两方面共同着手控制非点源污染;对于源头Ⅱ类优控单元,应采取非工程性措施从源头控制非点源污染。

3.1.4.5　主要创新点

本研究利用我国非点源污染的现状和遥感技术优势,以 DPeRS 模型为基础研究工具,以滦河流域承德市为研究区,构建承德滦河流域示范区基于遥感信息的非点源污染空间数据库,将空间遥感数据与地面监测数据相结合,对流域非点源污染的污染负荷和总量及非点源污染空间分布特征等因子进行识别和分析,实现了非点源污染空间分布特征和流失风险关键源区的快速识别,为流域水环境管理政策的制定提供可靠依据。

3.1.5　在工业园区开展基于 ET 的水会计与水审计示范[*]

3.1.5.1　项目背景

本项目根据河北省承德市相关工业园区的发展现状、水资源利用特征、污染物排放特点,工业园区取水、输水、配水、用水、渗漏、蒸发、消耗、排放、处理、再利用等全过程水量监测及工业园区水质监测等数据,探索构建工业园区层面水平衡模型,通过河北省承德市相关工业园区实地调研与理论测算,形成工业园区水资源台账,以耗水(ET)、环境容量(EC)、生态系统服务(ES)为目标,构建科学化、规范化的水审计评价指标体系,对河北省承德市相关工业园区进行系统的耗水审计评估,识别诊断园区在取水、用水、退(排)水全过程存在的问题,识别现有政策标准、管理体制存在的缺陷不足。从政策、管理、技术角度提出综合管理耗水与水环境容量的改进建议与对策。提出可操作的工业园区水资源与水环境综合管理措施和建议。进行流域和区域水资源与水环境综合管理主流化模式的应用推广和"水十条"贯彻实施效果的评估工作,以供流域管理单位和受益项目区有关部门参考,有利于进一步扩大 GEF 主流化项目的影响力。

3.1.5.2　项目研究内容与技术路线

本课题包括5方面研究内容。

---

[*]　由王玉蓉、张欣莉、李林源、何文涛、李宣瑾、田雨桐、孙文博、刘晶晶、张萌、周强执笔。

1. 开展示范工业园区水资源利用调查

借鉴物质流分析的方法思路,按照水的流动环节,对选取的承德市示范工业园区开展实地调研和现场监测,同时收集整理国家、河北省、承德市有关水资源管理、水污染防治的政策体系(法律、法规、规章、标准等)和管理体系,形成承德市示范工业园区水资源使用数据库。

2. 构建基于耗水的水平衡模型

基于物质平衡模型理论,在耗水目标和环境目标约束下,结合工业园区用水特征,构建涵盖取水、输水、配水、用水、渗漏、蒸发、消耗等用水全过程的园区层面水平衡模型,并结合重点用水企业,构建示范工业企业水平衡模型,为会计与审计示范奠定方法学基础。

3. 工业园区层面用水审计指标体系构建

以耗水、环境容量、生态系统服务为目标,基于水资源用水总量控制、用水效率提高和水功能区限制纳污总量 3 条红线,参考水利部《用水审计技术导则(SL/Z549—2012)》,建立工业园区层面水资源使用台账,构建园区层面水审计指标评价体系。

4. 承德市示范工业园区水会计与水审计评估

通过构建的园区层面水平衡模型和水审计评价指标体系,结合现场调研数据,运用层次分析法、墒权法、组合评价法,对示范园区开展系统的耗水审计评估,识别园区在取水、用水、退(排)水全过程存在的问题,识别现有政策标准、管理体制存在的缺陷不足。

5. 改进建议与对策

基于示范园区审计评估的结果,从政策、管理、技术角度提出综合管理耗水与水环境容量的改进建议与对策。在分析我国水资源管理与水污染防治相关政策法规标准基础上,结合我国工业园区水资源利用特征,从法律、行政、经济、科技、宣教等方面提出可操作的工业园区水资源与水环境综合管理措施和建议。

前期通过资料收集、文献查找和实地调研,形成工作实施方案。中期以水平衡量化水资源在工业园区内的流动和分布,计算现状 ET 和节水空间。以水会计核算水资产和水负债,优化园区水量调配。以五维水审计指标分析法,评估工业园区水资源利用水平。最终,经过专家审查形成工业园区基于 ET 的水会计与水审计示范报告。技术路线图见图 3-12。

3.1.5.3 示范创新方法及模式

1.3E 示范理念

在 ET/EC/ES 3E 融合的水资源水环境综合管理目标下,以多层级多节点的网络化技

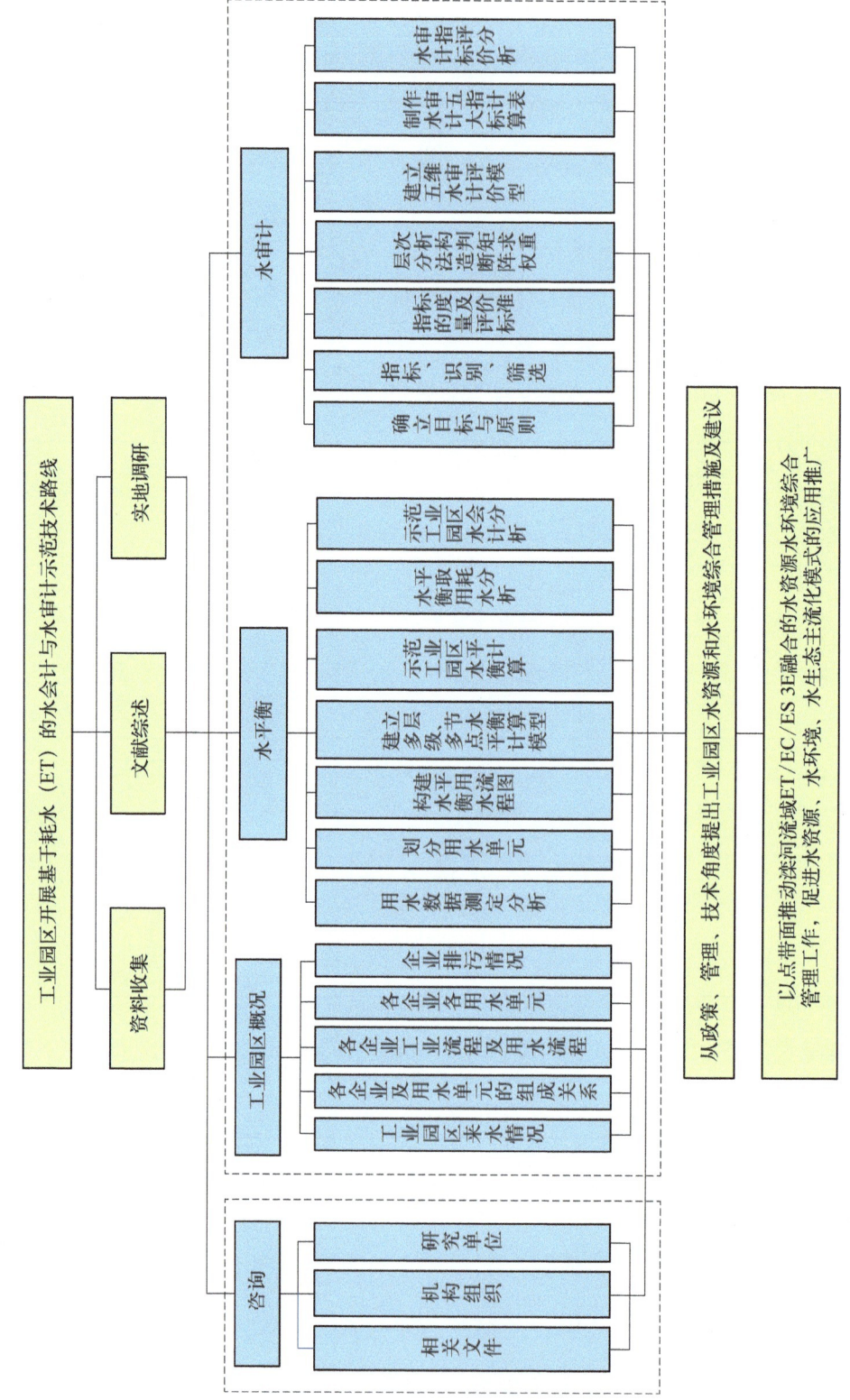

图 3 - 12　项目技术路线图

术开展水量平衡计算,分析了现状 ET 及可减少 ET,构建五维水审计指标体系衡量工业用水对经济、效率和效果(economics, efficiency and effect,简称"3e")3 方面的 3e 综合影响,最终形成了以 ET 为核心的 ET/EC/ES 3E 融合示范理念,如图 3-13 所示。

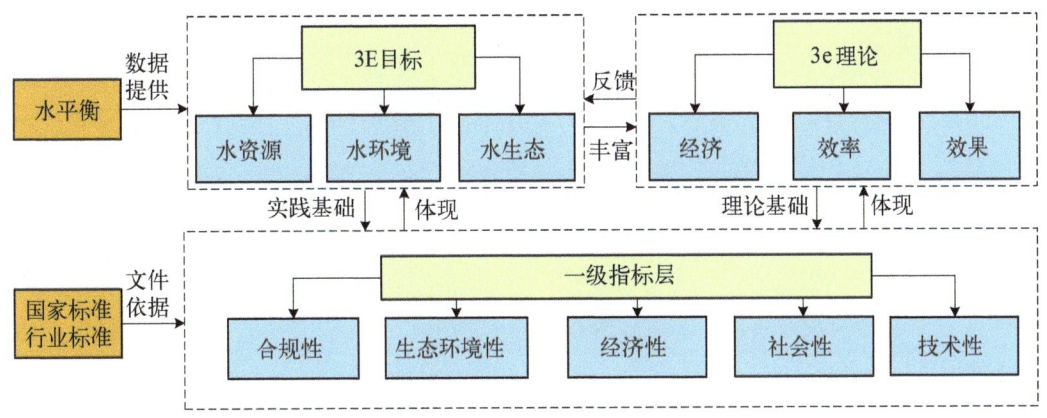

图 3-13 ET/EC/ES 关系联动图

2. 示范体系

从目标、原则、模型、流程、技术 5 个方面构建了水会计与水审计体系。

(1) 确立的目标

评估工业园区各生产部门各工序生产取用水指标水平,查找节水薄弱点,制定并落实改进措施,保障最优的水耗指标水平。制作工业园区水会计报表;评价工业园区在耗水的全寿命周期中的多维度影响,判断现行水资源管理的优劣势,改进并完善节水管理工作,实现耗水、环境容量、生态系统服务的综合管理目标,推动水资源的可持续利用。

(2) 遵循的原则

水量平衡原则;以系统性原则、独立性原则、一致性原则、动态性原则、可操作性 5 大原则筛选和构建指标体系。

(3) 构建的模型

根据工业园区生产工艺流程,构建多层级、多节点水平衡模型;采用五维度指标体系和综合评价方法,构建水审计评价指标模型。

(4) 建立的流程

形成课题组、园区两主体,准备阶段、实施阶段、分析阶段、报告阶段四阶段的示范工作。

(5) 实施的技术

多层级、多节点水平衡模型技术、数据流传递技术、水会计技术;创新水审计实施角度、审计维度、评价方法,建立五维水审计信息系统。

3. 示范方法

(1) 水会计示范方法:通过工业园区工艺流、耗水流和数据流的传递关系,遵循水量平衡的原则,构建涵盖 4 个层级 110 个用水单元的多层级多节点水平衡模型。多层级是指将工业园区划分 4 个级别测试单元,根据不同层面、不同级别建立水平衡模型,开展相关水平衡计算。多节点是指每个单元内部划分多个用水节点,根据计算节点水平衡计算模型详细计算并分析节点单元的用水情况。利用节点数据由低层级向高层级逐级推进,开展水平衡计算,分析耗水情况。完成水会计核算 3 大报表,评估园区水资产水负债。

(2) 水审计示范方法:水审计评价指标法是在 ET/EC/ES 3E 融合的水资源水环境综合管理目标下,基于系统性原则、独立性原则、一致性原则、动态性原则、可操作性 5 大原则建立的评价方法。结合工业园区耗水的全寿命周期和多层级多节点的实际,形成了合规性、生态环境性、社会性、技术性、经济性 5 大维度、25 项指标的水审计指标体系。开展从定性指标和定量指标的计算开始,依次进行各项维度的计算、分级、评分,运用德尔菲法构造判断矩阵以确定各项指标的权重,得到综合评分。找到表现较差的维度、优化管理措施的方法。

4. 示范流程

(1) 准备阶段:课题组查阅相关文献资料,结合厂区的调研,形成水会计与水审计编制方案。

(2) 实施阶段:实地考察示范工业园区生产工艺、部门组成,划分用水单元;构建各节点水平衡计算模型;整理基础数据,进行水平衡计算;分析计算结果,优化水平衡计算模型;编制审计方案,确立审计目标与原则,构建指标体系,建立评价标准,随后根据厂区数据进行指标量化计算;根据计算的过程和结果,考虑对部分指标进行调整。

(3) 分析阶段:绘制示范工业园区水平衡图;根据水平衡计算结果,分析承德钢铁厂取用水数据,挖掘用水薄弱点和节水潜力,绘制水会计 3 大报表;开展五维水审计指标评价,结合指标评估结果和权重,对比分析工业园区存在的优劣势。

(4) 报告阶段:召集专家分析讨论钢铁工业园区水会计与水审计结论,从节水、水量调配、组织架构等多角度提出水资源精细化管理建议,并与厂区现状进行复核与反馈。在此基础上,完成工业园区基于耗水的水会计与水审计示范报告,具体如图 3-14 所示。

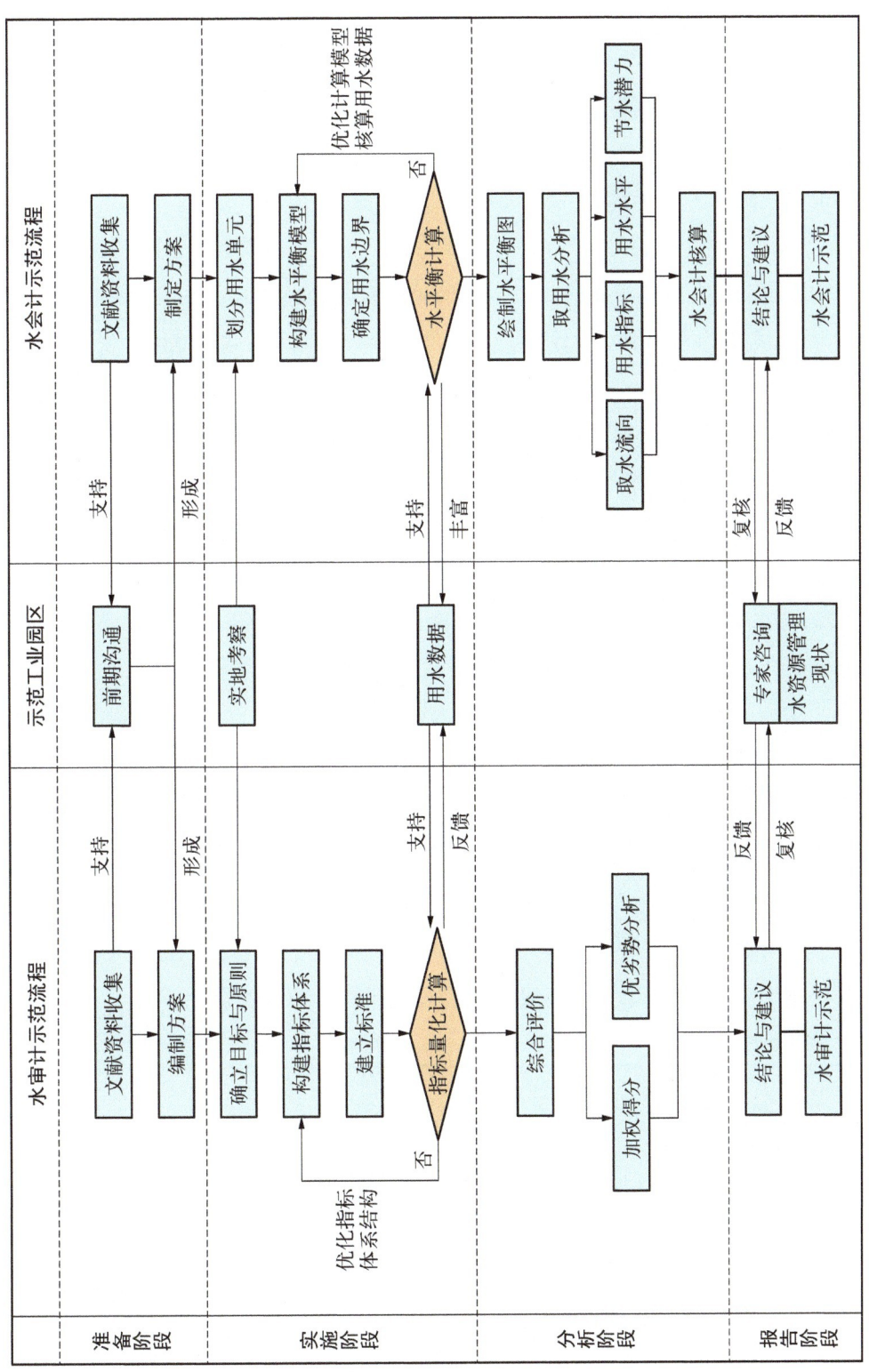

图 3-14 水会计与水审计工作流程图

3.1.5.4 水会计与水审计示范成果与效益

1. 水会计与水审计成果

（1）水会计成果

① 取水流向

总取水量中对内供水占 91.7%，对外供水占 8.3%。内部生产事业部取水量最大的 3 个部分是能源事业部、炼铁事业部、板带事业部，它们占总取水量的比例分别为 60.8%、10.3%、8.5%，能源事业部取水量最大，应重点加强能源事业部节水措施。

② 用水指标

承德钢铁厂烧结、炼铁、炼钢和轧钢工序单位产品取水量分别为 $0.30\ m^3/t$、$0.53\ m^3/t$、$1.0\ m^3/t$、$0.61\ m^3/t$，将取水量根据取水来源分为常规水资源取水量及非常规水资源取水量指标，评价各生产工序的用水结构。4 个工序单位产品常规水资源取水量分别为 $0.13\ m^3/t$、$0.18\ m^3/t$、$0.66\ m^3/t$、$0.26\ m^3/t$，非常规水资源取水量分别为 $0.17\ m^3/t$、$0.35\ m^3/t$、$0.34\ m^3/t$、$0.35\ m^3/t$。可进一步优化用水结构，提高单位产品非常规水资源取水量，挖掘非常规水资源取水替代常规水资源取水的空间，减少园区从区域引用新水的量，间接增加了区域水环境容量，优化区域水环境。

利用循环水利用率对比分析不同生产部门、不同工序的用水水平。能源事业部循环水利用率为 91.19%，在 5 大生产部门中最低。分析其原因为锅炉区产生了大量的蒸发损耗、管网漏损。同时中水制软水技术效率低，也产生了大量的废水，需进行技术装备更新。

从各工序的循环水利用率对比情况看：烧结工序、炼铁工序、炼钢工序、轧钢工序的循环水利用率分别为 76.49%、77.33%、97.32%、98.66%，烧结、炼铁工序循环水利用率较低，用水水平偏低，节水潜力较大，应将节水优化的重心放在这两道工序上。

③ 耗水结构

承德钢铁厂工业园区的耗水组分包含 5 大类，依照耗水量由大到小的顺序，分别是蒸发水、管网漏损水、污水处理厂损失水、废渣携带水、绿化水，它们占总耗水重的比例分别是 72.8%、18.5%、5.9%、2.6%、0.2%。因此，应重点针对蒸发和管网漏损开展节水工作。

④ 节水潜力

工业园区的烧结、炼铁、炼钢、轧钢生产工序必须满足国家标准《工业取水定额》（GB/T8916—2017）和《河北省用水定额：工业取水》（DB13/T 1161.2—2016）的要求，将各部门生产工序的单位产品取水量与国家及地方标准对标，找出不达标的生产节点，有针对性地重点开展节水工作。根据对标分析可知,炼铁和轧钢工序完全符合地标和国标的取水定额标准。而烧结工序中的 1♯ 烧结机和炼钢工序中的 150 t 转炉未能达到定额考核标准。

⑤ 水会计核算

构建的水量表、水资产与水负债变动表、水资产与水负债表,一目了然地反映了示范工业园区取水、用水和排水的情况,园区期末储水量 3.64 万 m^3,水量流入 2 524.8 万 m^3,水量流出 2 523.9 万 m^3,体现了园区净水资产小、流入流出资产较大的用水特征,同时体现了园区取水量在 2 500 万 m^3 左右,也隐含反映了地区的水分配计划和供用水合同信息等相关政策、交易事项,起到监督水资源的开发、利用活动,以便更好地促进自然资源、经济资源和社会资源的优化配置。

(2) 水审计成果

根据指标评分分级,0~60(不含)分为Ⅰ级,表现较差;60~95(不含)分为Ⅱ级,表现合格;95~100 分为Ⅲ级,表现优秀。承德钢铁工业园区水审计综合评估结果为 89.86 分,综合表现为合格偏优。其中,表现为Ⅰ级的指标有水功能区水质达标率、厂内人均生活用水量、厂区单位面积用水强度。表现为Ⅱ级的指标有节水措施合规性,经济性的万元工业增加值用水总量、吨钢用水量、吨钢耗水量,社会性的用水安全度,技术性的节水技术专利持有率、企业用水计量覆盖率。表现为Ⅲ级的指标有合规性的取水许可合规性、年度计划取用水合规性、入河排污口设置合规性、地下水开采合规性、水资源税缴存合规性、水管理机构组织性,生态环境性的城镇污水集中处理达标率、工业废水达标排放率、污水集中处理达标率、污水排放对水功能区水质的影响度,经济性的万元产值耗新水量、工业用水重复利用率,社会性的供水保障率,技术性的生产工艺和设备、管网漏损率。

通过水审计,发现承德钢铁工业园区水资源管理优势主要体现在以下方面。合规性:厂区较好满足取水、用水、排水环节的合规性要求,水管理机构具备较完善的分工、考核机制。生态环境性:园区所在承德市区域区域水环境评价都达到了Ⅲ级;园区本身的废污水处理达标率为 100%,园区向区外排水量为零,大大减少了对环境的影响。经济性:园区万元产值耗新水量远低于导则级别;园区工业用水重复利用率总体达到 94.4%,循环水利用率较高;生产过程中,吨钢用水及吨钢耗水水平较低。社会性:厂区充分保障了民众的用水服务。技术性:具备生产工艺和设备并落实管理;厂区内部管网漏损率低于国家标准,有利于节水。

工业园区在以下水资源管理方面有待加强提高。合规性:需要注意相关节约用水管理资料的保存,健全台账管理,完善落实节水措施。继续保持取水、用水、排水环节中从计划、资质到实施全过程的规范化工作。生态环境性:厂区的水资源管理应当和双滦区协同共进,共同努力提高地下水水质,形成正向循环。经济性:应当调整厂区内用水结构,减低生活用水,提高居民节水意识,呼吁日常节水;厂区单位面积用水强度高于承德市和河北省的平均水平,生产过程的吨钢用水有待进一步挖掘潜力。社会性:厂区年度存在个别用水事故,虽然危害程度较轻,但也需要控制。技术性:厂区的节水技术专利持有水平位于钢铁行业中端,应加大对节水专利技术的研发投入。

2. 水会计与水审计效益

（1）经济效益

工业园区获取新水价格为 1.7～2.6 元/m³,中水价格为 0.77 元/m³。若园区进一步提高节水水平,减少余热蒸汽及管网渗漏带来的新水消耗,同时挖掘中水取代新水潜力,按园区可减少新水消耗 728 万 m³ 计,工业园区每年在购水方面可节省 677～1 332 万元,在发挥节水效益的同时还具有经济效益。

（2）节水效益

工业园区每天耗水量为 5.73 万 m³,其中,蒸发耗水量 4.17 万 m³,占比 72.8%;管网渗漏耗水量 1.06 万 m³,占比 18.5%;其他因素耗水量 0.5 万 m³,占比 8.7%。① 若采用高烟气消白、余热蒸汽再利用等技术回收 20% 蒸发水量,则每年可减少新水消耗 305 万 m³。② 若园区开展能源事业部、循环水池等重点区域管网维修,管网渗漏水占比从 18.5% 降至 10%,则每年可减少管网漏损水量约 195 万 m³。③ 工业园区主要生产工序包含烧结、炼铁、炼钢、轧钢。相同工序不同产线取中水及新水比例结构存在显著差异,如烧结工序,1#烧结产线取水结构中新水占比达到 77.0%,2#烧结产线仅为 15.3%,差异较大,若将 1#烧结机新水消耗降到 2#烧结机的水平,则每天可减少新水消耗 0.23 万 m。同理,园区 4 个主要生产工序均挖掘中水替代新水的潜力,则每天可减少新水消耗 0.62 万 m³,每年为 228 万 m³。考虑园区 3 部分可减少新水消耗共计 728 万 m³,约为 2019 年取新水总量的 45%。

（3）环境效益

通过耗水控制和非常规水资源利用,园区每年可减少 728 万 m³ 新水取用量,从水环境角度即增加河道 728 万 m³ 水体的水环境容量。若按园区取水口地表水水质为Ⅱ类,滦河承德段目标水质为Ⅲ类计算,728 万 m³ 水体分别增加 COD、总磷、总氮水环境容量 36.4 t、0.7 t、3.6 t。

（4）管理效益

① 水审计的实施有利于规范示范区节水管理体系。园区目前的取水许可、年度计划取用水等得分均为 3，合规程度达 100%，此类指标为深化执行用水定额管理的决策提供了证据。部分合规程度小于 100% 的指标指出问题，如节水措施合规性为 6，合规程度85%，表明节水资料的保存不当，示范区需优化行政管理，提高资料保存的准确性。

② 水审计的实施有利于设备技术升级。水审计技术性维度显示，截至 2020 年，示范工业园区持有节水技术专利数为 3 个，在行业 307 个节水技术专利总数中持有率为0.98%，位于行业中游。因此，提示承德市示范工业园区加大节水技术研发投入，增加专利持有水平，增强节水软实力。

③ 水审计的实施有利于进一步提高居民满意度。水审计社会性维度显示，用水安全度为 4 分（安全），较为一般。提示工业园区需进一步加强安全事故事前事后防控工作，保障园区用水需求，消除用水安全隐患。

3.1.5.5 水会计与水审计示范创新点

1. 方法创新

遵循水量平衡的原则，构建了涵盖 4 个层级 110 个用水单元的多层级多节点水平衡网络化模型。该模型从工艺、产线、部门和园区 4 个层面出发，全面且精细地测算了整个园区及每个计算节点取水、用水、耗水全过程的水资源消耗情况，精准识别单一用水单元及任意用水单元组合的水平衡状态，便于企业进行系统内部取用耗水分析、节水潜力分析，为园区水精细化管理提供科学依据和策略。

2. 技术创新

基于水资源、水环境、水生态的 3E 理念，提出了一套水平衡-水会计-水审计集成的"三水"综合技术方法体系，其技术立足于示范园区取水、输水、配水，用水、渗漏、蒸发、消耗等用水全过程，结合示范区多层级多节点的实际，在合规性、生态环境性、经济性的审计基础上，增加了技术性和社会性维度。维度的补充和指标的构建均充分考虑了工业园区耗水和外部特征的交互式影响。

3. 示范工作成果形式创新

选择承德钢铁工业园区作为示范区，在充分交流与数据收集基础上，深入分析工业园区工艺流、耗水流和数据流传递关系，对水平衡-水会计-水审计（三水）综合技术方法体系予以示范，形成从物质流到数据流到评价指标的数据链标准化技术，形成一套包含目标、原则、模型、流程、技术的实施工具,对工作流程中从准备—实施—分析—报告 4 个阶段给予成果展示,对指标计算过程套表、关键节点文件等给予多样形式的示范展示。

3.1.6 点源污染排放权及交易研究与示范[*]

3.1.6.1 研究背景及意义

承德市地处"四河之源、两库上游、沙区前沿和京津上风头、上水头",是"京津水源地水源涵养重要区",肩负着为京津冀地区水源涵养、阻沙源、构建生态屏障的重要使命和政治任务。承德市生态优良,森林覆盖率高,但自然条件恶劣;产业整体发展水平不高,经济基础薄弱,整体经济发展水平落后。多年来,为保证京津水源涵养和区域生态环境,实行了退耕还林、山区禁牧、淘汰资源开采型企业、大幅度转移影响生态的产业等措施阻碍了承德市经济的发展。可持续发展产业体系未完全形成,生态保护和当地产业经济发展矛盾突出。同时,承德市地处滦河流域,属于海河流域的重要分支,也面临着水体污染、水资源短缺、供需矛盾突出等一系列生态环境问题。

点源污染排放权及交易研究与示范项目是全球环境基金(GEF)水资源与水环境综合管理主流化项目中水点源排放许可制度及排污权交易的主要组成部分,旨在以环境容量(EC)为约束,研究排污权交易的相关政策以及基于水质改善的跨界生态补偿机制,实现环境容量资源在承德市各个地区间的优化配置,使流域和区域水环境得到有效改善,并实现良性循环,以及为承德市滦河段水污染点源排放许可制度及排污权交易政策的示范推广提供技术支撑。

承德市作为 GEF 主流化项目排污权交易的示范城市,在水环境污染防控方面承担着重要任务,并努力强调要重点控制主要污染物的排放总量和排放浓度,在全市范围内开展排污权交易试点工作,突出排污权交易这种污染调控方式在缓解环境资源供需矛盾方面的成效,以及其对于环境容量资源的优化配置作用,并基于承德市企业的交易示范案例对排污权交易工作进行宣传和推广,实现承德市水资源合理化配置、水环境质量改善提高的目标。

3.1.6.2 研究内容及方法

点源污染排放权及交易研究与示范项目研究内容包括:以环境容量(EC)为约

---

[*] 由门宝辉、尹世洋、刘灿均、刘菁苹、牛晓赟、李阳、赵丹阳、周强、王东阳、李振兴、陈静、陈靖执笔。

束条件,构建承德市点源污染排放的排污权确权机制,剖析排污权交易的政策制度,构建排污权交易机制,开展承德市排污权交易示范工作;同时研究基于水质改善的跨界水生态补偿机制,在合理配置承德市环境容量资源,缓解资源和经济矛盾的基础上,改善滦河水环境质量,优化上下游的生态结构,平衡上下游的经济发展,实现全流域可持续发展。

1. 水环境容量分配研究

水环境容量的核算是实施水污染物控制的依据之一,在水环境容量核算的基础上,才能开展初始排污权分配、排污权交易等后续研究工作。在充分调研滦河干流承德段及支流伊逊河的水量、水质情况以及水文站、监测断面、排污点源分布及性质基础上,展开水环境容量计算分配工作。

根据《水功能区划分标准》以及《河北省水功能区划(2017)》明确滦河流域水功能区划,确定水功能区水质目标;同时基于滦河流域数字高程模型(DEM)数据,通过GIS平台进行水文分析,结合监测断面位置、排污口位置、行政边界等数据,划分滦河干流承德段及支流伊逊河控制单元,并将河段根据节点(排污口、取水口、干支流汇合口)进行概化;选取适用于滦河的一维水质模型,将化学需氧量和氨氮作为主要控制因子,总磷、高锰酸盐指数作为区域的特征污染物,在确定模型参数(设计水文条件、污染物衰减系数)的基础上,核算滦河干流承德段和支流伊逊河各控制单元内的水环境容量。滦河干流承德段及支流伊逊河水环境容量核算结果见表3-6和表3-7。

表3-6　滦河干流水环境容量核算结果

控制单元编号	监测断面		节点名称	节点性质	水环境容量(t/a)		
	入口断面	出口断面			COD	氨氮	总磷
1	达子营	东缸房	/	/	350.34	39.23	4.65
2	东缸房	兴隆庄	/	/	367.51	48.83	6.71
3	兴隆庄	九道河	滦平德龙污水处理厂	排污口	500.4	77.89	6.5
4	九道河	石门子	伊逊河	支流	628.05	99.03	9.1
5	石门子	上板城大桥	清泉污水处理厂	排污口	1 072.91	109.68	17.53
			武烈河	支流			
			上板城污水处理厂	排污口			
6	上板城大桥	乌龙矶大桥	清承污水处理厂	排污口	1 002.63	47.35	13.11
7	乌龙矶大桥	门子哨	柳河	支流	1 281.77	83.7	15.32
8	门子哨	潘家口水库	瀑河	支流	834	0	11.19
合　计					6 037.61	505.71	84.11

表 3 - 7　伊逊河水环境容量核算结果

控制单元编号	监测断面		节点名称	节点性质	水环境容量(t/a)		
	入口断面	出口断面			COD	氨氮	总磷
9	围场上游	唐三营	鑫汇污水处理厂	排污口	1 297.12	1.96	12.2
10	唐三营	茅茨路	隆化县污水处理厂	排污口	—		
			庙山污水处理厂	排污口			
3	茅茨路	姜田营桥	/	/	116.6	0	0
4	姜田营桥	李台	/	/	230	0	3.93
		合　计			1 643.7	1.69	16.13

2. 排污权初始分配研究

排污权初始分配即在相关的政府部门或其他主管部门主导下,采取一定的分配原则和规则,在排污主体间进行既定的主要污染物排放总量分配的行为。当前,排污许可证制度作为我国固定污染源监管的核心制度,发挥着中心和统领作用,点源排污权初始分配应在排污许可制度要求下展开,排污单位排污许可证可作为点源排污权的凭证和载体。在该部分研究中,点源排污权初始分配机制的构建思路可分为近期和远期。近期,市内环境保护主管部门依照排污许可证管理要求,根据全省统一的技术规范和分配方法对现有排污单位排污权进行初次核定、分配。远期,实现许可排放量与总量控制制度的深入融合,将与环境质量挂钩的排污单位总量控制要求作为排污许可证许可排放量核算的依据之一,在现行排放限值核算的基础上强化与环境质量的联系,通过加严区域总量指标,助力环境改善和环境保护目标的实现。近期和远期的排污权初始分配机制框架见图 3 - 15。

3. 承德市排污权交易机制研究

承德市实施排污权交易的可行性主要有以下几个方面:① 承德市经济稳步发展为排污权交易实施提供了有利条件;② 承德市政府职能和相应法律制度的不断健全保障了排污权交易的顺利进行;③ 总量控制为排污权交易的开展提供了前提保障;④ 环境监测等基础能力建设逐年提高为排污权交易提供了有力的技术支撑;⑤ 先进的思想观念为排污权交易的开展提供了有力的思想条件。

在现行排污权管理和交易的法律法规及制度体系下,遵循自愿、公平、有利于环境质量改善和优化环境资源配置的原则,以促进承德社会经济和环境协同发展,寻求解决承德市的生态保护和经济发展间的矛盾为目标,把握排污权交易前、排污权交易中以及排污权交易后的整体过程,细化建立承德市排污权交易制度。承德市排污权交易体系框架见图 3 - 16。

承德市排污权交易机制包括初始排污权核定和分配、排污权储备、排污权交易以及

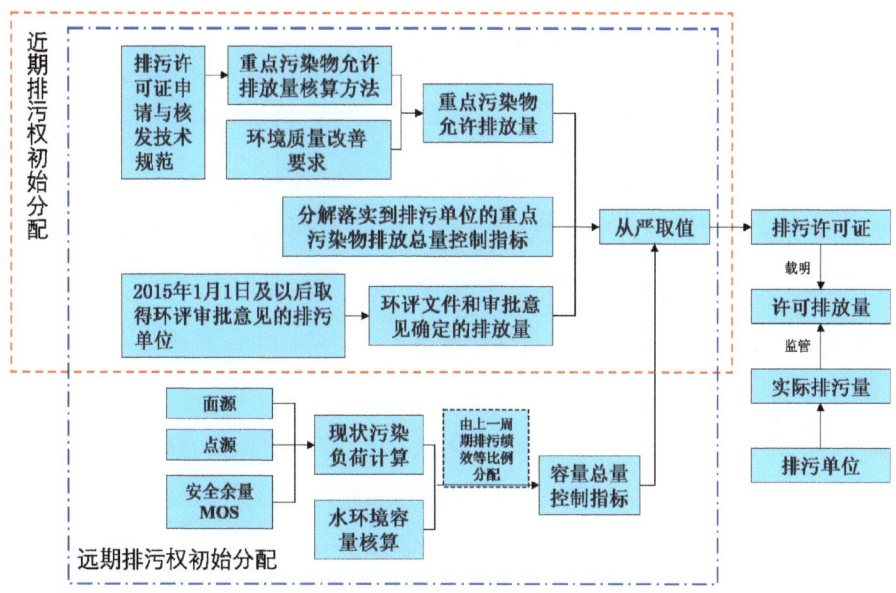

图 3-15 点源污染排放初始确权框架图

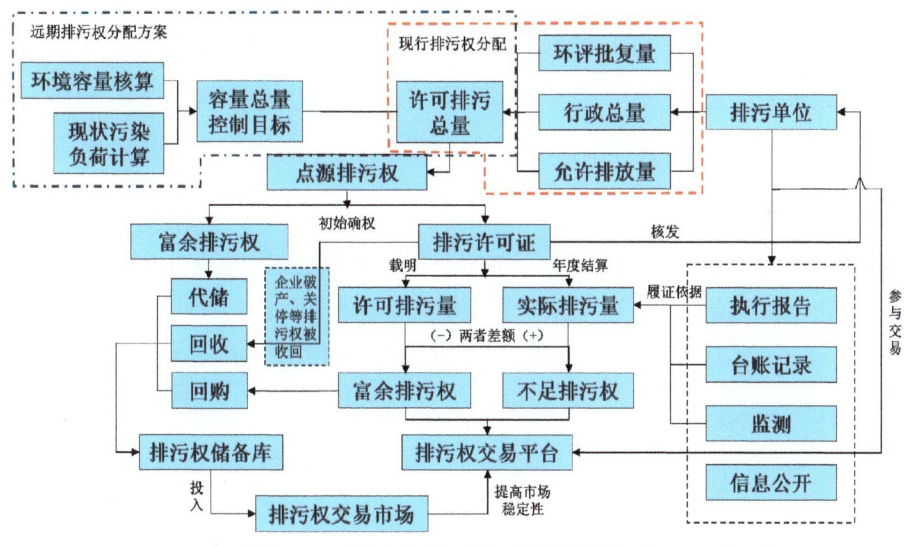

图 3-16 承德市排污权交易体系框架图

交易后管理 4 个模块。初始排污权核定及分配近期应从按照绩效值核算的重点污染物排放量、环评批复量和分解落实到排污单位的总量控制指标中从严取值,远期可考虑环境容量约束,将基于环境容量的总量指标作为初始排污权分配的依据;针对富余排污权进行排污权储备,承德市应安排财政资金,建立排污权储备制度,将储备排污权适时投放市场,重点支持战略性新兴产业、重大科技示范等项目建设;基于承德市公共资源交易中心,建设排污权交易平台,开展以点对点、公开拍卖为模式的交易,排污权交易出让方应拥有排污权储备指标或合法拥有可出让排污权指标,受让方应根据建设项目实际需要合理购进排污权,交易双方在交易平台指导下,通过申请、协商、审批、交易等流程完成交易,交易价格应遵循河北省公布的主要污染物排放权交易基准价格;交易完成后,交易双方应按规定及时办理排污许可证变更登记手续,在排污权使用年限内,严格按照排污许可证的相关要求使用排污权,同时根据排污许可证规定和有关标准规范,依法开展自行监测,保存原始监测记录,并按照排污许可证规定的内容、频次和时间要求,向审批部门提交排污许可证执行报告,如实报告污染物排放行为、排放浓度、排放量等。

4. 生态补偿研究

开展跨行政区生态补偿机制,是调动流域上下游地区积极性,共同推进生态环境保护和治理的重要手段。目前,承德市与下游天津市和唐山市的生态补偿仍面临以下几方面的挑战:① 在补偿思路上缺乏流域尺度协同;② 在补偿关系上补偿主体与客体缺乏统一;③ 在补偿范围上与大保护大治理存在差距;④ 在补偿标准上对生态贡献地区的发展权保障不足;⑤ 在补偿方式上市场化、多元化补偿不足;⑥ 在配套保障上实施能力支撑不足等。

为进一步完善生态补偿制度建设,深化生态补偿制度改革,提出加强构建跨行政区流域生态补偿机制的建议:① 要推进建立跨行政区流域上下游横向生态补偿机制;② 完善重点生态功能区转移支付制度;③ 健全滦河流域市场化、多元化补偿机制;④ 强化滦河流域生态补偿实施保障等。

制定滦河流域建立横向生态补偿机制的实施方案,要坚持以国家生态文明建设思想为指导,以"生态优先、绿色发展、权责清晰、协同推进、硬化约束、结果导向"为基本原则,以探索建立多元化长效生态补偿机制为工作目标,将引滦入津流域于桥水库上游河北省承德市和唐山市相关县(市、区)列为实施范围,在政策上中央财政安排引导和奖励基金,以地方为主体建立横向生态保护补偿机制;在组织上明确部门职责分工,落实地方主体责任,强化绩效管理,建立协商机制,推进协同治理。

同时,针对承德进行小流域综合治理中所作的水源涵养、水土保持工作,提出具体的生态补偿建议:① 完善科学合理的水价形成机制;② 建立多元化的水保生态补偿融资机制;③ 最大限度地提高水资源利用效率;④ 尝试建立对上游地区的开发式补偿机制。

3.1.6.3 承德市排污权交易示范

1. 示范实施目的

本次示范工作的核心是开展排污权交易,在承德市排污权交易机制的基础上,通过市内企业交易过程,落实排污权交易细则,宣传排污权交易案例,促进主要污染物的减排、环境质量的改善,实现经济社会的可持续发展。

2. 示范实施内容

本次示范工作的主要内容是,在承德市内开展企业间或企业与政府间的排污权交易,主要涉及总量指标核定和排污权交易两方面内容,其中包含了初始排污权的核定、排污权的储备、排污权交易的流程和模式、交易资金的结算等关键技术。

3. 示范项目实施

2019年承德环能热电有限责任公司新建机械炉排焚烧炉及其配套工程项目,新建项目的排污指标通过排污权交易获得。在排污权交易过程中,承德市公共资源交易中心代表政府作为排污权的出让方,承德环能热电有限责任公司作为排污权的受让方;交易采用政府与企业之间的交易模式,承德市公共资源交易中心承担以政府为主体的排污权出让方的职能,根据受让方即承德环能热电有限责任公司的交易需求,参与到排污权的出售与购入过程中。示范实施内容及关键步骤如下:

(1)建设项目总量指标确认。根据国家总量控制相关要求,确定化学需氧量、氨氮作为项目的水污染物控制因子。通过环评总量控制指标核定,按预测值和按标准值对建设项目排污总量指标进行计算并取严,建设项目的化学需氧量和氨氮年新增排放量分别为344.020 t和2.430 t。

(2)排污权交易来源。在本次交易案例中,用于交易的排污权属于政府投入资金进行污染治理和项目改造形成的富余排污权。其中,化学需氧量的削减源为2017年承德市滦平德龙污水处理有限责任公司减排项目产生的富余排污权,经核算,项目产生化学需氧量减排量共1 027.76 t;氨氮的削减源为2017年承德市中保水务有限公司减排项目产生的富余排污权,经核算,项目产生氨氮减排量共23.66 t。

(3)排污权交易价格。交易发生期间,根据河北省2018~2020年度主要污染物排放权交易基准价格的通知,2018~2020年度主要污染物排放权交易基准价格:化学需氧量4 000元/t,氨氮8 000元/t。

(4)排污权交易流程。建设项目总量控制指标获得审批后,排污权受让方即承德环能热电有限责任公司向承德市生态环境局提出排污权交易申请,填写《承德市主要污染物排放权交易申请表(试行)》,承德市生态环境局对其进行审批;经承德市生态环境局审核,同意该热电有限责任公司建设项目总量指标和调剂方案后,审批通过申请单位的主要污染物总量调剂和交易。该热电有限责任公司与承德市公共资源交易中心签署《承德市主要污染物排放权交易合同》,并提交承德市公共资源交易中心进行确认,获得审批后按合同规定支付排污权交易费用,完成交易。排污权交易合同签订和排污权费用支付完成之后,排污权受让方承德环能热电有限责任公司即获得相应的排污权数额,按规定需对其排污许可证的许可排污量进行变更。由于该单位的4♯炉建设性质属于扩建项目,其排污权交易包含了初始排污权核定和分配过程,主要污染物排放权交易量即为该项目初始排污权核定和分配量,故在排污许可证的排污许可证变更部分,无须变更排污权交易信息。

3.1.6.4 创新点

(1)在现行排污单位污染物排放许可量核定的基础上,结合承德市环境保护要求,提出远期联系区域水环境质量的排污权初始分配方案:在现行按照绩效值核算的重点污染物排放量、环评批复量和分解落实到排污单位的总量控制指标三者从严取值的基础上,通过核算区域水环境容量,核定和分配排污单位基于环境容量的总量控制指标作为许可排放量核定的依据,通过加严总量控制指标,强化排污许可与环境质量的联系。

(2)结合承德市排污权交易工作的实际情况,从初始排污权的核定和分配、排污权储备、排污权交易、交易后管理等方面提出了承德市排污权交易细则,对交易的主体、交易的平台、交易的流程和模式等关键技术做了阐述,并基于细则内容开展了承德环能热电有限责任公司的排污权交易示范工作,对"政府—企业"的排污权交易模式进行了探索,为承德市排污权交易工作积累了经验。

(3)通过针对滦河流域生态补偿现状,分析了滦河流域现存的生态补偿面临的挑战,提出推进建立跨行政区流域上下游横向生态补偿机制,完善重点生态功能区转移支付制度,健全滦河流域市场化、多元化补偿机制,强化滦河流域生态补偿实施保障的滦河流域生态补偿机制的建议。

3.1.7 准备和实施基于 ET/EC 的滦河子流域目标值分配计划和承德市级水资源与水环境综合管理规划(IWEMP)*

3.1.7.1 研究背景

本项研究区域为承德市滦河流域,介于东经 $115°54'\sim118°56'$,北纬 $40°11'\sim42°40'$ 之间,总土地面积约 2.63 万 km^2,占承德市行政区总面积的 66.6%,主要涉及双桥区、双

---

* 由吴波、陈岩、翟桂英、王强、李中华、王东、赵越、张国帅、白辉执笔。

滦区、鹰手营子矿区、承德县、隆化县、滦平县、围场满族蒙古族自治县、丰宁满族自治县、兴隆县、平泉市、宽城县等11个项目县（市、区）的187个乡镇。

3.1.7.2 承德市滦河流域水生态环境问题

承德市滦河流域属人多、地少、经济发达、水资源最为缺乏的地区，农业缺水问题比较严重；水资源利用率较低，肩负为天津市、唐山市供水的任务。滦河流域河道下泄水量减少，滦河下游部分河段枯水期生态流量将难以保障。滦河流域土地沙化极敏感区面积约占1.6%。主要零散分布在围场县东北部及西北部、丰宁县西北部等地区。流域内水土流失面积约9 424 km²，占全市国土总面积的23.9%，占河北省水土流失总面积的23.6%。城市环境基础设施建设仍不完善。承德市滦河流域内项目县（区）种植业污染源排放比例较大。

3.1.7.3 承德市滦河流域控制单元划分结果

结合国家开展的国控断面汇水范围（即控制单元）划定成果，将承德市滦河流域划分为14个控制单元，本规划有效衔接国家划定结果，以14个控制单元为基础，强化空间管控措施。各控制单元详细信息和具体情况详见表3-8。

表3-8 承德市滦河流域控制单元划分结果表

序号	控制单元名称	控制断面	流域面积（km²）	所在水体	区 县	乡 镇
1	伊逊河李台控制单元	李台	6 815.77	伊逊河	隆化县	安州街道、汤头沟镇、张三营镇、蓝旗镇、步古沟镇、尹家营满族乡、庙子沟蒙古族满族乡、偏坡营满族乡、山湾乡、八达营蒙古族乡、西阿超满族蒙古族乡、白虎沟满族蒙古族乡
					滦平县	红旗镇、小营满族乡
					围场满族蒙古族自治县	半截塔镇、下伙房乡、燕格柏乡、牌楼乡、城子乡、石桌子乡、大头山乡
2	滦河大杖子（一）控制单元	大杖子（一）	5 093.22	滦河	承德县	上板城镇、甲山镇、六沟镇、三沟镇、东小白旗乡、鞍匠乡、刘杖子乡、新杖子乡、孟家院乡、八家乡、上谷镇、满杖子乡、石灰窑镇、五道河乡、岔沟乡、仓子乡
					双桥区	上板城镇

序号	控制单元名称	控制断面	流域面积（km²）	所在水体	区 县	乡 镇
3	柳河三块石（26#大桥）控制单元	三块石	999.23	柳河	平泉市	七沟镇
					鹰手营子矿区	铁北路街道、鹰手营子镇、北马圈子镇
4	瀑河大桑园控制单元	大桑园	894.41	瀑河	兴隆县	兴隆镇、平安堡镇、雾灵山乡
					宽城	宽城镇、龙须门镇、板城镇、化皮溜子镇
5	潘家口水库控制单元	潘家口水库	229.57	潘家口水库	宽城满族自治县	梓罗台镇、塌山乡、孟子岭乡、独石沟乡
6	澈河蓝旗营控制单元	蓝旗营	695.4	澈河	兴隆县	半壁山镇、蓝旗营镇、大水泉镇、南天门满族乡、三道河乡、安子岭乡
7	滦河郭家屯控制单元	郭家屯	8 701.67	滦河	隆化县	郭家屯镇
					丰宁满族自治县	万胜永乡、四岔口乡、苏家店乡、外沟门乡、草原乡
					围场满族蒙古族自治县	御道口镇、老窝铺乡、南山嘴乡、西龙头乡、塞罕坝机械林场、国营御道口牧场
8	滦河兴隆庄（偏桥子大桥）控制单元	兴隆庄	2 054.57	滦河	隆化县	太平庄满族乡、旧屯满族乡、碱房乡、韩家店乡、湾沟门乡
9	柳河大杖子（二）控制单元	大杖子（二）	1 310.45	柳河	鹰手营子矿区	寿王坟镇、汪家庄镇
					承德县	大营子乡
					兴隆县	北营房镇、李家营乡、大杖子乡
10	武烈河上二道河子控制单元	上二道河子	4 041.03	武烈河	双桥区	狮子沟镇、双峰寺镇
					承德县	头沟镇、高寺台镇、岗子满族乡、磴上乡、两家满族乡、三家乡
					隆化县	韩麻营镇、中关镇、七家镇、荒地乡、章吉营乡、茅荆坝乡
11	瀑河党坝控制单元	党坝	2 794.39	瀑河	平泉市	平泉镇、杨树岭镇、小寺沟镇、党坝镇、卧龙镇、南五十家子镇、梓椤树镇、青河镇、王土房乡、道虎沟乡
12	滦河上板城大桥控制单元	上板城大桥	5 781.27	滦河	双桥区	西大街街道、头道牌楼街道、潘家沟街道、中华路街道、新华路街道、石洞子沟街道、桥东街道、水泉沟镇、牛圈子沟镇、大石庙镇、冯营子镇

序号	控制单元名称	控制断面	流域面积（km²）	所在水体	区　县	乡　　镇
					双滦区	钢城街道、元宝山街道、双塔山镇、滦河镇、大庙镇、偏桥子镇、西地镇、陈栅子乡
					滦平县	中兴路街道、滦平镇、长山峪镇、金沟屯镇、张百湾镇、大屯镇、付营子乡、西沟满族乡
					丰宁满族自治县	凤山镇、波罗诺镇、选将营乡、西官营乡、王营乡、北头营乡
13	青龙河四道河控制单元	四道河	497	青龙河	宽城满族自治县	汤道河镇、苇子沟乡、大字沟门乡、大石柱子乡
14	伊逊河唐三营控制单元	唐三营	5 219.94	伊逊河	隆化县	唐三营镇
					围场满族蒙古族自治县	围场镇、四合永镇、棋盘山镇、腰站镇、龙头山镇、道坝子乡、黄土坎乡、四道沟乡、兰旗卡伦乡、银窝沟乡、大唤起乡、哈里哈乡

3.1.7.4　3E 融合评价体系构建思路

遵照"节水优先、空间均衡、系统治理、两手发力"16 字治水思路,节水是摆在我国水资源、水环境管理工作中一项重中之重的问题,特别是北方河流,水资源普遍呈现短缺的问题,因此,本研究考虑以"节水优先"为研究的基本遵循,从生态文明建设角度,统筹"三水"问题进行研究,设定 3E 融合的目标值研究思路具体为:构建一个基于 ET 的闭合评价系统。通过对蒸散发量(ET)、水环境容量(EC)和生态服务(ES)的状况进行量化研究后,以 ET 为核心,确定可减少耗水类型及减少量 $ET_减$,核算减少的耗水量($ET_减$)能进入水体的量(ΔEQ)。分析研究 ET 的变化对 EC 的影响,补给河道增加容量,减少耗水降低排污的效果。分析研究 ET 的变化对 ES 的影响,补给河道水量增加生态用水的效果。再以 EC 和 ES 的自身要求反向验证目标 ET 的合理性,如果目标 ET 设置不合理,需要对目标 ET 进行调整,确保在满足地区生活用水需求下,最大化利于 EC 和 ES 向好发展。

3.1.7.5　目标 ET、EC、ES 研究结果

现状年结果的研究结果表明,ET 主要受到降水量影响,降水量多的年份,总耗水量、

可控和不可控 ET 也相应增加，降水量少的年份，相应减少，因此在研究目标 ET 时以多年平均计算的 ET 结果作为参考进行分析。

利用遥感 ET 技术研究区域总耗水量、可控和不可控 ET，结果如表 3-9～表 3-11 所示。

表 3-9　承德市滦河流域各控制单元 2001～2018 年平均总耗水量

控制单元名称	自然界耗水量 （亿 m³）	工业耗水 （亿 m³）	生活耗水 （亿 m³）	总耗水量 （亿 m³）	总 ET （mm）
滦河郭家屯控制单元	22.792	0.026	0.034	22.852	474.10
滦河兴隆庄控制单元	6.003	0.008	0.017	6.028	520.84
伊逊河唐三营控制单元	13.831	0.029	0.062	13.921	481.94
伊逊河李台控制单元	18.934	0.031	0.062	19.027	498.63
武烈河上二道河子控制单元	11.631	0.024	0.040	11.694	512.51
滦河上板城大桥控制单元	16.730	0.272	0.198	17.200	522.82
滦河大杖子（一）控制单元	16.226	0.043	0.065	16.334	559.71
柳河三块石控制单元	3.346	0.042	0.020	3.408	591.16
柳河大杖子（二）控制单元	4.295	0.021	0.011	4.327	573.94
瀑河党坝控制单元	8.789	0.092	0.059	8.939	560.90
瀑河大桑园控制单元	2.820	0.102	0.025	2.947	573.73
潘家口水库控制单元	2.431	0.000	0.002	2.433	615.24
潵河蓝旗营控制单元	4.637	0.011	0.005	4.652	589.92
青龙河四道河控制单元	2.653	0.026	0.005	2.683	587.23
承德市滦河流域	135.117	0.726	0.602	136.445	519.78

表 3-10　承德市滦河流域各控制单元 2001～2018 年平均不可控 ET　（单位：mm）

控制单元名称	湿地不可控 ET	耕地不可控 ET	人工表面不可控 ET
滦河郭家屯控制单元	375.7	373.6	70.1
滦河兴隆庄控制单元	467.3	478.7	79.7
伊逊河唐三营控制单元	376.8	432.4	75.8
伊逊河李台控制单元	424.0	449.6	81.4
武烈河上二道河子控制单元	426.6	460.3	87.0
滦河上板城大桥控制单元	419.6	486.0	91.5
滦河大杖子（一）控制单元	504.9	510.1	98.6
柳河三块石控制单元	576.5	518.5	104.0
柳河大杖子（二）控制单元	505.3	522.9	103.2
瀑河党坝控制单元	465.0	514.3	96.0

控制单元名称	湿地不可控 ET	耕地不可控 ET	人工表面不可控 ET
瀑河大桑园控制单元	424.8	511.1	106.3
潘家口水库控制单元	452.9	552.3	107.7
㵲河蓝旗营控制单元	544.7	548.6	107.0
青龙河四道河控制单元	515.4	545.6	103.1

表 3-11　承德市滦河流域各控制单元 2001～2018 年平均可控 ET 对应耗水量

（单位：亿 m³）

控制单元名称	湿地可 控 ET 耗水量	耕地可 控 ET 耗水量	人工表面 可控 ET 耗水量	工业可 控 ET 耗水量	生活可 控 ET 耗水量	总可控 ET 耗 水量
滦河郭家屯控制单元	0.04	3.43	0.08	0.03	0.03	3.61
滦河兴隆庄控制单元	0.00	0.17	0.02	0.01	0.02	0.21
伊逊河唐三营控制单元	0.03	0.81	0.10	0.03	0.06	1.03
伊逊河李台控制单元	0.02	1.06	0.13	0.03	0.06	1.30
武烈河上二道河子控制单元	0.01	0.33	0.11	0.02	0.04	0.51
滦河上板城大桥控制单元	0.04	0.37	0.29	0.27	0.20	1.17
滦河大杖子(一)控制单元	0.02	0.36	0.16	0.04	0.06	0.65
柳河三块石控制单元	0.01	0.02	0.05	0.04	0.02	0.14
柳河大杖子(二)控制单元	0.01	0.03	0.04	0.02	0.01	0.11
瀑河党坝控制单元	0.01	0.19	0.12	0.09	0.06	0.47
瀑河大桑园控制单元	0.01	0.04	0.05	0.10	0.02	0.23
潘家口水库控制单元	0.20	0.01	0.02	0.00	0.02	0.23
㵲河蓝旗营控制单元	0.01	0.05	0.07	0.01	0.01	0.15
青龙河四道河控制单元	0.00	0.03	0.03	0.03	0.00	0.09
承德市滦河流域	0.42	6.87	1.27	0.73	0.60	9.89

　　参考在 2020 年出台的《承德市推进全社会节水工作十项措施》和《承德市节水行动实施计划》。由于编制实施计划的年是 2021 年，并不是基准年 2018 年，所以基准年后的规划方案可以作为参考依据。具体包括：到 2022 年，承德市万元国内生产总值用水量、万元工业增加值用水量较 2015 年分别累计下降 37% 和 36%，农田灌溉水有效利用系数提高到 0.744 以上，用水总量稳定控制在 9.1 亿 m³ 以内，其中农业用水控制在 6.2 亿 m³ 以内。

　　2025 年农业灌溉用水量在 3.35 亿 m³ 以内，工业用水量将控制在 0.85 亿 m³，相比 2018 年减少 0.23 亿 m³ 用水。研究 ET 减少的可行性发现，不可控 ET 很大程度不受人为控制，若要减少水量消耗需要着眼于可控 ET。人类生活需要保障，故而生活可控 ET

不能减少,湿地和人工表面减少不利于生态发展且难于实现,需要把减少的类别放在耕地可控 ET 和工业可控 ET 上。

2018 年耕地可控 ET 和工业可控 ET 的总量分别为 6.87 亿 m³ 和 0.73 亿 m³。按照 2025 年比 2018 年减少 0.23 亿 m³ 水,灌溉用水减少 1.5%,工业用水减少 17%,两者分别减少 0.1 亿 m³ 水。

研究设计郭家屯、李台和唐三营 3 个单元农业灌溉节水,工业节水集中在上板城单元,共节水 0.23 亿 m³。通过遥感验证李台和唐三营单元均能实现节水,节水区域分别在四道沟乡、银窝沟乡、汤头沟镇、蓝旗镇等区域,通过改变灌溉方式、再生水灌溉等方式实现节水目标。

基于节水优先的 2025 年目标 ET 设计方案二如表 3－12 所示。

表 3－12　基于节水优先的 2025 年目标 ET 设计方案二　　　　　（单位：亿 m³）

控制单元名称	不可控 ET 耗水量	湿地可控 ET 耗水量	耕地可控 ET 耗水量	人工表面可控 ET 耗水量	工业可控 ET 耗水量	生活可控 ET 耗水量
滦河郭家屯控制单元	19.25	0.04	3.35	0.08	0.02	0.03
滦河兴隆庄控制单元	5.81	0.00	0.17	0.02	0.01	0.02
伊逊河唐三营控制单元	12.90	0.03	0.78	0.10	0.02	0.07
伊逊河李台控制单元	17.72	0.02	1.03	0.13	0.02	0.07
武烈河上二道河子控制单元	11.18	0.01	0.33	0.11	0.02	0.05
滦河上板城大桥控制单元	16.03	0.04	0.37	0.29	0.15	0.21
滦河大杖子（一）控制单元	15.69	0.02	0.36	0.16	0.03	0.07
柳河三块石控制单元	3.28	0.01	0.02	0.05	0.02	0.02
柳河大杖子（二）控制单元	4.21	0.01	0.03	0.04	0.02	0.01
瀑河党坝控制单元	8.48	0.01	0.19	0.12	0.07	0.06
瀑河大桑园控制单元	2.73	0.01	0.04	0.05	0.08	0.02
潘家口水库控制单元	2.20	0.20	0.01	0.02	0	0.00
潵河蓝旗营控制单元	4.51	0.01	0.05	0.07	0.01	0.00
青龙河四道河控制单元	2.60	0.01	0.03	0.03	0.02	0.00
承德市滦河流域	126.56	0.420	6.76	1.270	0.6	0.63

通过目标 ET 对减污的影响设计目标 EC,郭家屯、李台和唐三营灌溉节水,上板城工业节水。非点源遥感模型模拟水量减少后的郭家屯单元污染物入河量,相比 2018 年郭家屯单元分别减少总氮 0.1 t、总磷 0.002 t 和氨氮 0.07 t;李台单元分别减少总氮 0.2 t、总磷 0.004 t 和氨氮 0.13 t;唐三营单元分别减少总氮 0.02 t、总磷 0.000 3 t 和氨氮 0.01 t。

郭家屯、李台和唐三营的流量分别增大到 0.58 m³/s、0.38 m³/s 和 0.13 m³/s,3 个单元的氨氮和总磷入河量将减少,通过水质模拟计算,允许排放量将改变(见表 3-13)。

表 3-13　滦河流域各控制单元目标 ET 下的允许排放量　　　　　　　(单位:kg/d)

控制单元名称	COD	氨　氮	总　磷
滦河郭家屯控制单元	2 205.62	97.28	−56.17
滦河兴隆庄控制单元	1 487.43	74.70	157.83
伊逊河唐三营控制单元	477.21	20.86	1.61
伊逊河李台控制单元	816.23	44.46	32.50
武烈河上游二道河子控制单元	2.76	0.31	0.83
滦河上板城大桥控制单元	398.57	45.03	15.14
滦河大杖子(一)控制单元	37.46	20.55	−53.22
柳河三块石控制单元	1 175.21	49.09	111.56
柳河大杖子(二)控制单元	54.44	1.71	1.40
瀑河党坝控制单元	53.81	1.90	−99.06
瀑河大桑园控制单元	−629.62	−12.48	−545.40
潘家口水库控制单元	−9.10	−0.15	−11.24
撒河蓝旗营控制单元	463.92	17.34	49.51
青龙河四道河控制单元	−52.79	−0.81	−42.62
承德市滦河流域	6 481.16	359.80	−437.32

目标 ET 和 EC 的设计可以提升流域的生态服务功能,针对滦河流域研究的生物多样性、毒性安全等级和水土流失状况后,提出 ES 的定性目标。具体如下:

(1)生物多样性方面,保障全流域水体生态流量,提高河流连通性状况。

(2)无毒、提高水体安全级别。每 3 年监测综合毒性指标,促使不同季节水体急性慢性毒性均小于 0.3,制定滦河流域综合毒性排放基准和标准;水质达标。

(3)加大上游水土流失治理。根据目前滦河流域的裸地面积,设定 2025 年治理 30% 的水土流失面积,进行植树造林或种草,2035 年治理 80% 的水土流失面积,种草的耗水量较小,所需耗水量约为 0.06 亿 m³;若全部植树造林,所需耗水量则约为 0.16 亿 m³(参见表 3-14)。

表 3-14　目标 ES 中水土流失治理所需耗水量

控制单元名称	2025 年治理 30% 水土流失区域耗水量(亿 m³)	2035 年治理 80% 水土流失区域耗水量(亿 m³)
滦河郭家屯控制单元	0.012	0.032
滦河兴隆庄控制单元	0.001	0.002 4

控制单元名称	2025 年治理 30%水土流失区域耗水量（亿 m³）	2035 年治理 80%水土流失区域耗水量（亿 m³）
伊逊河唐三营控制单元	0.003	0.007 2
伊逊河李台控制单元	0.011	0.030 4
武烈河上二道河子控制单元	0.017	0.044
滦河上板城大桥控制单元	0.016	0.042 4

目标 ES 中生物多样性和毒性的目标都是定性的结果，要求提高水质和保障水量，目标 ET 的结果是提高了河道的水量并减少了污染物排放量。

目标 ES 中水土流失治理中提出针对上游水土流失地区开展植树造林，则需要上游增加生态耗水量，从目标 ET 结果上看，改变了工业和农业的耗水量，人类活动耗水量的减少，可促进生态耗水量增加，无论上游种树或种草，生态水量增加都会有促进生态修复的作用，因此，目标 ET 设置合理。

3.1.7.6 基于 ET、EC 和 ES 目标值的滦河流域各控制单元水资源与水环境综合管理措施

1. 伊逊河李台控制单元

加强隆化县污水处理厂升级改造，深化脱氨除磷，进一步提升出水水质，强化配套管网建设及老旧污水管网改造，实施尾水人工湿地建设及中水回用工程；推进隆化县污泥处理处置；强化乡镇及农村生活污水垃圾收集处理，推进隆化县及围场县农药化肥减量施用；加强伊逊河生态河道清理，护地堤、生态护岸建设；严格防范伊逊河上游尾矿库环境风险。

2. 滦河大杖子（一）控制单元

推进承德县污水处理工程建设，强化承德县老旧污水管网改造；开展甲山建材物流园区污水处理项目建设；加强承德县、平泉县农药化肥减量施用；完成承德县天宝煤矿、四方萤石矿、弘鼎石料厂 3 家灭失的矿山治理。

3. 柳河三块石（26#大桥）控制单元

推进鹰手营子矿区柳源污水处理厂升级改造，强化鹰手营子矿区、兴隆县主城区配套污水管网建设及雨污分流改造；开展鹰手营子矿区生活垃圾中转站及建筑垃圾填埋场建设；加强鹰手营子矿区、兴隆县农药化肥减量施用，推进兴隆县畜禽养殖粪污垃圾无害化处理；实施柳河生态环境综合治理，强化护岸工程、河道渗滤床、人工湿地等建设。

4. 瀑河大桑园控制单元

强化宽城县污水处理厂配套管网改造及生活垃圾处理处置建设,实施宽城镇、龙须门镇、板城镇环卫一体化的垃圾收集转运模式;加强宽城县农药化肥减量施用及畜禽养殖粪污垃圾无害化处理;推进瀑河生态环境综合治理。

5. 潘家口水库控制单元

加强宽城县塌山乡、梓罗台镇等生活污水垃圾收集处理,强化农药化肥减量施用及畜禽养殖粪污垃圾无害化处理,实施梓罗台镇闯王河段及塌山乡清河段、潘家口水库环境综合治理。

6. 潵河蓝旗营控制单元

推进兴隆县半壁山镇给水排水工程建设,强化兴隆县半壁山镇、蓝旗营镇、大水泉镇、南天门满族乡、三道河乡、安子岭乡等乡镇农药化肥减量施用及畜禽养殖粪污垃圾无害化处理。

7. 滦河郭家屯控制单元

加强滦河干流和小滦河的河道生态修复与治理,强化水土流失综合整治,实施干流丰宁抽水蓄能电站段、郭家屯段、小滦河等河段生态治理,推进水源涵养林及水土保持林建设,加强清洁小流域建设,强化丰宁县兴洲河(凤山段)河道清淤;加强乡镇生活污水收集处理,实施郭家屯镇污水处理设施及配套管网建设,开展丰宁县外门沟乡、四岔口乡、苏家店乡、鱼儿山镇及大滩镇污水处理厂及配套管网建设。

8. 滦河兴隆庄(偏桥子大桥)控制单元

推进滦河干流生态综合整治,开展河道清淤疏浚,实施岸坡生态防护,新建拦沙坎,构建生态缓冲带,加强岸坡绿化;推进乡镇生活污水处理,实施隆化县韩家店、湾沟门乡、旧屯乡、碱房乡等污水处理站及配套网管建设。

9. 柳河大杖子(二)控制单元

强化兴隆县柳河水生态环境综合整治,开展河道清淤、生态护岸、生态渗滤坝、滨河生态缓冲带构建等;推进鹰手营子矿区寿王坟镇、汪家庄镇、承德县大营子乡、兴隆县北营房镇、李家营乡、大杖子乡农药化肥减量施用及畜禽养殖粪污垃圾无害化处理。

10. 武烈河上二道河子控制单元

推进双桥区双峰寺至太平庄污水主干管道建设;严防饮用水环境风险,强化双峰寺水源地保护区水源涵养及规范化建设;开展武烈河河道生态修复,实施柳松沟、田家营、刘家沟等生态清洁小流域综合治理。

11. 瀑河党坝控制单元

强化平泉县城老旧污水管网改造及雨污分流,实施南城区及乡镇学校污水处理项目建设；推进平泉县农药化肥减量施用及畜禽养殖粪污垃圾无害化处理；加强瀑河黑山口段、小寺沟桥至党坝断面、支流卧龙岗川等河道综合整治。

12. 滦河上板城大桥控制单元

加强主城区生活污水收集处理，实施太平庄污水处理厂三期及双滦区第二污水处理厂建设，加强配套管网建设、雨污分流及老旧管网改造；强化生活及建筑垃圾处理处置，推进双桥区、双滦区、高新区建筑垃圾处理，实施承德环能热电有限责任公司 4＃垃圾焚烧炉建设工程；推进滦平县乡镇生活污水收集处理；加强滦河干流河道生态环境治理，建设护岸、河道垃圾清理、清淤平整等；加强双滦区饮用水水源保护区环境治理，保护区进行封闭围挡，实施保护与恢复等。

13. 青龙河四道河控制单元

强化农村生活污水垃圾收集处理处置，推进宽城县碾子峪镇、峪耳崖镇农村生活污水治理设施建设，加强运营维护；推进宽城县汤道河镇、苇子沟乡、大字沟门乡、大石柱子乡农药化肥减量施用及畜禽养殖粪污垃圾无害化处理。

14. 伊逊河唐三营控制单元

强化围场县城区污水配套管网建设及老旧管网改造，建设围场县污水处理厂尾水人工湿地；推进畜禽养殖粪污垃圾无害化处理；强化伊逊河上游尾矿库风险防范。

3.2 石家庄市水资源与水环境综合管理示范

3.2.1 准备和实施基于 ET/EC 的滹沱河子流域（海河流域）目标值分配计划和石家庄市级水资源与水环境综合管理规划（IWEMP）*

3.2.1.1 项目背景

1. 滹沱河流域水资源与水环境综合管理存在问题

滹沱河是海河流域子牙河水系的主要支流，发源于山西省繁峙县，经河北省岗南、黄壁庄水库，过石家庄市和衡水市，至沧州市献县枢纽与滏阳河及滏阳新河汇流入子牙河，

---

* 由焦艳平、王海叶、陈文彬、王罕博、闫志宏、王慧勇等执笔。

最后经海河流入渤海(黄海)。石家庄市区域境内有主要行洪河道6条,北部的沙河、磁河木刀沟属大清河水系;中南部的滹沱河、洨河、槐河、沛河属子牙河水系。其中滹沱河是子牙河流域的一个重要支流,在石家庄市区域主要涉及平山县、井陉县、井陉矿区全部,以及灵寿县、鹿泉区、正定新区、石家庄主市区、藁城区、无极县、晋州市、深泽县等11个行政县(市、区)的部分区域。

目前,滹沱河各支流除汛期雨洪或水库泄洪外,其他时期均没有地表径流,河道内排放有未经污水处理厂处理的沿途地区生产和生活污水。随着本地区经济社会的快速发展,水资源供需矛盾加剧,生态环境脆弱,环境容量偏小,水资源与水环境承载能力低。滹沱河干流黄壁庄水库以上山区河道受上游用水影响,河道水量呈逐年减少趋势;滹沱河平原河段受上游岗南、黄壁庄水库梯级水库运行调度影响,河段水量较建库前大量减少,尤其是在黄壁庄水库蓄水后,滹沱河成为泄洪河道。20世纪70年代曾有4年河道干涸,80年代除1988年泄洪以外,其余年份河道无过水,90年代有8年河道干涸。近30年来,即使河道有水,也仅在汛期1个月左右的时间内有水,其他时间仍是河道干涸。加之沿岸日趋严重的污染负荷,河段水质明显恶化,河流流经的下游平原区地下水位持续下降,区域水生态环境亦日趋严峻。

2. 基于ET/EC/ES水资源与水环境综合管理的意义

为改善本地区的水资源与水环境条件,近年来石家庄市已开展了大中型灌区续建配套与节水改造、农业高效节水灌溉、保护城镇和农村饮水安全工程,加强城乡污水治理和恢复生态水环境等工作,开展了最严格水资源管理制度建设与考核工作,建立了生态补偿机制、网格化管理机制、污水处理厂月审核机制等严格管理制度。并实现了岗南、黄壁庄水库主要水质指标稳定保持在地表水Ⅱ类水质标准,集中式饮用水水源地水质稳定达标;建成项目县(市、区)和乡镇级28座污水处理厂,污水处理能力达到190万t/d。实现了县县建有污水处理厂,建成区污水100%处理。经过前期工作,使得滹沱河、汪洋河、磁河等滹沱河的主要河流水质有所改善。

2014年南水北调中线工程通水后,石家庄市结合计划增加引江水量7.8亿m³的有利条件,以提高水资源综合管理水平和改善水环境质量为核心,主要围绕地表水与地下水统筹开发利用、当地水资源与南水北调长江水合理配置,开展了相关水资源规划工作,同时开展源头防治、饮水安全、流域整治、污水处理、面源控制、监督管理和宣传教育等方面的水环境综合治理工作。

2015年起,石家庄市平原区陆续开展了地下水超采区综合治理措施;2018年9月起,利用南水北调工程的引江水向滹沱河陆续进行生态补水。

综上所述,滹沱河流域水资源供需矛盾突出、水环境污染现象犹在、水生态环境仍需修复,尤以石家庄市区域为甚。随着水资源开发利用技术的不断提高,水利工程条件的日趋完善,滹沱河流域具备水资源与水环境综合管理规划的良好基础条件。

GEF 主流化项目建立在 GEF 海河一期项目的基础之上,应用基于遥感/耗水(RS/ET)评价工具,并进一步完善和充分开发环境容量(EC)评价工具,将二者整合纳入到水资源与水环境综合管理方法中,在给定的一个流域或子流域耗水(ET)目标值下,确定目标 EC,使用目标 ET 来控制实际 ET,使用目标 EC 来控制实际水污染排放,确保以可持续的方式使实际耗用水量不超过可供消耗的水量,确保实际水污染排放量不超过河流/湖泊的环境容量,达到提高水资源生产率,减少污水排放,进而增加滹沱河的生态环境流量。最终引导和控制项目区的地下水开采、水资源利用和污染物排放。该项目创新性的水资源水环境水生态综合管理方法将对解决水资源短缺、水环境污染和水生态退化的多重问题求得答案,用较少的水资源消耗水平生产相同或更高质量的产品,同时水污染排放量得到降低,实现资源消耗型生产模式向资源效率型生产模式的结构性转变,实现流域内社会和经济发展与生态保护之间更加平衡的状态,达到绿色发展和可持续性目标。

为恢复、保护滹沱河生态环境,提升滹沱河流域的水分生产率,实现可持续发展,使水资源在生态需水和国民经济需水之间进行合理配置,实现生态环境保护与社会经济建设的"双赢"。本项研究将分别针对滹沱河流域河流生态特点和各子流域地表水、地下水资源条件,以及经济社会用水需求,开展基于 ET/EC/ES 的滹沱河子流域石家庄市水资源与水环境综合管理规划(IWEMP)研究编制与实施管理。

3.2.1.2　目标任务与技术路线

1. 总体目标

基于全球环境基金海河流域水资源与水环境综合管理主流化项目试点示范项目县(市、区)水资源与水环境综合管理规划(IWEMP)研究编制和实施管理的经验,基于 ET/EC/ES 的水资源与水环境综合管理操作手册/技术指南,在滹沱河子流域目标值分配计划(Target Value Allocation Plan, TVAP)基础上,研究编制石家庄市水资源与水环境综合管理规划(IWEMP)。为滹沱河子流域和石家庄市生态文明建设和水资源与水环境综合管理及可持续协调发展提供新思路。同时,通过 IWEMP 规划的具体实施,逐步建立起石家庄市水资源与水环境综合管理体系与机制,为海河流域其他地区及我国干旱半干旱地区水资源与水环境综合管理和生态文明建设提供有益借鉴,进而为改善海河流域乃至渤海湾的水环境作出应有贡献。

2. 具体目标任务

(1) 基于 ET/EC/ES 的滹沱河子流域目标值分配计划(TVAP):以流域水资源水环境及水生态条件为基础,以海河流域水资源规划为基本,制定滹沱河流域的总体目标值,重点进行石家庄市区域目标值分配,包括区域内子单元分配计划,促进区域生态环境与水系统良性循环。

(2) 基于 ET/EC/ES 的石家庄市级水资源与水环境综合管理规划(IWEMP):以区域水资源水环境及生态文明可持续性、高效性、公平性、系统性、和谐性为原则,在目标分配的基础上,制定滹沱河流域石家庄区域内基于 ET/EC/ES 的水资源水环境水生态综合管理规划,促使区域的资源、环境、社会、生态、经济持续向好发展,满足生态文明建设要求。

3. 技术路线

综合水文水资源学、环境科学、生态学、经济学等专业学科,综合运用水资源优化配置与调控技术、污染控制技术、生态修复技术、地理信息技术(包括 GIS、RS 等技术)和计算机建模技术,在专家咨询、文献资料收集、野外踏勘调查、数值分析、模拟分析相结合的基础上完成。具体技术路线见图 3-17。

3.2.1.3 项目成果

1. TVAP 成果

研究范围为滹沱河全流域,划分为山西子流域、河北石家庄子流域、河北衡水沧州子流域。

(1) 区域水资源

① 依据区域 1956~2017 年系列的降水、自产地表水、地下水、入出境水等资料,采用数理统计法分析了各子区域的多年平均水资源总量,以及多年平均降水量、自产地表水量、地下水量、入境水量、出境水量;

② 依据上下游分水原则,结合各区域用水历史及现状,分析了各子区域可利用的多年平均自产地表水量、地下水量、入境水量(含外流域调水)。

(2) 现状 EC、ES

依据各区域用水状况、水环境状况、水生态状况,分析了各子区域现状 EC、ES。

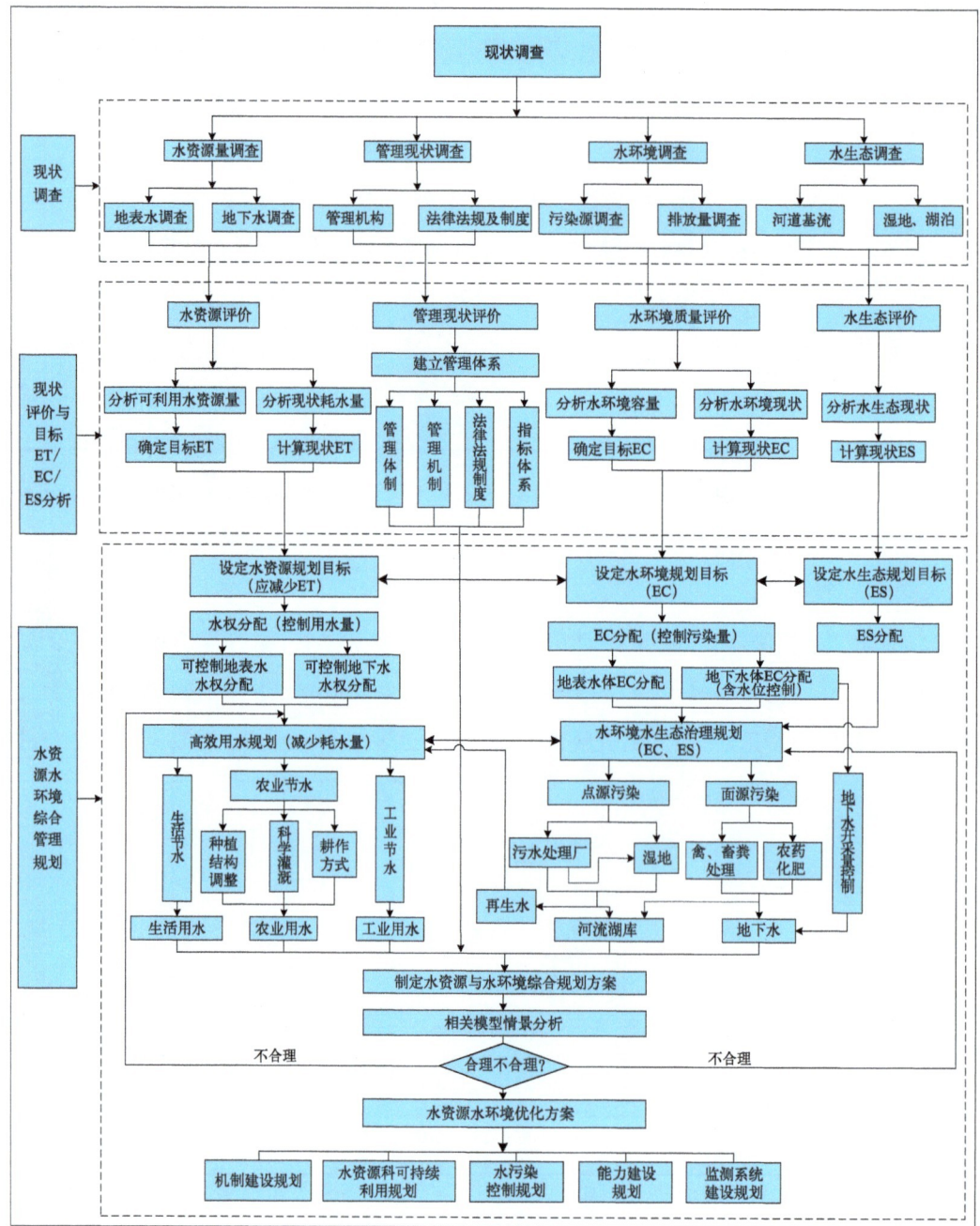

图 3-17　技术路线图

（3）目标 EC、ES

依据 ET 管理理念，结合区域水资源条件以及生活、生产、生态用水需求，确定了各子区域的目标 EC 和目标 ES。

（4）目标 ET

依据 ET、EC、ES 的相互关系及用水特性，在上述分析结果的基础上，确定了各子区域的多年平均目标 ET，包括可控 ET 和不可控 ET；可控 ET 为区域可利用的地表水、地下水，不可控 ET 为未形成径流（地表水、地下水）的区域降水。

2. IWEMP 成果

研究范围为滹沱河石家庄子流域，按行政区划分为 11 个子区域。

（1）区域水资源

在 TVAP 研究成果的基础上，进一步分析了石家庄子流域各行政分区的多年平均及丰平枯水年的降水量、自产地表水量、地下水量、入境水量、出境水量；结合水利工程条件，分析了各行政分区的多年平均及丰平枯水年的可利用自产地表水量、地下水量、入境水量（含外流域调水）及出境水量（含汛期弃洪、河流生态基流、外区域供水）。

（2）现状 ET、EC、ES

依据现状年各行政分区的供用水情况以及水环境水生态状况，分析了各行政分区的现状 ET、现状 EC、现状 ES，并指出了水资源水环境存在的主要问题，包括生活、生产用水的供耗矛盾、水污染与水环境容量矛盾、河流生态用水的供需矛盾以及地下水位持续下降问题。

（3）目标 EC

依据水污染状况、水环境容量确定了各行政分区的目标 EC；并制定了面源污染、点源污染的消减量，考虑该区域水资源相对匮乏，目标 EC 的实现不采取增加其用水以提高水环境容量的措施。

（4）目标 ES

依据水生态现状及区域经济社会发展要求，确定了各行政分区的目标 ES，包括河道外生态用水、河道内生态用水（主要河段的生态流量）。

（5）生活、生产需水预测

基于节水和高效用水准则及区域经济社会发展规划，预测各行政分区的生活、生产用水。生活用水包括居民生活用水和公共用水，生产用水包括工业用水和农业用水，农业用水按丰、平、枯水年分别计算。农业用水预测构建了各行政分区的农业用水结构体系，该体系包括种植结构、灌溉方式、不同作物不同灌溉方式的灌水定额和灌水次数。

（6）水权分配及水资源配置

① 依据石家庄子流域可利用水资源总量以及与总量相适应的各行政分区可利用水

资源量,结合预测的各分区生活、生产、生态需水量,利用水库对地表水的调蓄能力和地下水的丰枯(空间及时程)调节作用,开展了多水源多目标的水资源优化配置,确定了各行政分区的在丰、平、枯水年的地表水、地下水可利用量。

② 依据各行政分区的在丰、平、枯水年的地表水、地下水可利用量,首先满足生活、生态、工业用水,其余作为农业可利用地表水、地下水。通过调整农业用水结构体系及其水资源以丰补枯措施,确定了各行政分区在丰、平、枯水年的农业用水,且农业用水量等于农业可利用地表水、地下水量。由此形成的石家庄子流域经济社会用水体系,既可满足经济社会可持续发展,亦可保障区域水资源供耗平衡、地下水动态平衡、河流生态不断恢复。

(7) 目标 ET

① 依据需水预测、水权分配及水资源优化配置结果,分析各行政分区丰、平、枯水年的生活、生产、生态用水量,进而分析各种用水的耗水量。生活用水的耗水量按 20% 计,工业用水的耗水量按 80% 计,农业和河道外生态用水的耗水量按 100% 计,河道内生态用水的耗水量只计其蒸发量。由此确定了各行政分区丰、平、枯水年的可控水资源的消耗量,即可控 ET。

② 依据各行政分区丰、平、枯水年的降水量及其相应产生地表水、地下水,推求丰、平、枯水年的不可控消耗量(降水量、地表水、地下水),即不可控 ET。

③ 各行政分区丰、平、枯水年的可控 ET 与不可控 ET 之和,确定为各行政分区丰、平、枯水年的目标 ET,丰、平、枯水年目标 ET 的平均值为多年平均目标 ET。各行政分区目标 ET 之和总区域目标 ET 相一致。

(8) 基于 ET/EC/ES 的水资源与水环境综合规划方案

① 基于农业用水结构体系,规划了农业节水和高效用水方案,包括高标准管灌、喷灌、滴灌等节水灌溉农田的建设规划,地表水置换地下水的输水渠道建设规划;基于经济社会用水结构体系,确定了 2025 水平年、2035 水平年的各行政分区水资源开发利用综合规划方案。

② 基于水环境容量,开展各区域水污染控制、水环境治理等方面的技术研究,分别提出适合各区域的水环境综合治理规划和再生水利用途径。从而提出目标 EC 指标体系。

③ 基于水生态需求,开展各区域的河流、湖库、湿地的水生态修复、治理,以及地下水位控制等方面的技术研究。提出了适合不同水域、湿地的各行政区的水生态修复规划,包括河道外生态用水方案和河道内生态用水方案。

（9）水资源水环境情景分析

采用枚举-模拟-比选法优化确定目标 ET/EC/ES，制定总体目标值分配计划，并完成各区不同水平年目标值在产业结构的分配，模拟分析了石家庄子流域水资源与水环境综合规划方案实施后区域水资源水环境综合治理体系构建效果，完成了目标 ET/EC/ES 耦合机制。

（10）近期行动计划

在地下水超采区逐年实施了农业节水和高效用水规划措施、水污染治理措施、河流生态补水措施。

（11）基于 ET/EC/ES 的水资源水环境综合管理规划

论述了石家庄子流域市、县（区）级行政管理机制建设规划、能力建设规划和水资源水环境监测系统建设规划。

3.2.1.4　项目创新点

（1）基于 ET 管理理念，构建了以 ET 为中心的石家庄子流域水平衡机制，并在此基础上分析了各行政分区的目标 ET，且将目标 ET 分解为可控 ET 和不可控 ET。

（2）基于节水及高效用水技术，构建了石家庄子流域农业用水结构体系，并在此基础上构建了石家庄子流域经济社会用水结构体系。

（3）基于多水源多目标联合调控优化配置技术，提出了目标 ET 约束下的可控水资源水权分配方法。

3.2.2　基于 ET 的地下水双控管理操作手册/技术指南与示范（藁城区）*

3.2.2.1　研究背景

地下水作为重要的基础资源和战略资源，是生态和环境的主要控制性要素。近年来，随着我国经济社会的快速发展，对水资源的需求也在不断地加大，导致严重的地下水超采现象，地下水水位一直呈现持续下降态势。

河北省属于严重的资源性缺水地区，该省水资源极其贫乏，供需矛盾十分突出。地下水开发利用是河北省重要的供水水源，对于如何加强地下水资源的合理开发利用和保

---

* 由为闫伯忠、李铎、徐磊、刘秀英、马良执笔。

护管理在支撑河北省经济社会发展和维系生态环境等方面,具有十分重要的作用和现实意义。但长期以来,由于大量无序地超采地下水资源,导致了河北省区域内地下水位持续下降,形成了地下水降落漏斗、地面沉降、水质恶化、泉水断流、水源地产水量衰减、机电井报废等一系列环境生态问题。自 20 世纪 70 年代河北省大规模开采利用地下水资源以来,先后出现了中东部平原超采深层地下水和太行山山前平原超采浅层淡水的问题,并形成了众多连片的地下水漏斗区。因此,针对河北省地下水超采严重问题,有计划地开展地下水总量控制与关键水位调控管理的研究与实施管理工作十分必要。

对于地下水超采区实行水量和水位"双控制",是实行最严格水资源管理制度建设的一个具体要求。在国家最严格水资源管理制度要求下,结合河北省近年来水资源条件、地下水开发情况等变化,随着地下水超采区综合治理和综合管理工作的不断加强,通过替代水源工程和关井压采等措施,地下水超采形势将得到初步控制。虽然目前河北省地下水管理实行了一系列措施,包括实行地下水取水总量控制,严格地下水取水许可论证和地下水环境影响评价等工作,但是局部地区地下水位仍呈持续下降趋势。

控制农业灌溉耗水量(ET),降低无效和低效耗水量,这是资源性缺水地区实现资源性节水的根本方向和重要途径。2011 年的中央 1 号文件把"实行最严格的水资源管理制度"具体化为确立与实施"用水总量控制红线、用水效率控制红线、纳污能力控制红线"(即"三条红线"控制),到 2020 年基本遏制地下水超采局面的工作目标。为此,在国家有关部门的支持下,河北省投入大量的人力物力财力用于地下水超采区综合治理和综合管理工作。这一最严格水资源管理制度中要求的水资源总量控制,同实现多年平均综合 ET 值与多年平均可利用水资源量的供耗平衡是相一致的。因此,在地下水超采区实行最严格水资源管理制度的实施中,开展地下水总量控制的同时,也要研究地下水总量控制与关键水位调控之间的联动机制,探索地下水开发利用量和地下水位变幅之间的相互关系,建立基于 ET 的地下水总量控制和关键水位调控管理制度,实行地下水的水量和水位"双控"管理。

基于 ET 的地下水水量、水位双控管理,力图转变传统的水管理观念,要用"耗水控制"的概念替代"用水控制",分析方法上要用耗水平衡分析取代传统的地下水供需分析。这就要求在开展地下水水量、水位控制的同时,也要研究地下水总量控制与关键水位调控之间的联动机制,探索地下水开发利用量和地下水位变幅之间的相互关系,建立基于耗水量 ET 的地下水总量控制和关键水位调控管理制度,实行地下水的水量和水位"双控"管理,提出可操作性、可应用、可复制的操作手册或技术指南。基于上述研究现状以及研究问题,编制了《基于耗水(ET)控制的地下水管理操作手册》(简称"操作手册")。

3.2.2.2 研究成果

1. 操作手册和技术指南

本操作手册重点阐述了基于耗水(ET)的地下水水量、水位双控技术操作流程、评价方法和技术要点,其主要内容包括适用范围、规范性引用文件、术语和定义、目标和原则、工作程序、技术操作流程、成果表达形式及附录 8 个部分。其中操作手册中的技术操作流程为:① 收集自然地理、水文气象、地质和水文地质条件、土壤植被、土地利用类型、农作物种类、灌溉方式、灌溉定额、人口数量、工业产品、生态面积等数据,进行现状综合耗水 ET 计算,包括农业耗水量、工业耗水量、生活耗水量和生态耗水量;② 计算研究区地下水资源量、可开采资源量和已开采量;③ 结合当地地下水取用水控制目标、地下水采补平衡等地下水水量、水位控制原则,确定研究区目标耗水(ET),采用耗水(ET)调控措施进行地下水水量、水位双控,并对调控前后地下水水量、水位进行监测和评价,以反馈优化调控措施,达到地下水水量、水位控制的目的。

本操作手册基于耗水(ET)的地下水水量、水位双控管理经验,基于耗水(ET)的地下水水量、水位控制方法理论体系和制定地下水双控的管理机制,凝练出了一套行之有效的地下水双控管理制度,并以点带面地在华北平原更大范围的地下水超采区,开展地下水双控和地下水超采区治理示范,本操作手册适用于基于耗水(ET)的地下水水量、水位控制的地区以及存在地下水生态和地质环境问题的地区,对进一步加强区域水资源与水环境综合管理、提高水资源利用效率和保护地下水环境具有重要的现实指导意义。

而华北平原地下水超采历经数十年,超采面积和累计超采量规模巨大,地下水的全面修复,必然要经历由超采幅度减缓到逐步采补平衡再到有所回升的较长过程,同时如此大面积的地下水超采治理是我国开展的第一次探索性和创新性工作,没有现成的经验可以借鉴。需要开展深入研究,以地下水双控管理为核心,结合华北平原地下水超采综合治理进程,通过典型区示范,推进地下水资源的合理开发利用和有效保护。本项目实施期间,正值国家在华北平原地下水超采最为严重的河北省开展地下水超采综合治理试点工作,治理方向上涉及了从农业、水利、林业各部门的节水压采到城市水源替代置换的各个层面,管理制度上涵盖了强化取用水监督管理、加强地下水动态监控、深化农业水价、水权体制改革和基层水利服务体系建设等。

当前国家和河北省对地下水压采试点治理工作空前重视,各县(区、市)正在努力开展相关工作,本次基于耗水控制的地下水双控管理示范研究项目很好契合了河北省地下水超采治理的实践需求,有利于项目的顺利开展实施,同时当前河北省地下水超采治理试点工作也可为本次示范研究提供便利的实施条件和依托基础。以《基于耗水(ET)的地下水双控管理操作手册》提出的技术方法为指南,选择石家庄市藁城区永安村为试点开展示范,主要对基于地下水采补平衡控制的示范区目标耗水(ET)、示范区节水措施与目标耗水(ET)的协调性、示范区地下水总量控制目标与地下水位控制标准的确定、示范区地下水水量-水位监测、示范区地下水控制效果监测评估等内容进行了研究。

(1)目标 ET 的确定

目标 ET 的确定分为采补平衡区目标 ET 的确定方法和地下水超采区目标 ET 的确定方法。针对地下水超采问题,提出了控制开采地下水并逐步实现地下水采补平衡的目标 ET 计算方法。计算分为"自上而下、自下而上、评估调整"3 个环节。

(2)地下水水位控制指标的确定

区域目标 ET 确定后,地下水水位、水量双控,以资源保障、生态保障和环境保障为约束前提,采取改变下垫面条件,改进地下水取水、输水、用水方式,改变农作物结构和工业用水工艺,节水以及循环水利用等措施,减少耗水(ET),以提高用水效率,以达到控制地下水量、水位的目的。此外,在确定采用何种减少 ET 量的措施时,需要确定在满足资源保障、生态保障和环境保障时,地下水位和水量的控制指标。因此,基于耗水(ET)的地下水位和水量双控措施,其实也是相互约束、相互调节的过程。

(3)地下水水量控制指标的确定

基于耗水(ET)的地下水水量控制,即是 ET 总量控制,包括生活、国民经济、生态用水产生的 ET,一产、二产、三产等利用地下水产生的 ET。地下水总量控制即是一产、二产、三产、生活地下水取水量、地下水取水总量控制。在控制水位指标的基础上,根据基于水量、水位关系理论方法,采用相关方法评价地下水允许开采量,得到满足基于耗水的水均衡条件的开采量作为地下水允许开采量。假设预测期内年开采量不变,设置不同的年开采量情景条件进行预测,模拟稳定开采条件下地下水系统运行的情况,并根据对应的水量均衡方程确定长期的水量、水位指标。

(4)基于耗水(ET)的地下水水量、水位双控

根据地下水双控选择的技术方法,收集整理相关数据,包括自然 ET 和人工 ET 相关数据,计算现状耗水(ET)量,确定目标耗水(ET),结合现状耗水(ET)、目标耗水(ET)、地下水约束条件以及不同地区目标 ET 与地下水管理方案,采用耗水(ET)调整措施包括规划改变下垫面条件、调整种植结构、改变产业结构、改进地下水取水、输水、用水方式、

工业用水工艺、节水以及循环水利用等,减少耗水(ET)至目标耗水(ET),进而对地下水水量和水位进行控制。研究了基于耗水(ET)的地下水水量、水位控制理论与方法以及具体耗水 ET 调控措施。

(5) 基于耗水(ET)的地下水水量、水位监测及效果评价

针对耗水(ET)的调控措施实施后地下水水量和水位监测及效果评价工作,对于地下水水量,要进行全区地下水水量的监测统计,以评价地下水水量与目标水量的达成度;对于水位,利用布设的水位监测井进行水位动态监测,以评价地下水水位与目标水位的达成度。水量和水位的监测、统计和评价要考虑丰、平、枯水年份,特别是水位目标的制定,对于丰水年要确定水位变幅的最低值,对于枯水年要确定水位变化的最高值。

基于具体耗水(ET)的水量、水位监测及效果评价方法,得出耗水(ET)量和地下水位、水量的关系,则基于耗水(ET)的水量、水位双控即是在相关调控机制、控制原则以及相关环境地质问题产生机理下,控制来自降水的自然消耗和开采地下水产生的消耗,以达到控制地下水水量和水位的目的。

2. 示范应用

根据示范区的水文地质条件,建立浅层地下水系统数值模型,对渗流区域进行剖分,采用有限差分法,进行矩形网格剖分。研究表明,对浅层潜水的研究程度相对较高,由于各种自然因素造成比较复杂的水文地质条件,并且在人为因素的较大影响之下,浅层地下水更容易受到影响,因此,在本次模型调试与识别的过程中,主要以浅层地下水的效果为主。利用已经收集到的监测井资料,可以通过监测井长观孔的拟合进行识别验证。长观孔的拟合可以归纳为 2 种:一种是拟合情况较好,模拟水位和实际观测水位相差较小,能够较好地反映出该点水位动态趋势;另一种是,模拟水位与实测水位始终有一定的差距,但变化趋势大体一致。潜水含水层实测与模拟拟合流场在研究区的北部磁河区域和南部广袤的平原灌溉区拟合得较好,说明模拟的各水文地质参数与实际情况相差较小,而在中间区域,即滹沱河两岸地带模拟水位与实际水位有些差距,说明有些相关系数及河流流量等与实际有些差距,但总体趋势一致。经过识别验证后,设置不同植被种植结构和用水灌溉方式(即不同农业耗水量)等情况,将地下水耗水量等内容输入到模型中,进行不同方案下地下水位和水量预测,达到优化种植结构和用水结构的目的,提出地下水位和水量调控的方案,并进行水量、水位调控。

在预测模型中,假设研究区内地下水进一步压采措施,降水入渗补给量采用多年平均降雨数据,地表用水和地下水开采保持 2015 年的标准,农业开采地下水 14 950 万 m^3,

工业开采地下水 2 954 万 m³,生活开采地下水 8 908 万 m³。从 2018 年,每年 9 月开始向滹沱河内进行生态补水,注水流量为 10 m³/s,补给总水量为 6.5 亿 m³。

项目的实施增强了地下水管理的计划性、灵活性和可控性,促进地下水管理和考核更科学,对落实最严格水资源管理制度考核要求、遏制地下水位快速下降、改善地下水环境具有积极意义。

3.2.3 工业园区和灌区基于 ET 控制的水会计和水审计示范(藁城区)*

3.2.3.1 研究背景和意义

随着我国人口的增长和经济的发展,水资源危机日益突出,水量分配争议不断升级,全面改革我国水资源管理体制已势在必行。从 2012 年开始,我国实行最严格水资源管理制度,把取用水总量指标分配到省、市、县三级,严格控制取用水量。党的十八届三中全会上党中央明确提出我国要健全自然资源产权制度,推行水权交易制度;并提出探索编制自然资源资产负债表,对领导干部实行自然资源资产离任审计,建立健全生态环境损害责任终身追究制。这一系列政策措施的出台,都表明我国对更准确持续水核算信息的需求逐渐增长,要求提高可及性、改善质量、转变信息结构、反映管理者对自然资源管理责任的战略需求。在这种情况下,改革水信息收集、处理和报送的方式就成为大势所趋,我国应用管理经济的方式来严格管理珍稀的水资源的挑战已迫在眉睫,研究建立水会计报告制度的意义重大。

会计是一种有效的经济管理手段,通过其反映和控制职能,实现对资源的有效使用。因此,将会计与水资源管理相结合,就产生了水会计的研究思想。水会计是运用会计学的理论和方法来研究水资源管理问题,尽管我国也已开展了涉水会计体系的理论研究和实务工作,但是依据现有研究成果来看,大都集中在水统计核算方面,这些研究在统计主体、信息利用、水权市场建设方面存在一定的差距。结合国际研究情况看,目前澳大利亚已研究出来比较系统完整的水会计核算理论和方法。这是一种利用会计学理论和方法,专门核算微观涉水主体的水的赋存和变动的会计,无论在理论上还是方法上都极具创新性。与水会计方法相比,我国的水统计方法主体是政府,核算信息缺乏参与交易的权属主体,同时不能为水权交易双方或潜在的交易双方提供决策有用的信息,对水权交易市场的建设起不到一定的促进作用,而水会计方法,则恰恰能弥补这些不足。

---

* 由温立平、吕韦光、王玥、黎扬兵、杨新民执笔。

从流域水量平衡关系看,流域水量平衡包括出、入流域水量、蒸腾蒸发量(ET)、土壤水以及地下水蓄变量等,其中只有蒸腾蒸发量(ET)才是流域内水资源的净消耗量。基于此,世界银行水资源专家提出,在资源型缺水地区,只有控制住了流域的ET量,才能从根源上控制水的损耗,才能实现流域的"真实"节水,从根本上解决水资源匮乏地区的水资源问题,由此,全球环境基金(GEF)水资源与水环境综合管理推广主流化项目提出实施基于耗水(ET)的水资源与水环境的综合管理策略。为实现基于耗水(ET)的水资源与水环境的综合管理策略,需要对取水户、行政区域或流域的涉水经济社会活动全过程包括供水、取水、用水、耗水、退(排)水的要素进行会计核算。为保障水会计核算的工作质量和规范水会计报告的编制,制定本技术指南与水会计示范。

从我国的实际情况来看,建立中国水会计准则体系,不但可以完善我国水会计核算体系,丰富我国水资源管理知识体系,更重要的是有助于我国水权、水市场的建设。在河北省节水灌溉项目区开展工业园、农业灌溉水会计核算示范,以基于耗水(ET)的水资源管理理念为基础,融入水会计的水资源管理思想,以点带面,开展相关研究与示范,对于提高国内水资源利用效率,促进水资源的优化配置,实现我国水资源的精准利用和水权制度改革意义重大。

本项目的主要研究意义体现在以下方面:

(1) 对管理者来说,基于耗水的水会计报告编制可以通过水会计摸清取水户的用水、耗水现状,加强用水科学管理,提高取水户的用水管理水平,促进取水户合理用水、节约用水,提高水资源利用率,保护水资源。

① 通过水会计,管理者可以收集有关取水户用水、耗水现状的基本情况,包括用水的技术水平和管理现状以及各流程的实际耗水情况。如:供排水管网分布情况,各类用水设备、设施、仪器、仪表分布及运转状态,用水耗水总量与各用水耗水单元之间的定量关系和用水、耗水目标,以及建立用水、耗水考核制度和奖惩制度等。

② 管理者可以对取水户的用水、耗水现状进行合理化分析,依据掌握的资料和获取的数据,通过对取水户相关用水、耗水指标的计算、分析、评价,找出用水管理的薄弱环节和节水潜力,制订出切实可行的技术、管理措施和规划。

③ 管理者可以根据水会计报告提高取水户的用水效益,提高用水管理水平;根据相应的整改措施,健全用水三级计量制度,堵塞跑、冒、滴、漏,提高取水户的节水水平和用水效率与效益;同时可以把用水、耗水指标层层分解下达到各用水单元,把计划用水纳入各级承包责任制或目标管理计划,定期考核,调动各方面的节水积极性。另外,管理者还

可以依据水会计核算结果,对照同行业节水先进企业用水标准,采取管理手段和技术措施,有效提高用水管理水平,促进水资源的高效利用。

④ 管理者可以完善取水户的用水耗水档案,对于水会计工作中搜集的有关资料,包括原始记录、实测数据、分析成果(图、表、文字材料)等,按照有关要求进行汇总、处理,即可形成一套完整翔实的用水耗水档案资料。

⑤ 通过开展水会计工作,可以提高取水户全体职工,特别是用水管理人员的节水意识,有利于提高取水户的节水管理、节水水平和节水管理人员的业务技术素质。

(2) 对于使用者来说,基于耗水的水会计报告编制是加强用水、耗水管理工作的基础,用水单位能够通过水会计健全三级计量仪表,掌握用水耗水现状,对用水与耗水进行合理化分析,找出用水管网和设施的泄漏点,建立用水耗水档案,为合理用水、科学用水、节约用水、减少耗水、提高用水效率提供基础数据支撑。

① 编制基于耗水的水会计报告可以为取水户实施节水改造提供依据,取水户通过水会计报告,可以查清用水、耗水和节水现状,地面及地下供水管网、计量仪表安装、污废水的排放和处理情况,管网漏失水量情况等。通过对取水户特别是工业企业生产过程中的取、用、耗、排水量进行计量和分析计算,找出薄弱环节。同时根据企业用水耗水状况,通过与国内外同行业的先进企业进行比较,即可发现用水工艺与用水管理水平等方面的差距,从而明确技术改造方向,制定节水管理规划和整改策略,为引进节水工艺设备进行节水技术改造奠定基础。

② 编制水会计报告可以为用水单位制订用水定额、耗水定额提供基础资料,用水单位通过水会计报告可以掌握整个企业甚至产品的用水耗水情况,为制订和修订完善行业、产品的用水定额与耗水定额提供翔实准确的第一手资料。

(3) 对社会发展来说,最严格水资源管理制度、河长制等水资源管理制度和创新的落实情况,均需要相应的考核制度和标准。以水会计理论为指导编制的水会计报告,既能反映水流量平衡,又能反映水权责平衡,最终将反映水价值平衡。水会计报告可以作为水资源资产负债表基础或者内容,能够利用水会计核算所提供的涉水生产经营活动对水资源利用的合理性和有效性进行控制,使之达到预期目标的功能,同时还可以反映相关领导干部水资源管理受托责任,支持相关制度落实效果的考核,既是对在国家有关法律、法规、政策、制度范围内进行正常水资源利用的监督,也是加强内部管理、实现水资源高效利用和节约利用目标的需要。水会计报告主体可大可小,水会计报告期间可长可短,使得水会计能够充分适应我国对水资源实行流域管理与行政区域管理相结合的管理体制。

（4）对于我国水会计体系发展来说，当前国内关于水资源核算、水资源统计报告和水资源资产负债表编制等研究如火如荼，既反映出水资源管理对理论方法创新的需要，也为水会计理论建设提供了基础。基于耗水的水会计操作手册/技术指南通过对现有研究的总结，按照符合我国国情和管理政策的要求，结合我国水资源及其管理现状和会计理论，重新构建了以不同涉水主体为框架的水会计核算体系，并将实际耗水融入其中，既是对原有水会计核算体系的继承和发展，也是对水资源管理考核手段的创新，有利于依托会计理论、通过水会计报告全面反映一个涉水主体的水资产、水负债、水权益、水收益、水支出和水流量变化。

3.2.3.2　研究内容与成果

本项目聚焦于实际耗水（ET）与我国新时代水会计发展现状，以基于耗水的水资源管理理念为基础，按照符合我国国情和管理方式的要求，厘清各水会计要素之间的关系，构建了按照管理者、供水者、用水者为不同核算主体的水会计核算体系，提出了基于耗水（ET）的水会计核算方法，编制了基于耗水（ET）的水会计操作手册/技术指南及工业园和灌溉基于耗水（ET）控制的水会计示范报告，项目具体内容如下：

1. 基于我国国情构建中国特色水会计理论体系

本项目在已有相关研究的基础上，融合水资源管理、会计、经济等多学科知识，应用系统论、信息论等方法论，系统梳理有关水会计的理论脉络，厘清各水会计要素间的逻辑关系，最终按照我国行政体系中的管理者、供水者及用水者关系构建了全新的水会计核算框架，并在核算之后加入水审计的相关内容，可供不同的涉水主体参照使用。

2. 聚焦耗水（ET），形成水会计技术指南

传统的水会计更多的是着重于取水户的用水而不是耗水，其要素核算结果对于控制耗水不能起到有效的作用，未能从根源上控制水的损耗，不能从根本上解决水资源匮乏地区的水资源问题。本项目主要聚焦于各取水户的耗水情况，通过对供水、取水、用水、耗水、排（退）水全过程进行水会计要素进行核算，并对各涉水主体的用水耗水情况进行审计，最终形成以控制用耗定额、促进水资源的优化配置、提高"真实"节水水平为目标的基于耗水（ET）的水会计操作手册/技术指南。

3. 以工业园为例示范编制工业水会计报告

工业企业水会计报告编制，是在对工业企业涉水生产工艺分析的基础上，对企业取水、用水、耗水、排水等涉水过程进行全过程分析，通过采集或记录各生产工艺、生产线或生产

产品等涉水全过程的日记数据,编制水会计报表并在对报表进行分析的基础上,编制工业企业水会计报告,为工业企业管理者或相关部门水资源有效管理、高效利用科学决策提供技术支持。通过多次深入石家庄市踏勘及现场调查,依据工业企业用水工艺、排水方式、计量设施等情况,以及节水减排项目等诸多因素,通过多方论证,选择"中粮可口可乐饮料(河北)有限公司"(简称"可口可乐公司")为工业水会计报告编制示范点主体,以工业生产用水耗水为例首次探索编制了完整的工业水会计报告,并对该企业的用水耗水情况进行了从水平衡测试、节水性评估、生产工艺先进性评估等多方面的会计报表分析。

4. 以地表水、地下水灌区为例示范编制农业水会计报告

农业水会计报告编制,按照不同的涉水主体,通过设置不同级别的水会计科目以及相应的辅助科目,反映农田灌溉涉水水会计要素的变化全过程,包括取水、输水、耗水和退水过程,从而反映农业灌溉用水的用水效率、灌溉用水效益和灌溉用水水平,为农业灌溉用水管理、节水灌溉技术推广等提供帮助,为农业灌溉水权交易、水市场发展和水生态文明建设奠定基础。根据水会计理论框架,结合相关理论成果,以典型性、便利性和准确性为原则,从我国水资源管理现状出发,通过多方论证,分别确定了以地表水灌区为代表的"元氏县八一灌区赵村"和以地下水灌区为代表的"藁城区永安村灌区"为农业水会计报告编制示范点主体,首次探索编制了更具代表性、更符合我国国情的完整农业水会计报告。

5. 引入虚拟水水足迹,加强对地区水资产负债的核算评估

本项目通过引入虚拟水概念,将涉水主体的生产、供销活动与水资源的消耗和污染联系起来,再联系地区水资产负债的变动与核算,可以对区域的水资产及水负债进行更准确的评估,提高了当地用水户对水资源的总体消耗和污染的认识,为管理者对进一步供水资源战略管理、政策制定提供指导性文件,对促进水资源的持续高效利用和生态环境保护具有重要意义。水足迹是一种衡量用水的指标,不仅包括消费者或生产者的直接用水,也包括间接用水,可以看作有别于作用有限的传统取水计量指标而能衡量真实水资源占用的综合评价指标。本项目通过引入对水足迹的核算,为区域用水户各种活动对水资源的占用提供了明确的时空信息,同时也为讨论和制定可持续和公平用水耗水政策提供了理论支撑,也可为当地环境、社会和经济影响评价奠定良好的基础。

6. 基于 ET/EC/ES 提出水会计核算的措施

基于 ET/EC/ES 进行水会计核算,即为通过探索用水主体的 ET/EC/ES 目标设计方法,对水会计报表中实际的供水、取水、用水、耗水、退(排)水以及节水全过程按照规定科目进行水会计核算,加强用水(耗水)总量控制管理、用水(耗水)定额管理、退(排)水管

理和节水管理,将科学用水和人类活动与基于 ET/EC/ES 的水资源与水环境综合管理有效衔接,建立流域水资源与水环境综合管理模式,对我国实施水资源与能源高效利用以及环境友好生产方面的改革与发展意义重大。

3.2.4 在农民用水户协会开展科学灌溉管理示范(晋州市)*

3.2.4.1 示范概况

在全球环境基金(GEF)水资源与水环境综合管理主流化项目支持下,在实践中摸索与总结出一套科学的区域耗水管理方法,丰富与完善农业灌溉制度。基于 ET 的耗水理念与节能减排和农田减排,实践一种减少 ET 与减排的灌溉技术、灌溉方法、灌溉制度,特别是水利、农艺、管理等 3 大综合节水措施相结合建设耗水和减少碳排放的方法、措施、技术,以应对和适应气候变化。

按照《节水型社会建设"十三五"规划》的要求,针对石家庄地区存在的地下水超采区水资源与水环境问题,结合示范点大力发展高效农业、节水农业、低碳农业的建设重点,紧紧围绕实现农民增产增效、农业高效节水、农田低碳减排的目的,通过农业内部种植结构调整,管灌、滴灌、微喷灌等高效节水灌溉技术及管理措施的推广,灌溉用水定额指标及灌溉制度调整优化,科学灌溉管理制度改革各项措施的落实,突出区域特点,健全制度、规范管理。在各示范点区域内,实现科学灌溉制度能使农民经济效益提升,节水技术大力普及,基础设施配套完善,群众节水意识明显增强,用水户积极参与用水管理,水资源高效利用,农业节能减排的目的。

以河北省地下水压采治理为目标,全面推进节水型社会建设。加强节约用水宣传教育,提升全社会节水的自觉性和自律性;完善节水体系和节水制度,建立健全政府调控、市场引导、公众参与的节水机制,规范用水行为。通过推进产业结构调整,优化水资源配置,推广节水技术等措施,提高水资源利用效率和效益。完善用水计量、监测、调控等管理措施,促进生产方式的根本性转变,为全面推进节水型社会建设发挥示范带动作用。

项目通过引进和应用 GEF 主流化项目开展的基于耗水(ET)控制的地下水高效利用模式化和地下水超采区最严格水资源管理创新方法研究成果,开展科学灌溉管理示范,进一步检验、丰富和完善 GEF 主流化项目的研究成果,提高区域地下水超采区综合治理节水灌溉方式的利用效率,健全科学灌溉管理机制。

---

* 由郭乙霏、张利平、张艳军、尚瑞朝、祝志勇、张欢、王长仲执笔。

结合项目研究成果及示范区实际情况,拟通过基于农户的科学灌溉方法、基于农户的科学灌溉制度、基于农户的水利农艺管理措施、基于农户的降耗减排理论方法与实践等方面进行示范。示范主要内容包括:

(1) 确定试点村主要作物适宜的农田高效节水灌溉方式及管理措施。根据当地的农业生产基础资料,包括主要种植作物、灌溉用水定额、灌溉制度、灌溉方式面积比例及管理措施、社会经济等现状资料,集合 ET 数据、产量等数据。要基于当地经济允许条件、政府的思路以及实施农业面积,结合当地规划及节水目标,因地制宜推荐适合当地的主要灌溉方式及相应的农田管理配套措施,配合使用零星的其他灌溉方式。

(2) 确定试点村的地下水适应性灌溉定额和灌溉制度。通过实地调研调查,获取示范区所有作物(5 大类)现状实施的灌溉定额、灌溉制度,同时进行地下水可开采量和灌溉需水量之间的匹配,合理确定不同作物的地下水适应性灌溉定额,综合灌水方式、管理措施、灌溉定额等,确定加入农业、生物措施、低碳减排措施等管理措施后的适合当地的科学灌溉制度。

(3) 制定适合试点村的农民用水户协会科学灌溉监管制度。加强村级农民用水户协会职能,将当地实行的以机井为单位的几家几户管理模式纳入进来,结合农民技术培训、农村宣传推广,将示范推广的科学灌溉制度以机井为单位,落实到每户以及地块。

3.2.4.2 示范过程

通过 2017 年 11～12 月开展完成的踏勘及资料搜集工作,包括项目区内农作物、水利、土地、土壤、农业、水资源、社会经济等基本资料,结合村庄土地利用类型、种植结构、用水结构、灌溉方式等情况,集体规模化种植模式以周家庄乡第九生产队为示范典型村,散户种植模式以小樵镇田村为示范典型村。周家庄乡第九生产队试点村为集体规模化种植模式,示范面积 45 亩(30 000 m²),选定一个机井及覆盖的灌溉地块。小樵镇田村试点村为散户种植模式,示范面积 20 亩,选定一个机井及覆盖的灌溉地块,选取 5～6 家农户。示范区的主要种植结构主要以冬小麦-夏玉米一年两熟的种植模式为主,这种模式产量高,但同时水资源的消耗也高,且农户经济收益低,示范推广将采取冬小麦-夏玉米一年两熟的种植模式。

1. 农田小区试验结果分析

2018～2020 年在农田小区开展了为期两年多的冬小麦-夏玉米轮作综合肥效试验,针对试验目的,将试验区划定为 54 个小区,每个小区面积为 120 m²(8 m×15 m),随机排列。按照不同的耕作灌溉制度设计试验,试验因素为灌水量、施肥量及耕作方式,共 18个试验组合,每个组合安排 3 个试验小区进行,灌水量采用畦灌方式,设计 3 种水平,即当地习惯灌水量的 120%(高水)、100%(中水)、80%(低水);施肥量采用沟施方式,设计 3 种水平,即当地习惯施氮量的 120%(高肥)、100%(中肥)、80%(低肥);耕作方式分别为深耕和旋耕。试验过程中对相关的气象参数、土壤养分、土壤含水率、地温、土壤 CO_2、N_2O 排放通量、产量与干物质量、作物生育期耗水量及水分利用效率等要素进行测定和计算。

采用田间定位试验和理论分析相结合的方法对不同灌溉制度下作物 ET、产量和温室气体排放进行研究,通过对不同作物、不同灌溉方式、不同灌溉水量、不同耕作措施、不同施肥等不同试验组合条件下试验田的土壤含水率、土壤容重、降雨量、灌溉量、碳氮排放、产量及生物量等项目进行田间定位跟踪测定,结合农田水量平衡方程计算作物 ET,并测算水分生产效率,另结合对试验田土壤质地和有机质含量的测定,分析揭示不同灌溉制度下不同作物的土壤含水率变化、ET 变化规律、温室气体变化规律。

根据灌水量的不同(高水、中水、低水),分别研究了在高水、中水、低水 3 种不同试验条件影响下的不同施肥方式(高肥、中肥、低肥)、不同灌溉方式(管灌、覆膜灌溉、滴灌)、不同耕作方式(深耕、免耕、旋耕)下的不同作物的蒸发蒸腾规律以及土壤温室气体的变化规律。得出以下结论:

(1)在仅有降雨水分补给条件下的作物 ET 特性。耕作农田夏玉米、冬小麦的作物生育期内 ET 的阶段变化规律呈现一定的相似性,主要表现为:作物蒸发蒸腾强度随生育阶段呈现出先增大后减小,并且均在气温最高、降雨最集中的 8 月份达到最大值。其中,耕作农田夏玉米全生育期的 ET 值为 281.99 mm,蒸发蒸腾强度最大值为 3.22 mm/d,水分生产效率为 1.86 kg/m^3;在降雨条件下,由于土壤水分仅靠降雨补充,土壤水分供给不足,3 种土地利用方式下作物蒸发蒸腾量也较低。并且降雨是影响土壤结构变化的重要因素。

(2)降雨与灌溉水分补给条件下的作物 ET 特性。灌溉夏玉米、冬小麦、累积蒸腾蒸发曲线的斜率较小,生育中期曲线斜率较大,生育期末曲线变缓,斜率较小。表明作物蒸发蒸腾强度在生育期内随时间先增大后减小,在生育中期达到峰值。其中,灌溉夏玉米生育期的 ET 值为 346.08 mm,蒸发蒸腾强度最大值为 6.6 mm/d,水分生产效率为 2.20 kg/m^3;冬小麦全生育期的 ET 值为 387.71 mm,蒸发蒸腾强度最大值为 6.51 mm/d,水分生产效率为 1.60 kg/m^3。与仅考虑降雨条件相比,土壤水分相对充足,作物蒸发蒸腾耗水增加,水分生产效率明显提高。并且灌溉对土壤结构的变化影响较大,尤其是第一次灌溉。

（3）降雨、灌溉与地下水水分补给条件下的作物 ET 特性。冬小麦全生育期内累积蒸发蒸腾量与生育时间基本呈线性关系，全生育期的累积蒸发蒸腾量为 387.71 mm，平均蒸发蒸腾强度为 1.72 mm/d；夏玉米在全生育期内蒸发蒸腾强度经历了缓慢上升、快速上升和逐渐下降 3 个阶段，且在 8 月中旬日蒸发蒸腾强度达到最大值 7.06 mm/d，全生育期的累积蒸发蒸腾量为 521.42 mm，水分生产效率为 2.56 kg/m^3。与只考虑降雨以及综合考虑降雨和灌溉相比，地下水的补给增加了土壤水分的来源，因此，生育期 ET 值与蒸发蒸腾量强度都有了明显的增大，说明地下水补给对作物 ET 值具有较大的影响，水分生产效率明显提高。

（4）膜上灌溉、膜下滴灌、无地膜覆盖 3 种措施下夏玉米生育期内 ET 变化特性。玉米生育的各阶段中除生长发育最旺盛的 8 月时渗水地膜覆盖下夏玉米累积蒸发蒸腾量比覆盖普通地膜、无地膜覆盖下大之外，其他生育时期均最小；3 种措施下蒸发蒸腾强度变化规律保持一致，生育前期蒸发蒸腾强度逐渐增加，生育中期时蒸发蒸腾强度快速增大，生育后期逐渐减小。无地膜覆盖夏玉米全生育期 ET 值为 246.40 mm，水分生产效率为 1.80 kg/m^3；普通地膜覆盖玉米全生育期 ET 值为 238.47 mm，水分生产效率为 1.96 kg/m^3；渗水地膜覆盖玉米全生育期 ET 值为 232.24 mm，水分生产效率为 2.15 kg/m^3。地膜覆盖措施能够有效减少作物蒸发蒸腾耗水量，并且渗水地膜覆盖下效果比普通地膜覆盖更明显，节水增产效益更高。

（5）小麦-玉米轮作农田生态系统全年土壤 CO_2 排放具有明显的季节变化特点，表现为夏季出现最高值，春秋季较低，冬季降为最低。玉米季土壤 CO_2 排放均大致呈现先增加后减少的趋势，排放峰值出现于播种施肥和每次灌水、降雨之后。在 4、5 月份气温回升到最高，且降雨集中在 4、5 月份，小麦生长旺盛根系呼吸强度大，微生物活性强。小麦各处理土壤 CO_2 排放季节性波动较大，各水肥处理变化趋势比较一致。越冬期第一次出现值峰，主要是越冬水灌溉，增加了土壤水分。第二次峰值出现在拔节至灌浆阶段。越冬期土壤 CO_2 排放通量一直较低，是因为冬季低温且小麦生长缓慢。冬小麦成熟阶段，CO_2 排放逐渐减少，处于较低水平，可能是由于小麦根系逐渐衰老使根系活力下降，同时土壤水分减少也使 CO_2 排放通量降低。

（6）不同水肥处理下，冬小麦-夏玉米轮作体系农田土壤 N_2O 排放具有明显的季节变化规律，主要表现为夏季出现最高值，春秋季较低，冬季降为最低。进入秋季后气温逐渐降低，土壤 N_2O 排放通量随之逐渐降低，降雨依然很多，促进了土壤无机氮含量的增加。小麦各处理土壤 N_2O 排放季节性波动相对来说较小，各水肥处理变化趋势比较一致。苗期第一次出现峰值。第二次峰值出现在拔节至灌浆阶段。越冬期土壤 N_2O 排放通量一直较低,是因为冬季低温且小麦生长缓慢。冬小麦成熟阶段,N_2O 排放逐渐减少、处于较低水平,可能是由于土壤中无机氮含量和土壤水分减少也使 N_2O 排放通量降低。土壤 N_2O 排放通量出现峰值,是由于灌越冬水导致土壤水分骤增,从而引起土壤 N_2O 排放急剧增加。由于夏秋季降雨量较多,玉米季各处理土壤 N_2O 排放出现了多个峰值,其中主峰值出现在出苗至拔节阶段,次峰出现在玉米拔节期至抽雄期、抽雄期至灌浆期,其他时期排放水平较低。

2. 示范模式优选

经过对 2 年大量的农田小区实验结果分析,优选出节水农业模式和低碳农业模式,以此为范式,于 2020 年 10 月 13 日～2021 年 10 月 20 日开展了冬小麦和夏玉米的种植示范工作。采用的科学灌溉制度如表 3-15 和表 3-16 所示。

表 3-15 冬小麦科学灌溉制度

种植模式	播种面积（亩）	灌溉方式	总灌溉定额（m^3/亩）	生育期灌水量（m^3/亩）			施 肥	耕作方式
				越冬	返青	拔节		
节水模式（$W_{0.8}F_{1.0}$）	20.79	袖带灌＋畦灌	130	40	50	40	当地施肥量100 斤/亩	旋耕秸秆还田
低碳模式（$W_{0.8}F_{0.8}$）	19.3	喷灌	130	40	50	40	减肥 20%80 斤/亩	旋耕

表 3-16 夏玉米科学灌溉制度

种植模式	播种面积（亩）	灌溉方式	总灌溉定额（m^3/亩）	生育期阶灌水量（m^3/亩）			施 肥	耕作方式
				出苗	拔节	灌浆		
节水模式（$W_{0.8}F_{1.0}$）	20.79	低压管道＋袖带灌溉	95	25	35	35	当地施肥量80 斤/亩	免耕秸秆还田
低碳模式（$W_{0.8}F_{0.8}$）	19.3	低压管道＋袖带灌溉	95	25	35	35	减肥 20%64 斤/亩	免耕秸秆还田

周家庄乡九生产队示范面积 45 亩,选定一个机井及覆盖的灌溉地块;监管以生产队为单位,统一管理,按照拟定科学灌溉制度,严格执行管理,落实到具体的机井、地块。小樵镇田村村示范面积 20 亩,选取 5、6 家农户。散户种植模式以村里统一监管为核心,将村委会与协会相结合,共同监管。将灌溉灌水定额、灌溉制度、灌溉方式及管理措施、机

井维护等落实到每个机井、农户及地块。

3.2.4.3 示范效果

对示范区内不同作物的需水量、耗水量、农业产量、产值和水分生产率进行分析,将经济效益(总净产值最大)、社会效益(作物产量最大水分生产效益最大)、生态效益(碳氮减排效果最大)及综合效益(认知程度)作为评估目标。

1.水分利用效率分析

在同一灌水量水平下,水分利用效率与施肥量成反比;从整体上看,灌水量处于中低水平时水分利用率较高;半干旱地区玉米水分利用效率的影响受制于降雨量,较低的施肥量可获得理想的水分利用效率,高施肥量会造成土壤水分的大量消耗,降低作物的水分利用率(见表3-17)。

表3-17 不同水肥处理方式下冬小麦-夏玉米水分利用效率表

水肥组合方式	$W_{1.0}F_{1.0}$	$W_{0.8}F_{1.0}$	$W_{0.8}F_{0.8}$
冬小麦	2.19	1.97	1.92
夏玉米	2.38	2.69	2.63
周　年	2.28	2.33	2.27

2. 作物产量分析

在灌水量较小时,产量随着灌水量的增加而增加;冬小麦产量与整个生育期总耗水量间均呈抛物线关系相符合;一定范围内增加冬小麦的灌水量具有增产作用,但灌水量过多会导致籽粒产量显著降低(见图3-18)。

表3-18 不同水肥处理方式下冬小麦-夏玉米产量表

水肥组合方式	$W_{1.0}F_{1.0}$	$W_{0.8}F_{1.0}$	$W_{0.8}F_{0.8}$
冬小麦	551.05	501.05	476.05
夏玉米	532.46	547.14	561.81
周　年	1 083.51	1 048.19	1 037.86

3. 碳氮排放分析

与标准灌水施肥量($W_{1.0}F_{1.0}$)相比,$W_{0.8}F_{1.0}$水肥组合下的CO_2-eq减少了11.9%,水分利用效率提高了2%;$W_{0.8}F_{0.8}$水肥组合下的CO_2-eq减少了12.67%,水分利用效率基本不变(见表3-19)。

表 3 - 19　不同水肥处理方式下冬小麦-夏玉米 CO_2 - eq 排放量

水肥组合方式	$W_{1.0}F_{1.0}$	$W_{0.8}F_{1.0}$	$W_{0.8}F_{0.8}$
冬小麦 CO_2	7 741.0	7 246.8	6 138.8
冬小麦 N_2O	2.57	2.28	2.52
夏玉米 CO_2	7 222.1	6 013.2	6 118.3
夏玉米 N_2O	0.566	0.456	0.49
周年 CO_2 - eq	15 897.63	14 075.33	13 154.08

4. 主要结论

本次示范工作以华北平原冬小麦-夏玉米轮作体系为例,开展了不同灌溉技术、灌溉方法和灌溉制度处理模式下的冬小麦-夏玉米农田开展耕作试验,主要结论如下:

(1) 冬小麦在旋耕条件下的 N_2O、CO_2 累计排放通量比深耕条件下分别减少 26.38%和 18.56%。夏玉米在旋耕条件下 N_2O、CO_2 累计排放通量比深耕条件下分别减少了 16.42%和 12.33%。

(2) 冬小麦生长期内 N_2O 排放通量主要表现为夏季出现最高值,春季较低,冬季出现最低值,施肥量对冬小麦土壤 N_2O 排放通量影响均达到显著水平。夏玉米在生长期内土壤 N_2O 排放通量出现了多个峰值,峰值大多出现在灌溉后。灌水量和施肥量对夏玉米土壤 N_2O 排放通量影响均达到显著水平。

(3) 冬小麦生长期内土壤 CO_2 排放通量与土壤表层温度呈正相关,灌水量和施肥量对 CO_2 排放通量影响均达到显著水平。夏玉米在生长期内土壤 CO_2 排放通量峰值集中出现在出苗至拔节和抽雄至抽丝 2 个阶段,灌水量和施肥量对 CO_2 排放通量影响均达到显著水平。

(4) 在同一灌水量水平下,水分利用效率与施肥量成反比。从整体上看,灌水量处于中低水平时水分利用率较高。$W_{0.8}F_{1.0}$ 水肥组合下的 CO_2 - eq 减少了 11.9%,水分利用效率提高了 2%;$W_{1.0}F_{0.8}$ 水肥组合下的 CO_2 - eq 减少了 13.2%,水分利用效率提高 3.79%;$W_{0.8}F_{0.8}$ 水肥组合下的 CO_2 - eq 减少了 12.67%,水分利用效率基本不变。

总的来看,不同水肥组合方式下的产量、水分利用效率和碳排放量各不相同;选择中低灌水量以及较低施肥量可以在保证产量的前提下,显著减少土壤的碳氮排放,减缓温室效应,节约用水量。示范表明:合理的水肥组合模式可以在保证粮食产量的前提下降低农业土壤碳排放,这对于减缓大气中温室浓度的升高,可为应对气候变化提供科学合理的灌溉制度。

3.2.5 基层水利服务体系建设政策研究与水价改革示范(以石家庄晋州市为试点)[*]

3.2.5.1 研究背景

我国基层水利界定在县及县以下的水利,包括县、乡镇、村3个层级,是水利事业的基础力量和重要组成部分。基层水利服务体系是提供水利服务的基层组织体系,是基层水利工作的组织保障。基层水利服务机构搞得好的地区,基层水利工作就干得好,而基层水利服务机构搞得不好的地区,农村水利建设的计划、任务将难以得到有效落实,会形成业务管理上的断层和空白,产生明显的体制性障碍。基层水利服务体系直接服务于农业、农村和广大农民3个方面,关系到水利工程和水环境治理工程效益的充分发挥,更关系到农民权益保护和农村的社会和谐稳定。

传统意义上的基层水利,服务更多的是指农田水利。关于农田水利,国际上又统称为灌溉与排水,是指为增强抗御干旱洪涝、改善农业生产条件和农民生活条件、提高农业综合生产能力、保护与改善农村生态环境服务的水利措施。而其对于农村饮水用水、农村排水与污水治理、农村环境治理等方面没有涵盖进去,因此,需要对基层水利的内涵进行延伸。

随着新时代的发展,传统意义上的农田水利已经适应不了时代的要求,所以我们对基层水利(或农村水利)的内涵进行了拓展延伸。新时代基层水利服务体系以乡村振兴为己任,紧紧围绕统筹推进"五位一体"总体布局和协调推进"四个全面"战略布局,坚持农业农村优先发展总方针,按照产业兴旺、生态宜居、乡风文明、治理有效、生活富裕的总要求,以大力发展基层水利为手段,服务于农业、农村和广大农民,以"三农"水治为目标,服务内容包含4大部分:农业(灌溉、防汛、抗旱、农业设备建设与管护)、农村供水用水安全(供水、饮水)、农村水生态治理(排水、污水治理)、农村人居环境整治。

在新形势下,如何更好地构建县级以下农村基层水利服务体系,构建怎样的基层水利服务体系,已成为各级政府和广大农民群众十分关注和迫切希望研究解决的焦点问题。进一步重视和加强县级以下基层水利服务体系建设,并有效地开展公益性服务和公共管理工作的要求,任务越来越必要,也越来越紧迫。

2011年中共中央发布中央1号文件《中共中央国务院关于加快水利改革发展的决定》(中发〔2011〕1号);2012年水利部、中央机构编制委员会办公室、财政部联合发布《关

---

* 由吴长文、樊艳丽、王罕博、程一鸣执笔。

于进一步健全完善基层水利服务体系的指导意见》（水农〔2012〕254号），国务院办公厅出台《国家农业节水纲要（2012～2020年）》（国办发〔2012〕55号）；2014年，水利部《关于加强基层水利服务机构能力建设的指导意见》（水农〔2014〕189号）和水利部、国家发展改革委、民政部、农业部、工商总局等五部门联合发布《关于鼓励和支持农民用水合作组织创新发展的指导意见》（水〔2014〕256号）；2016年，国务院办公厅出台《国务院办公厅关于推进农业水价综合改革的意见》（国办发〔2016〕2号），国家发展改革委、财政部、水利部、农业部四部门发布《关于贯彻落实〈国务院办公厅关于推进农业水价综合改革的意见〉的通知》（发改价格〔2016〕1143号）；2018年，国家发展改革委等四部门印发《关于加大力度推进农业水价改革工作的通知》（发改价格〔2018〕916号）；2019年，国家发展改革委等四部门印发《加快推进农业水价改革》（发改价格〔2019〕855号）。近年来，国务院办公厅、国家发展改革委和各部门就基层水利服务体系建设及农业水价改革出台多项政策文件，这些文件从多个维度和方向论证和强调了基层水利服务体系建设及水价改革的重要性以及如何推进基层水利服务体系建设及农业水价改革等内容。

开展全球环境基金水资源与水环境综合管理主流化项目，将基于耗水量（ET）、环境容量（EC）相结合的先进综合管理理念付诸实践，需要在项目区按照国家有关基层水利服务体系建设的政策要求，加强农村基层水利服务体系建设，确保县级以下基层水利服务管理人员和农民代表广泛积极参与并提供有效服务，为项目成功实施提供基层组织保障。同时，积极探索农业水价形成机制，建立定额内用水优惠水价制度和超定额用水累进加价制度，积极探索农业水价综合改革，寻找有利于促进农业节约用水、有助于建立地下水超采区综合治理的长效机制。

3.2.5.2 研究内容与成果

全球环境基金水资源与水环境综合管理主流化项目基层水利服务体系建设政策研究及基层水利服务管理体系建设与水价改革示范项目工作任务大纲（Term of Reference，TOR）要求，本项目研究结合我国社会治理和乡村治理概念和内涵，调查国内外基层水利体系及农民用水者协会建设研究现状，通过融入ET管理理念，提出了基于层次分析法对基层水利服务体系现状的综合评价、基层水利服务体系建设的典型模式构建，以及"超用加价"模式的农业水价格综合改革等系列内容。根据项目任务大纲，研究（示范）主要内容包括以下方面：

（1）通过文献调查及政策文件的解读，理解我国社会治理和乡村治理的概念与基本内涵;明晰我国社会治理与乡村治理的动态发展历程;并明确新时期我国社会治理的目标和乡村治理的核心。深刻领会乡村振兴内容,并以此把握农村水利治理是乡村治理重要内容这一主题。

(2)调查国内外基层水利服务体系研究现状,通过差异化比较,明确了我国基层水利体系的内涵及发展现状。通过分析我国基层水利服务体系的发展历程,归纳总结了新时期基层水利服务体系的性质和职能,并提出新时期基层水利服务体系建设的方向和基本模式。

(3)文献调查总结农民用水户参与农业灌溉的国内外发展历程,通过各类政策文件、新闻资讯,明确农民用水者协会的发展历程及存在的问题,从而提出新时期农民用水者协会的发展方向。

(4)通过明确农业 ET 管理内涵,厘清基层水利服务体系、农民用水者协会与 ET 管理的关系,从农户层面提出农户行动参与 ET 管理。

(5)通过对农业水价格深入调研,总结国内外农业水价格改革的历程及存在的问题。将 ET 管理理念与农业水价格改革相结合。并指出新时期农业水价格改革的目标、方向与基本模式。

(6)项目通过选择典型示范区,在分析示范区现状基层水利服务体系上,构建适合于示范区的基层水利服务体系。提供了构建"一站式"基层水利服务体系,建立以片区服务中心为纽带,"三驾马车"(基层水利服务机构、专业化服务队伍、农民合作组织)协同治理的运行体系示范实施方案,用以解决示范区目前基层水利服务体系中存在的问题。其中,实施方案的主要内容包括在分析基层水利服务体系建设现状调查的基础上,构建考核其服务能力和质量的量化指标和模型,从综合程度、服务广度、服务深度、群众满意程度、效益费用等角度,对当前的农村基层水利管理服务机构和组织的服务效用和服务能力进行定量分析,为农村基层水利服务体系的创新和深化改革提供相关数据支持;针对基层水利服务机构、农村供水机构(Water Supply Company,WSC)等专业化服务队伍和农民用水合作组织(Water User Association,WUA),研究设计三者的运营管理、经费保障、服务提供机制、能力建设等,设计基层水利服务体系运行机制,构建农村基层水利服务体系建设的典型模式,拟定农村基层水利服务体系建设保障政策,重点是针对农村供水机构(WSC)、农民用水合作组织(WUA)等基层水利管理服务组织,在开展耗水控制管理、科学取水用水指导、量水设施运行维护等方面的职能分工、工作运行机制、联动服务机制、经费保障渠道、能力培训等。

3.2.5.3 研究成果

项目选择典型示范区,在对项目区进行农业水价深入调研基础上,提出在项目区进行农业水价改革,建立分类差异化、阶梯式水价制度,提出"超用加价"水价改革模式。设立了节水奖励基金,通过"以奖代补"方式给予奖励。并结合水权交易平台,建立了节余水量政府回购机制,对节水的农民用水者协会、基本农户和新型农业经营主体给予奖励。实施农业用水补偿制度,并以区域农业用水控制标准作为补偿依据。在试点示范区实行农业用水量总量控制与定额管理,在终端用水环节实行分类水价和超定额累进加价制度;科学合理确立农村水权,并建立水权交易平台。结合建立水量计量智能化基层系统,建立起农业用水精准补贴和节水奖励机制,推行节水灌溉。

本项目旨在梳理和理解我国乡村治理与乡村振兴政策内涵,结合农村改革创新和管理体制深化改革,对我国县级以下基层水利服务体系建设与完善工作进行探索性研究,构建基层水利服务体系建设模式,提出基层水利服务管理体系建设保障政策,以便推动基层水利管理服务组织更好地开展耗水控制管理,提供科学取水用水指导、水利设施运行维护等方面的服务。选择典型案例地区,分析基层水利服务体系建设现状与问题,构建适合案例区的基层水利服务体系,建立典型的村级农民用水协会,完善协会各项规章制度,包括制定农民用水协会章程、确定农民用水协会主要职责、明确农民用水协会组织机构和人员组成、建立村级基层水利专业维修队伍以及制定农民用水协会管理制度等,以确保建立完整、具有广泛代表性、能发挥典型示范引领作用的基层水利服务体系。

建立典型示范区,积极探索农业水价形成机制,建立定额内用水优惠水价制度和超定额用水累进加价制度,积极探索农业水价综合改革,将有利于促进农业节约用水,有助于建立地下水超采区综合治理的长效机制。进一步推进农业水价综合改革,需在示范区改革工作中不断探索、勇于创新,充分发挥理论研究的支撑作用,从供给侧和需求侧两个方面齐抓并进。从供给侧方面,要完善供水计量设施,优化管理结构,完善供水管理,提高农业供水效率和效益。从需求侧角度,一是加强种植结构、灌溉技术和农技农艺等方面的农田用水管理;二是建立农业水权制度,实施农业用水总量控制和定额管理;三是建立健全农业水价形成机制,探索实行分级、分行、分类和分档水价;四是建立精准补贴和节水奖励机制,在农业水价综合改革中更好地调动农民节水积极性。

对于基层水利服务体系建设政策研究及基层水利服务管理体系建设与水价改革示范项目实施,我们要明确基层水利服务体系建设是一项宏伟的系统工程,涉及三级政府机构（县、乡镇、村）、准公益化服务组织以及各种形式的农民合作组织，既要符合各方利益关切，也要保障基层水利工作高效运行，需要出台一系列保障政策，并确保贯彻落实。

农业水价综合改革是提高水资源利用效率、实现农业耗水（ET）管理、落实最严格水资源管理制度的一种经济手段，需要进一步完善水权交易市场、合理确定农业水权，并且与科学灌溉、水权交易内容相结合，在广大农村进行政策普及和宣传教育。

3.2.6　基于 ET 的用水权与交易示范（晋州市）*

3.2.6.1　项目主要任务

1. 基于耗水（ET）的水权交付及交易政策研究

落实最严格的水资源管理制度，对农田灌溉用水实行总量控制和定额管理相结合的制度，建立适用于地下水超采区的水权分配与交易机制，促进地下水保护的农业水价政策和调控机制，推动水资源的合理高效利用，为缓解地下水超采和改善生态环境提供支撑。研究内容包括：

（1）基于耗水控制的用水权配置原则和方法，水权配置到用户层级。

（2）基于耗水控制的用户水权分配指标核算方法，建立基于耗水的用户水权指标调整机制。

（3）基于耗水控制的水权交易规则与机制。

（4）基于耗水控制的可交易水权指标核定方法。

（5）促进地下水保护的农业水价政策和调控机制，包括水价、水资源费测算等。

2. 基于 ET 的用水权分配与交易示范

以石家庄晋州市项目区为试点，通过在项目区开展可耗水量（ET）分配初始水权、确权登记、建立水权交易制度，以及交易场所和完善水权管理制度等有关内容，为地下水超采区基于耗水（ET）的用水权交易提供参考与借鉴。研究内容包括：

（1）在石家庄晋州市项目区选择 1、2 个农民用水者协会（WUA）进行试点示范，按照基于耗水控制的用水权配置原则和方法，开展基于耗水控制的用户水权分配指标核算和可交易水权指标核定。

（2）在石家庄晋州市试点示范项目区探索建立基于耗水控制的水权交易规则与机制，在支斗渠进口处或井水出口处安装量水设施，建立水权交易系统。

＊　由常戈群、伍黎芝、陈向东、王玥执笔。

（3）开展石家庄晋州市试点示范项目区农业用水配置系统及农业阶梯水价与补贴政策研究。

（4）建立石家庄晋州市试点示范项目区水权管理和考核评价机制，加强试点示范项目成果应用推广与宣传指导工作。

3.2.6.2　技术路线

技术路线如图 3-18 所示。

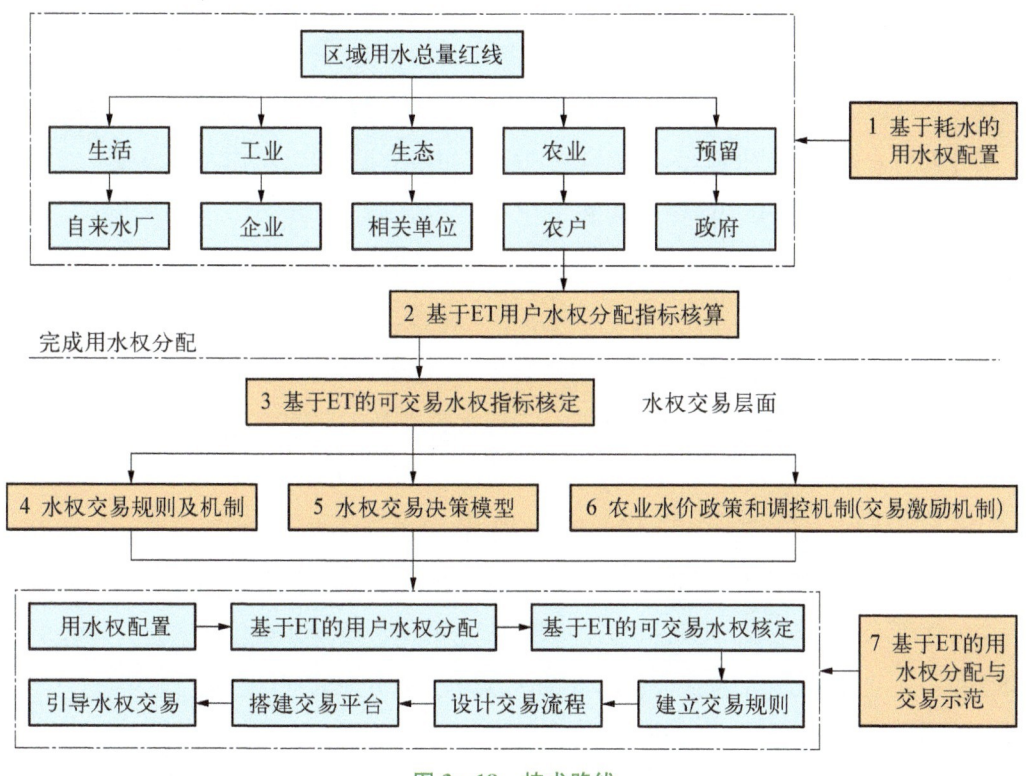

图 3-18　技术路线

3.2.6.3　项目成果

项目为落实最严格的水资源管理制度，对农田灌溉用水实行总量控制和定额管理相结合的制度，建立适用于地下水超采区的水权分配与交易机制，促进地下水保护的农业水价政策和调控机制，推动水资源的合理高效利用，为缓解地下水超采和改善生态环境提供支撑。项目主要研究内容包括基于耗水控制的用水权配置原则和方法、基于耗水控制的用户水权分配指标核算方法及分配方案、基于耗水控制的水权交易规则与机制、基于耗水控制的可交易水权指标核算方法、促进地下水保护的农业水价政策和调控机制、基于 ET 的用水权分配与交易示范。

1. 基于耗水控制的用水权配置原则和方法

项目提出了基于区域—行业—用户的用水权和耗水指标配置方法。水权分配的思路为：首先明确区域用水权益，区域用水权即区域用水总量控制指标和跨界江河水量分配方案。其次核定各行业分配水量，生活以近 3 年实际用水量平均值确定合理的人均日用水量，结合现状人口总数分配；工业以万元工业增加值用水量、单位产品用水量等计算水量；生态通过人口及人均生态用水定额分析；政府预留原则上不超过总分配水量的 5%；农业为区域可分配水总量扣除预留水量、合理的生活、工业和生态环境用水量后的剩余水量，按各农户确定的灌溉面积进行分配，以行业水权分配给农业水量为控制总量，平均分配到总灌溉面积中，即为分配给农户的亩均用水量，乘以农户占有的灌溉面积的数量，即可得到每户所分配的用水总量。

耗水指标分配首先需确定区域目标 ET。目标 ET 指在区域内，满足经济持续发展与社会建设要求的可消耗水量，也就是耗水的天花板。项目基于水量平衡的"自上而下法"，从区域整体角度出发，推求目标 ET。目标 ET 包括不可控 ET 和可控 ET，不可控 ET 为用于水域、林灌草地和未利用土地中的降水的蒸腾蒸发，项目通过遥感反演与模型模拟计算得出。可控 ET 为人类活动可以消耗的最大可耗水量，其中居工地的人工用水 ET，先利用分行业定额法计算居工地的用水总量，再通过耗水率法计算得到居工地的人工补水 ET；农业灌溉 ET 为扣除居工地的生活、工业、生态的耗水量，农户耗水按各农户确定的灌溉面积进行分配，即由亩均耗水量（农业可耗水量减去有效降水量再除以总灌溉面积），乘以农户占有的灌溉面积的数量，得到每户所分配的可耗水量。

2. 基于耗水控制的用户水权分配指标核算方法及分配方案

农户水权指标即为设计到斗口断面的取水指标 Q_{im}，项目在农户水权指标的基础上，增加了农户的 ET 控制指标。ET 控制指标即农户可以消耗的最大水量，用于控制灌溉的实际耗水量。通过 ET 用户分配指标可以推算用户可取用水量，即基于 ET 控制的农户水权分配指标 $Q_{农}$，是可允许最大耗水量对应的取水指标。

由于只有取水量可以直接监控，可以将基于耗水指标核算的用户水权指标 $Q_{农}$ 作为取水指标。出现现状取水分配指标 Q_{im}（即现状用户水权指标）和基于 ET 耗水指标的用户水权分配指标不相匹配时，将 ET 指标作为核心。

当 $Q_{农} < Q_{im}$，$Q_{im} = Q_{农}$；

当 $Q_{浓}>Q_{im}$，$Q_{im}=Q_{im}$。

项目认为有必要建立取水指标的调整制度，即当发现区域、取水单位和个人、用水户的产生的 ET 和退水量超过分配的指标时，相应地减少下一年度（下一轮次）的取水指标。需要在取水许可的有关法律法规中明确，管理机构有权根据 ET 监测结果对取水指标进行调整，从而有效控制水资源消耗。

项目同时提出了水权指标监管制度，其中取水指标的监管包括做好取水工程核实、建立完善取水监管制度、加强基础设施建设；耗水指标的监管包括耗水指标监管机制、基于遥感的 ET 监测；退水指标的监管包括建立退水监测机制、加强退水工程设施建设、加强退水污染综合管理。

3. 基于耗水控制的水权交易规则与机制

可交易水量主要来源于区域节余水量，即以区域用水指标为基础，在年度或一定期限内节余的水量；取水户的取水权，对于无偿取得的取水权为通过节水措施节约的水资源，对于有偿取得的取水权为合法取得的部分或全部取水权；政府持有的水权，包括政府回购或有偿收储形成的储备水权，区域预留的用水指标、新增用水指标等；农户或农村集体组织用水权，即农户或农村集体组织全部或部分的用水权。

基于耗水的可交易水权核定在宏观层面上，当区域农业现状实际 ET 小于区域农业分配的目标 ET 时，农业 ET 允许被进一步增加，即可以增加相应的灌溉水量，除用于转让给新增灌溉用水户外，可增加的灌溉水量也可用于低于或同等耗水水平的工业企业新增用水。该可增加的灌溉水量即为基于 ET 行业控制指标的可交易的水量，可根据现状实际 ET 与目标 ET 反推取水量的差值进行推算。从微观层面上，研究提出可基于交易耗水变化评估的可交易水权指标分析，当区域现状实际耗水达到或超过区域目标 ET 时，在进行水权交易时，需要评估交易带来的耗水量变化，耗水量减少或不增加的交易是被允许或鼓励的；当区域现状实际耗水未达到或超过区域目标 ET 时，在进行水权交易时，也需要评估交易带来的耗水量变化，耗水量增加的水权交易是要被限制交易水量的。

研究提出了基于 ET 控制的水权交易规则，明确水权交易前要评估测算交易引起的耗水量变化，提交耗水评估材料。若测定水权交易方案完成后 ET 耗水量增加的，则需要重新制定和评估水权交易方案、耗水评估材料。当区域现状实际耗水未达到区域目标 ET 时，在区域内用水单位希望通过水权交易获得水资源时，需要从交易水量方面限制低耗水转让方向高耗水受让方的交易。当区域现状实际耗水接近或超过区域目标 ET 时，在进行水权交易时，允许耗水量不增加的交易；鼓励耗水量减少的交易；禁止耗水量增加的交易。当区域现状实际耗水接近或超过区域目标 ET 时,提倡转让方通过休耕或退灌还水方式出让水权,转让方减少 ET 耗水达到原耗水量 60% 以上的,根据耗水减少程度在交易价格上给予不同程度补贴。预留专项资金用于增加河湖生态流量或减少地下水开采的政府水权回购。

研究开展了水权交易价格研究,分析得出影响水权交易价格的关键因素,具体包括:① 自然因素:水资源的分布有极强的时空不均匀性,水资源越稀缺,水权价格也越高。② 经济因素:社会经济发展水平越低,则水权交易主体能承受的水权交易量也越少,对应的水权价格相对较低。反之,则越高。③ 工程因素:包括工程设施规模、工程状况、供水保证率等。④ 生态与环境因素:水质的下降会减少水资源的多功能性,打破水资源的供需平衡,造成"水质型缺水",从而影响到水权价格。⑤ 交易期限因素:水权交易期限越长,该过程中不可控因素增多,可能出现的风险越大,水权交易价格也就越高。⑥ 社会因素:由于我国由计划经济体制转变成了市场经济体制,水权市场市场化的程度对水权价格有着关键性的影响。对于农业-工业间水权交易,《水权交易管理暂行办法》提出,需要根据补偿节约水资源成本、合理收益的原则,综合考虑节水投资、计量监测设施费用等因素确定交易价格。因此,考虑成本是农业-工业间水权交易定价的主要机制,工程因素就成为影响农业-工业间水权交易价格的主要因素。农业-工业间水权交易总成本应涵盖节水工程建设费用、节水工程和量水设施的运行维护费用、节水工程的更新改造费用、工业供水因保证率较高致使农业损失的补偿、必要的经济利益补偿和生态补偿等。此外,还有必要的税费等,其中,节水工程建设费包括渠道砌护费及配套建筑物费、边坡整修费、道路整修费、道路绿化费、临时工程费及其他费用等。节水工程和计量设施的运行维护费用是指新增灌溉渠系的防渗砌护及各类设施等新增工程的运行、维护费用;节水工程的更新改造费用是指当节水工程的设计使用期限短于水权交易期限时所必须增加的费用;工业供水因保证率较高致使农业损失的补偿,即因设计保证率的不同,在枯水年为保证工业用水而减少农灌用户用水所造成的农作物收益减少,需给予农民一定的补偿;经济利益补偿成本是指经济发展水平在很大程度上影响着水权交易价格,对水管单位给予必要的经济利益补偿;生态补偿成本是由于水权交易造成的生态变化,应该由水权交易项目进行生态补偿;风险补偿成本是指水权交易期限越长,该过程中不可控因素增多,可能出现的风险越大,水权交易价格也就越高。工业企业间、农户间水权交易有集市型特点,对多个买家和多个卖家的报价进行定期统一匹配,频率可以是 1 周,形成市场的均衡价格。在形成指导价方面,以实现的交易水量最大为原则,通过多用户出价排序方式进行交易撮合,确定水权交易指导水价。在该交易机制下,水权交易的成交价格为边际卖家与边际买家的算术平均价格。集市型算法的撮合过程包括:首先将集市中所有卖家的出价按升序排列,所有买家的出价按降序排列;其次依次计算集市中累积的买水量和卖水量;最后当累积水量接近,且临界线处买家出价大于卖家出价,将临界线处买卖双方,即边际卖家与边际买家出价的平均价格作为市场均衡价格。

研究设计了基于耗水控制的水权交易方案,其中灌溉用水户水权交易的主体是指灌区内农户以及用水组织。本次示范实施的灌溉用水户水权交易,是将农业灌溉用水由高耗水农户向低耗水农户的有偿流转。灌溉用水户水权交易期限不超过 1 年的,不需审批,由转让方与受让方平等协商,自主开展;交易期限超过 1 年的,事前报灌区管理单位或者县级以上地方人民政府水行政主管部门备案。政府水权回购方一般是政府或者其授权的部门,回购对象一般只针对农业用水,即政府以一定的价格对灌溉用水户节余的水权进行回购,将节余灌溉用水转化为生态用水,有效降低耗水值,同时农户通过回购交易获得收益,有利于激发农户主动节水的动力。政府回购实施步骤主要包括政府回购水权交易方案编制与审批、政府回购水量统计、交易平台挂牌交易、资金结算等。

4. 促进地下水保护的农业水价政策和调控机制

国家层面,为建立健全农业水价形成机制,促进农业节水和农业可持续发展,2016 年 1 月 21 日国务院办公厅发布《国务院办公厅关于推进农业水价综合改革的意见》,文件中指出从分级制定农业水价、探索实行分类水价、逐步推行分档水价 3 个方面来建立健全农业水价形成机制。

地方政府层面,为规范农村供水用水活动,保障农村供水用水安全,维护农户和用水合作组织合法权益,加快农田水利发展,促进地下水资源保护,河北省有关部门在农业水价改革方面制定了"定额管理、超用加价的水价制度"和"一提一补农业水价收费政策"。

研究提出了水权管理与考核评价机制,包括成立组织领导,加强协调合作,成立市水权管理与考核评价领导小组,组成水权交易基层服务组织。科学分工,逐村、逐水源工程落实水权交易,协调解决水权交易中的具体问题,层层签订责任书;强化目标考核,明确奖惩责任,全面实施基于耗水控制的水权交易制度考核,建立水权配置和耗水控制目标责任制,完善考核评价体系,突出双控要求和突出节水考核要求;健全交易体系,实现"两手"发力;坚持政府引导、市场主导的原则,用政府行为推进水权分配,为水市场的发育创造条件;发挥舆论宣传作用,提高节水意识,结合晋州市农业水价综合改革工作的推进,充分利用大众媒体、协会宣传栏广泛开展宣传工作,提高广大市民的水权意识和节水认识。

3.2.6.4 基于 ET 的用水权分配与交易示范

1. 晋州市水权及 ET 指标分配

研究得出晋州市地表水可利用量为 0;南水北调水量为 2 430 万 m³,浅层地下水开采量为 8 454 万 m³。生活分配水量按照 10% 的管网漏失率折算到供水厂,水量为 1 455 万 m³;工业分配水量按近 3 年实际平用水量方式核定,为 1 173.3 万 m³;生态用水以非常规水为第一水源,晋州市非常规水能够满足全县生态环境用水需求,不占用可分配水量;晋州市预留水量只考虑生活需水增量,为 51.3 万 m³;农业可分配水量为 7 804.4 万 m³。进一步将行业用水指标确权到用水户,生活用户水权确权到各水厂,按照人均合理用水量与各水厂供水人口的乘积计算;晋州市规模以上工业用水企业共计 315 家,以近 3 年实际平均用水量为企业水权;生态环境水权为近 3 年年平均合理用水量,确权到园林绿化管理局;晋州市各乡镇、行政村农业水权及农业终端用水户水权等于亩均水权量与对应耕地面积的乘积。

研究采用区域水平衡分析方法,分不同地下水超采程度,考虑外调水的 3 种情况,设计 5 种方案计算晋州市目标 ET,经过比选,$P=50\%$、$P=75\%$ 目标 ET 分别为 494.47 mm、422.08 mm。晋州市不可控 ET 采用分布式水文模型和遥感分别计算,分布式水文模型根据 WEP-L 模拟,$P=50\%$、$P=75\%$ 的不可控 ET 分别为 203.91 mm、156.17 mm。基于遥感空间降尺度方法估算:其不可控 ET 值与 WEP-L 模拟值相近。根据总目标 ET 与不可控 ET 计算结果,得出 $P=50\%$、$P=75\%$ 可控 ET 为 290.56 mm、265.91 mm。

根据晋州市水权分配结果,晋州市生活分配水量为 1 455 万 m³。扣除按照 10% 的管网漏失率折算到城镇集中供水厂的水量,城镇生活用水与农村生活用水量为 1 322 万 m³。本次计算生活耗水率取 0.30,则生活耗水量为 6.41 mm。

晋州市工业分配水量为 1 173.3 万 m³。考虑晋州市工业结构,以及工艺水平,工业耗水率取 0.35,则工业耗水量为 6.63 mm。

晋州市生态用水量为 450 万 m³,若不利用再生水,则本次计算中景观用水的耗水率取 0.90,生态耗水量为 6.54 mm。考虑到晋州市污水处理厂实际日处理能力可达到 6 万 m³,污水经处理后年均再生水排放量达到 2 153 万 m³;生态环境用水量,以非常规水为第一水源,能够满足全县生态环境用水需求,则生态耗水量分配问题再讨论。

农业耗水采用自上而下农业耗水分配、自下而上计算灌溉耕地 ET、基于遥感数据的实测灌溉耕地 ET 对比分析,自上而下方法分配的农业耗水 ET 略高于自下而上方法所得，这表明分配用水能够满足区域种植结构耗水量需求，可供种植作物正常生长；遥感实测农业耗水 ET 远大于分配 ET 值，表明 ET 指标分配处于合理范围，能够有效控制农业灌溉 ET 消耗，减少无效消耗，从而节约水资源。

研究对基于耗水的水权指标核算，用户指标核算可由农业最大可耗水量反算取水量，并与已分配的农业用水权作比较，当出现取水指标和 ET 指标的分配不相匹配时，则将农户 ET 指标作为刚性耗水约束。在示范实施时，选取晋州市东里庄镇安家庄村进行村级范围示范工作，根据晋州市水权及 ET 指标层级配得到安家庄村分配结果，得出安家庄村分配耗水指标为 18.48 mm，核算水权为 24.99 万 m³。

2. 晋州市基于耗水控制的水权交易规则

分析得出基于耗水不提倡与推荐水权交易类型。不提倡如下情况的交易：灌溉用水户水权交易，当转让方采用田间节水方式；灌区与工业企业交易，当灌区作为转让方采取渠系节水方式；取水权交易，当受让方为高耗水产业。推荐如下情况的交易：灌溉用水户水权交易，当转让方采用休耕方式；退还灌溉用水、取水权交易，当受让方为低耗水产业；灌溉用水户水权交易，当转让方通过改为旱作作物节水；受让方为生态用水的交易，如地下水水权回购、跨区域调水交易、水源置换的交易。

3. 晋州市数据库搭建及 APP 开发

水权确权数据库，实现用水户信息、地亩数、亩均水量、耗水指标、取水指标、水权登记的登记入库与数据管理。

在水权确权数据库的基础上，搭建水权交易系统并开发手机 APP，实现用户注册、交易申请、信息公告、交易撮合、资金结算及交易鉴证等功能，具备开展取水权交易、灌溉用水户水权交易、政府回购等不同类型水权交易的系统条件。

4. 水权交易案例

（1）成安县水权回购。2017 年 3 月及 2019 年 6 月，成安县开展了 2 次政府回购。2017 年成安县回购节余水权额度 31.09 万 m³，回购金额 6.2 万元。2019 年回购节余水权额度 13.12 万 m³，回购金额 2.6 万元。成安县政府回购水权的实施，提高了农业用水户节水意识，有效降低了当地耗水，推动了地下水超采区治理工作的有效开展，提升了基层水行政主管部门对通过市场机制参与水资源管理的认识。

（2）元氏县灌溉用水户水权交易。经村级用水者协会宣传动员，在元氏县水利局及中国水权交易所的共同指导、审核下，苗庄村、西郝村、东韩台村多位用水户参与到了灌溉用水户水权交易中，2019 年、2020 年累计成交灌溉用水户水权交易 47 单，交易水量

10 879 m³。灌溉用水户水权交易将以往单纯依靠奖补进行地下水压采的行政手段改变为政府制定指导价的市场化手段，上一年度节水的农户将节余水权转让给超用水的农户，获得了节水收益，激发了农户主动节水的内生动力，同时通过水权交易降低了当地实际耗水量，利用市场手段提高了水资源的利用效率和效益。

3.2.7 基于农户的 ET/EC/ES 管控技术与行动 [*]

3.2.7.1 研究背景

水是基础性自然资源和战略性经济资源，是生态环境的控制性要素，是人类和一切生物赖以生存的基本物质条件。我国总人口数占世界人口总数的 1/5，但可开发利用的水资源量仅占世界的 7%，人均淡水资源占有量 2 200 m³，仅为世界人均占有量的 1/4，我国被列为世界上人均水资源最贫乏的 13 个国家之一。近年来，随着我国工业化、城镇化、农业现代化加快发展，粮食增产区、重要经济区、能源基地等用水量的快速增长，工程性、资源性、水质性、管理性缺水问题长期存在，加之受全球气候变化影响，我国的水资源短缺形势日益严峻，伴生的水环境、水生态问题日益突出，对我国的可持续发展构成极大威胁。

2015 年 4 月，我国政府颁布了《水污染防治行动计划》（"水十条"），明确提出要以控制单元为主要载体，开展流域水环境质量目标管理，实现水资源与水环境的综合管理。2015 年 5 月，我国政府发布的《关于加快推进生态文明建设的意见》明确要求综合均衡水量、水质和生态的耗水需求，以最少的资源消耗支撑经济社会的可持续发展。然而，按照目前实行的"最严格水资源管理制度"，我国 2020 年、2030 年"用水总量控制目标"必须控制在人均大约 500 m³/a，按照国际标准属于"严重缺水"状态，那么在如此严苛的水资源约束条件下，如何统筹治理水资源、水环境、水生态保护问题，保障我国国家或区域粮食安全、促进工业进步和产业完整，实现经济社会可持续发展，是我国目前亟待解决的问题。

世界银行作为国际执行机构，并由我国生态环境部（原环境保护部）和水利部 GEF 项目办共同组织实施和管理的全球环境基金（GEF）水资源与水环境综合管理主流化（推广）项目提出了 3 大发展目标：① 耗水控制目标，即在耗水（ET）上限内发展生产，采取一切可能的方式高效用水；② 在环境容量（EC）上限内减少水污染排放；③ 生态服务（ES）上限内开展社会经济活动，这 3 项发展目标与我国正在实施的"三条红线"与"水十条"高度契合，GEF 主流化项目从 ET/EC/ES 的角度建立流域和区域水资源与水环境综合管理模式，对我

---

* 由张洪波、党池恒、王罕博、徐司女执笔。

国实施水资源与能源高效利用以及环境友好生产方面的改革与发展意义重大。

农业灌溉是国民经济用水耗水大户,农业生产也是生态与环境可持续发展的重要决定性因素,而农户则是基于 ET/EC/ES 流域水资源水环境综合管理的最基本的单位,也是最基层的执行和反馈点,是基于 ET/EC/ES 流域水资源水环境综合管理主流化项目成败的关键,在全球环境基金水资源与水环境综合管理主流化项目第七次检查团备忘录中,世界银行专家明确指出,亟须在农户层面落实基于 ET/EC/ES 的水资源与水环境综合管理方法相关行动措施上的加强研究,即探索基于农户的 ET/EC/ES 目标设计方法,将科学灌溉和农户活动与基于 ET/EC/ES 的水资源与水环境综合管理有效衔接,实现自下而上的目标支撑,完成水资源与水环境综合管理模式在农户层面的落地任务,实现 GEF 主流化项目 ET/EC/ES 应用过程"最后一公里"这一关键环节,因此,开展基于农户的 ET/EC/ES 管控技术与行动具有重要的意义。

3.2.7.2 研究内容和成果

本项目聚焦于基于 ET/EC/ES 的水资源与水环境综合管理模式在农户层面的落地问题,结合 GEF 主流化项目前期研究成果和国内外最新研究进展,提出了可供推广借鉴的基于农户的 ET/EC/ES 管控技术与行动方案,取得的研究成果分为以下几部分:

1. 构建了基于农户的 ET/EC/ES 目标值分配理论方法体系

(1) 明确了耗水(ET)、水环境容量(EC)、生态系统服务(ES)的基本含义,探究了 ET/EC/ES 和流域水资源与水环境综合管理的相关关系,包括:① 从水文循环视角出发,经水量平衡分析将流域或区域水资源实际消耗量(耗水)确定为蒸发蒸腾量,继而引申出资源型节水理念,并说明了控制 ET 对地下水超采区地下水位回升的重要作用;② 根据当前我国水污染治理基本情况,阐明了核算准确的水环境容量值和确定各控制区域或单元最大允许污染物排放量或削减量在水环境综合治理和管理规划中的关键作用;③ 结合当前存在的水生态破坏问题,充分说明了将生态系统服务纳入流域管理范畴、基于 ET/EC/ES 的水资源与水环境综合管理模式对解决复杂交织的水资源与水环境问题的重要意义。

(2) 厘清了 ET/EC/ES 与农户生产生活活动的互馈关系和作用路径,为实现 ET/EC/ES 在农户层面的下行分配奠定了理论基础。指出农村居民生活、畜禽养殖和农业生产均存在耗水过程,并着重对农田水分流失路径进行了详细说明,经分析认为农田灌溉水量主要消耗方式分为输水渠系蒸发、田间作物蒸腾和作物棵间蒸发;揭示了畜禽养殖是造成农村水环境污染的主要因素,并说明农药化肥流失和农村居民生活排污是造成水环境污染的重要影响因素;探明了农村居民生产生活活动与河流生态系统、农田生态系统、农村生活区生态系统的关联关系,指出了农户从河流引水或开采地下水如何影响水生态系统服务功能,农户从事农田种植活动,为作物提供良好的生存条件,对维持农田生态系统服务功能的作用机理,以及农户饲养畜禽在提供农村生活区生态系统服务中的关键作用。

(3) 通过对城市水循环系统、农村生活区(居民生活和畜禽养殖)水循环系统、农业种植区水循环系统、陆生生物水循环系统、河流水循环系统水量平衡方程的深度解析,探明了耗水(ET)和生态系统服务(ES)在各水循环系统中的作用机制,得到了以下四点结论:① 对于城市水循环系统,耗水量(ET)通常包括生活耗水、工业耗水及生态景观耗水 3 部分水量,其中生态景观耗水量等于维持城市生态系统服务(ES)功能的最小水量。② 农村生活区蒸散发量(ET)主要分为居民生活耗水量和畜禽养殖耗水量 2 部分,当农村生活区各部分正常运转,即用水、耗水、排水关系稳定,那么生活区的生态系统服务功能(ES)就是稳定健康的。③ 农业种植区耗水(ET)即为作物蒸散发量,一般情况下为获得作物丰收,实际消耗水量(ET)通常高于作物存活最小需水量,因此,可认为当满足作物蒸散发要求时,即保证了种植区生态系统服务功能(ES)。④ 对于陆生生物水循环系统,蒸散发量(ET)即为植被蒸散发量,此亦为维持陆生生物存活的最小水量(ES)。⑤ 河流水循环系统的蒸散发量(ET)即为河流水面蒸发量,由于水面蒸发面积较小,通常可忽略不计,当河流流量大于等于最小生态基流时,即认为该水量可维持河流及滨河生态系统健康(ES)。

(4) 基于农户层面考虑,本研究提出了实现基于 ET/EC/ES 三位一体的水资源与水环境系统治理的基本思路。农户生产生活活动与灌溉水循环系统、农村生活区水循环系统、河流水循环系统 3 者存在交互联系,但不能触及和直接影响城市水循环系统和陆生生物水循环系统。从农户层面考虑,系统降水量不可控制,当对农户生活及生产取水水量(地表水和地下水)加以管控,使其维持地下水和河流补排关系稳定,保证河流生态流量,即可保障河流生态系统服务功能;对灌溉水循环系统和农村生活区水循环系统的蒸散发量进行管控,在保证系统功能正常的基础上,降低了实际消耗水量,同时维持了生态系统服务功能;另外,如果对农户农业种植区和生活区污染物排放量实施管控,便可保证区域水环境质量健康。因此,只要对农户取水、耗水、排污行为齐抓共管,便可基本实现基于 ET/EC/ES 三位一体的水资源与水环境系统治理。

(5) 结合当前我国农户的基本情况,从农户角度考虑,提出了效率与公平的 ET/EC/

ES 目标值分配原则,同时提出了农户可理解、能认可的目标值分配依据,即农户总人口数和耕地面积。按照效率与公平的基本原则,并依据农户人口数和实际占用的耕地面积阐明了 ET/EC/ES 的分配机制。① 为保证每户居民的基本生活需求,按照农户人口数给农村居民生活分配 ET 指标;农户畜禽养殖 ET 目标值依据农村总户数平均分配获得,使每个农村家庭都享有公平的畜禽养殖权利;考虑到农户除持有按人口数分配获得的耕地面积,还拥有承包农村公共用地的权利,因此,农户农业灌溉 ET 目标值根据其占用的实际耕地面积分配获得。② 假设全部居民生活和畜禽粪污借由农田消纳,那么农村居民生活、畜禽养殖和农田种植均按照农户实际耕地面积分配目标 EC。③ 在满足农户生活及生产正常耗水的前提下,对农户取水水量(地表水和地下水)实施管控,即将 ES 转化为农户取用水量指标,根据农户人口数和耕地面积给农户分配取用水权,即可维持农田种植区、农村生活区和河流水生态系统健康平衡,保证生态系统服务功能正常。

(6)梳理得到了农户所熟知、能认可、可操作,且可有效支撑 ET/EC/ES 三位一体目标值分配的管控变量,包括农户生活取水量、畜禽养殖取水量、农田灌溉水量、畜禽养殖数目和化肥农药施用量。基于 ET/EC/ES 分配的指导思想、分配原则和分配机制,提出了 ET/EC/ES 目标值纵向分配路径,为最大限度表征 ET/EC/ES 三位一体的内在关联,本研究还构建了目标值系统动力学反馈机制模型,在 ET/EC/ES 3 条纵向分配链路之间搭建起横向关联,将理论化、抽象的 ET/EC/ES 目标值最终整合到农户层面的管控变量限额,基本形成了基于农户的 ET/EC/ES 目标值分配理论方法体系。

2. 构建了基于农户的 ET/EC/ES 管控技术与行动方案框架

(1)基于农户层面 ET/EC/ES 目标值分配机制和下行分摊路径,明确了为促进基于农户的 ET/EC/ES 目标值分配效果达成的管控抓手,即农户生活取水量、畜禽养殖取水量、农田灌溉水量、畜禽养殖数目和化肥农药施用量。本研究建立了管控变量和区域 ET/EC/ES 目标值之间的反馈互动关系,提出了偏差校正-系统反馈-目标重置的管控模式,即透过农户层面目标值管控成效,具体表现为地表水和地下水实际开采量和目标开采量、农药化肥实际施用量与施用量限额等的偏差程度,利用系统动力学的反向回馈链条实现偏差信息回溯,再经正向分配路径完成农户层面 ET/EC/ES 目标值重置校正。

(2)在系统总结 GEF 主流化项目前期或同期相关研究经验和国内外研究成果的基础上,提炼了不同农户主要生产、生活活动中有关取用水、耗水以及排污管控的技术成果与措施,并从压减水量、增产量、成本等多方面给出了指标量化提示,形成了可供农户能懂、能认可、能操作的管控技术集,分为农业种植区管控技术措施和农村居民生活区管控技术措施。依据 GEF 主流化项目所形成的节水灌溉实验成果与示范经验,综合对比了不同耕地类型、作物种植结构、灌溉方式、农业节水措施、灌溉制度在水量消耗、粮食产量、经济收益、温室气体排放量等多方面的效能及特点,如冬小麦-夏玉米一年两熟的传统种植结构,粮食产量和获得的经济收益最高,但同时水资源消耗量和温室气体排放量也最高。而采用春玉米一年一熟的种植结构,虽然作物耗水量最低且温室气体排放量最少,但同时拉低了粮食产量和农户的经济收益。相比冬小麦-夏玉米一年两熟、春玉米-冬小麦-夏玉米两年三熟、春玉米-夏玉米一年两熟三种作物种植模式,一年一熟的夏玉米种植模式下粮食生产量低,但作物生长需水量和排放的温室气体同样处于较低水平,另外还能保证较高的经济效益。调研了国内外农村生活和畜禽养殖方面节水措施和节水经验,归纳总结了符合我国国情的农村居民生活区节水措施,并对不同节水措施的效能与成本进行了评价,形成了可供农户选择或参考的农户生活与畜禽养殖节水措施集。

(3) 在深入分析 GEF 主流化项目在前期和同期的项目中的有关农业节水监测、机井管理、地下水双控、灌区耗水评价、水权交易、水会计、排污定额管理、基层水利服务体系等方面技术指南及制度体系建设工作的基础上,构建了农户层面 ET/EC/ES 管控的技术行动方案框架,使不同制度体系或管理方法在农户层面得到有机融合。例如,依据农户畜禽养殖、农村生活、农业灌溉的地下水开采压减量,将其划分为农户生活区机井取水压采量和农灌区机井压采量,考虑农户空间分布与分散取水的特点,确定生活区和农灌区任一机井的不同农户的压采量,通过计量设施,实施对农户生活及生产有效取水监控。依据农户生活区(居民生活、畜禽养殖)及农灌区实际提水量与确权登记水量之差额水量,在农民用水户协会层面实现农户与农户之间的水权交易。

3. 提出了基于农户的 ET/EC/ES 管控技术行动保障措施

本项目在梳理现有保障性制度体系建设的基础上,重点完善了水权交易制度、水会计制度以及基层水利服务管理体系等相关管理体系在农户层面的制度设计,深化了农户层面的管理与保障机制,形成了基于农户的 ET/EC/ES 的管控技术行动保障措施。例如,通过设置不同级别的水会计科目,反映农田灌溉涉水水会计要素的全过程变化情况,包括取水、输水、耗水和退水过程,进而体现农业灌溉用水效率、灌溉用水效益和灌溉用水水平,完善了水会计制度在农户层面的设计。

4. 制定了基于农户的 ET/EC/ES 管控技术与行动方案

以石家庄市藁城区永安村为典型案例区,在对永安村资料整理分析和现场调研的基础上,完成了永安村管控变量筛选和 ET/EC/ES 目标值分配等工作,验证了 ET/EC/ES

管控技术与行动方案在农户层面的科学性及实际可操作性,提出了永安村基于农户的 ET/EC/ES 管控技术与行动方案,并经研究认为永安村基于农户的 ET/EC/ES 管控技术与行动方案对类似的水资源短缺、地下水开采严重地区具有复制推广的潜力,同时明确了不同地区因资源禀赋不同而需要关注的问题,最终提炼形成了可供借鉴的基于农户的 ET/EC/ES 管控技术与行动方案。

4 项目成效与经验总结[*]

4.1 项目成效

基于 3E 融合先进理念研究编制滦河子流域和滹沱河子流域水资源与水环境综合管理规划,助力流域水生态环境质量综合改善。GEF 主流化项目作为种子基金与国内海河流域试点示范项目区"十三五"环保和水利部门配套工程项目共同发挥积极作用,产生了良好的环境效益、社会效益和经济效益,助力海河流域水质改善,渤海综合治理攻坚战取得阶段性成效。

4.1.1 项目阶段性成效

GEF 主流化项目实施以来,一是试点示范区域河流断面水质得到改善。2017~2020年间,承德市试点示范项目区河流断面水质达标率从 89.5% 提升到 100%,其中,2020 年 I~Ⅲ 类断面比例为 100%,无 Ⅳ~劣 Ⅴ 类断面。作为试点子流域,近年来,随着滹沱河生态修复工程完工,河北省石家庄市藁城区境内 32 km 滹沱河已全面进行了综合治理,建成水面 600 万 m^2,生态绿化 6 万亩,使滹沱河成为一条贯穿藁城水绿相间、生态休闲、亲水乐水、风景靓丽的生态廊道。二是入渤海的污染物排放总量显著削减。其中 COD 削减 13 892 t、NH_3-N 削减 1 483.9 t、TN 削减 861 t、TP 削减 98.5 t。三是农业节水成效明显,作物水分生产率显著提高。滹沱河子流域的 2 个农村试点示范地区石家庄市藁城区和晋州市农业水分生产率单位用水的粮食产量从 1.10 kg/m^3 提升到 2.03 kg/m^3,而河北省石津灌区的水分生产率从 1.10 kg/m^3 提升到 2.31 kg/m^3。四是地下水超采量逐步

---

* 由李宣瑾、张晓岚、王罕博、李红颖、李阳、田雨桐、赵丹阳执笔。

降低。石家庄市藁城区和晋州市地下水年开采量减少 16 900.29 万 m³/a。五是地下水位不断提升。石家庄市藁城区 14 个自动浅层水位监测井 10 个点位不同季节地下水位上升。项目创新实践成果得到国内外合作伙伴的认可,编制的基于 ET/EC/ES 的水资源与水环境综合管理模式操作手册/技术指南(中英文)将向黄河、海河、辽河流域以及全球广泛宣传和推广。

4.1.2 示范区具体实施效果

(1) 项目实施产出 11 项政策建议被纳入生态环境部门及水利部门制定的有关 EC 和 ET 控制政策体系内。

(2) 2 个试点示范区内(石家庄市、承德市)排入滹沱河和滦河的水污染物大量削减,2020 年,仅滦河流域 COD、NH_3-N、TN、TP 4 项污染物的总体削减量就达到 25 259.97 t/a、7 446.08 t/a、2 017.05 t/a 和 256.59 t/a,分别是 4 项污染物要求削减量的 3.1 倍、14.2 倍、3.0 倍和 3.0 倍。

(3) 2020 年石家庄市藁城区、晋州市小麦、玉米水分生产率平均值为 1.81～1.97 kg/m³,是目标值的 1.44～1.56 倍;河北省石津灌区小麦、玉米的平均水分生产率为 1.83～1.98 kg/m³,是目标值的 1.45～1.57 倍;内蒙古自治区河套灌区小麦、玉米粮食生产率平均值为 2.23～2.45 kg/m³,是目标值的 1.73～1.90 倍。

(4) 石家庄市藁城区和晋州市 2 个试点示范项目区的年净超采量 2017～2020 年累计减少 169.29×10^6 m³,是目标值的 2.23 倍。将水资源与水环境综合管理规划(IWEMP)方法推广应用于水利部规定的石家庄市、河北省石津灌区和内蒙古自治区河套引黄灌区面积为 28 928 km²,是项目评估文件(PAD)要求试点示范区推广应用总面积 1.02 倍;IWEMP 在生态环境部和水利部试点示范区推广应用总面积为 152 701 km²,是项目评估文件要求试点示范区推广应用总面积 125 380 km² 的 1.2 倍。

4.2 经验总结

4.2.1 基于 ET/EC/ES 的水资源与水环境综合管理理念与国家水资源刚性约束和生态文明建设的融合

习近平总书记指出,社会发展要把水资源、水生态、水环境承载能力作为刚性约束,贯彻落实到改革发展稳定各项工作中,纠正经济社会发展布局、结构和规模与水资源条件不协调问题,进而实现"以水定城、以水定地、以水定人、以水定产"要求。GEF主流化项目基于 ET/EC/ES(3E)建立流域水资源与水环境综合管理方法体系和制度,也具有极强的刚性约束特征和稳定性,对人类的行为进行了约束和控制,使其行为受限于确定的 ET/EC/ES(3E)目标值,及控制上限值,由政府作为约束主体,对水资源开发利用和节约保护设立边界条件,其核心就是把水资源作为刚性约束。到2019年,习近平总书记更加明确地指出,中国高度重视生态环境保护,秉持绿水青山就是金山银山的重要理念,倡导人与自然和谐共生,把生态文明建设纳入国家发展总体布局,努力建设美丽中国,这几年已经取得显著进步。因此,GEF主流化项目也具有了中国特色,中国特色水资源刚性约束理念、国家生态文明建设与 ET/EC/ES 水资源与水环境综合管理理念的融合,符合当前国家的发展要求和世界水资源与水环境发展的方向。

4.2.2 引入基于 ET 管控的 3E 目标管理技术规划,深化流域水资源与水环境综合管理

4.2.2.1 引入蒸腾蒸发(耗水)量(ET),实现耗水管理

GEF海河一期项目提出了蒸腾蒸发耗水管理(ET)的新理念,是水资源管理利用的创新点。蒸腾蒸发耗水管理是通过减少蒸腾蒸发(ET)来达到"真实节水"(从资源的角度节水而非用水的节约)。减少蒸腾蒸发可从3个方面来实现:加强水的管理、改变种植结构及对田间、土壤的相关措施,包括减少输水损失、科学灌溉、改良种子、改变种植结构、温室大棚、秸秆覆盖、休耕免耕等。

蒸腾蒸发耗水管理的先进性主要表现在:它是从水资源可持续利用的角度入手,而不仅仅着眼用水,它较传统的水资源管理方法目光更为远大。它用"耗水平衡"的理念、方法,替代了传统的夹杂了太多的人为因素的"供需平衡";它用"真实节水"着眼于水资源的节约替代了传统的更多着眼于"用水节约"的节水;反映了自然界水的循环过程中的水的真正消耗,可以使水资源得以合理地利用。

通过GEF海河一期和二期项目的实施和示范,基于ET的水资源利用理念在海河流域取得共识,开发应用遥感技术监测生态、环境、农业和城市区域中实际耗水量,建立了多个遥感蒸腾蒸发管理中心。基于该技术获得的数据,在流域层面结合实地调查获得的工业用水和生活用水的耗用数据,进行更可靠的水平衡分析。根据分析所得到的结果,

在分配能够确保流域内实现绿色可持续增长所必需的生态流量以及消除地下水超采的水资源的前提下,可得出不同用水行业各项经济发展活动的 ET 目标值(图 4-1)。基于 ET 的水资源管理技术和理念在海河流域示范区的成功应用,极大地改善了流域水资源和水环境状况,对流域增流、减污、生态修复起到了重要作用。

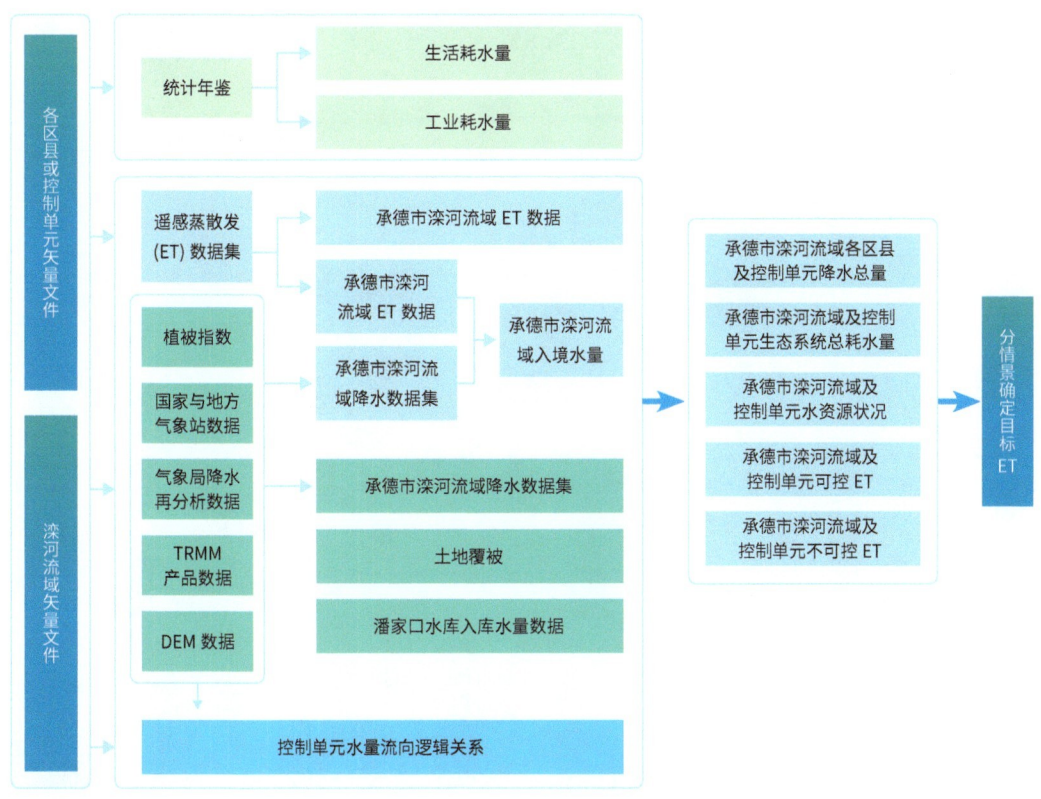

图 4-1　ET 研究技术路线图

4.2.2.2　引入环境容量(EC),开展 ET 管控下的水环境目标管理

EC 是在不影响某一水体正常使用的前提下,满足社会经济可持续发展和保持水生态系统健康的基础上,参照人类环境目标要求,某一水域所能容纳的某种污染物的最大负荷量或保持水体生态系统平衡的综合能力。

基于 ET 耗水管理下的 EC 目标值不仅与污染物排放总量相关,更与农业灌溉、工业和生活用水等各项人类活动的 ET 目标值密切相关。假定流域内人类活动的 ET 目标值降低,那么自然生态水量将会升高,减少的人类耗水将补给到河道增加生态基流,同时,人类耗水量减少可促进减少污染物排放量,在河道水量增加、污染物入河量减少的情况下,可利于水质提升。

EC 研究技术路线图如图 4-2 所示。

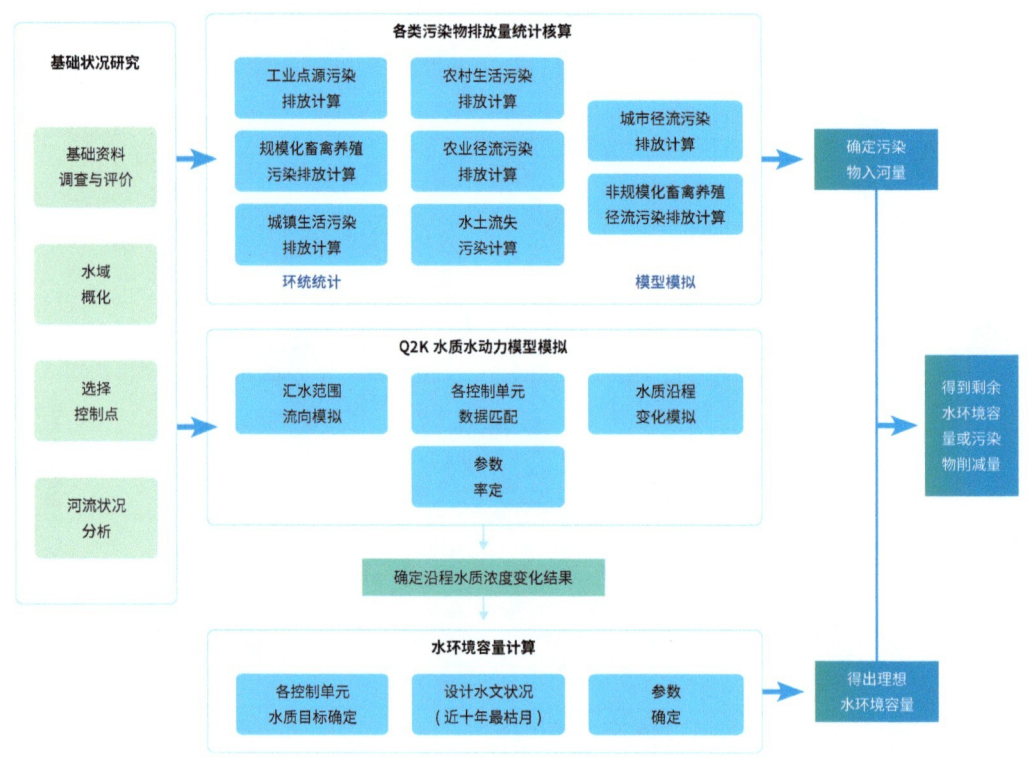

图 4-2　EC 研究技术路线图

4.2.2.3　引入生态系统服务(ES),开展 ET 管控下的水生态服务功能研究

通过 ET 的管控,提高了河流水质,增加了生态用水,可进一步提升生态服务功能,如:水质的改善利于提高生物多样性、保障水体无毒无害,以及增加的生态用水可用于水土流失治理等。ES 研究技术路线图如图 4-3 所示。

流域管理中的耗水(ET)、环境容量(EC)和生态系统服务(ES)三者之间存在紧密的关系,生态系统服务(ES)管理为耗水(ET)管理和环境容量(EC)管理提供方向性指导,耗水(ET)管理和环境容量(EC)管理相互影响,实现耗水(ET)管理和环境容量(EC)管理是最终实现生态系统服务(ES)管理的基础,流域水资源水环境综合管理可以通过生态流量管理确定,将 3 者进行有机结合。因此,基于 ET/EC/ES 的 TVAP(目标值分配计划)需要在流域内编制和实施 ET/EC/ES 目标值分配计划,即在耗水平衡分析和环境容量分析基础上确定 ET 的目标值和 EC 的目标值,然后需要将 ET 和 EC 的目标值分配给每个行政区域和子流域。

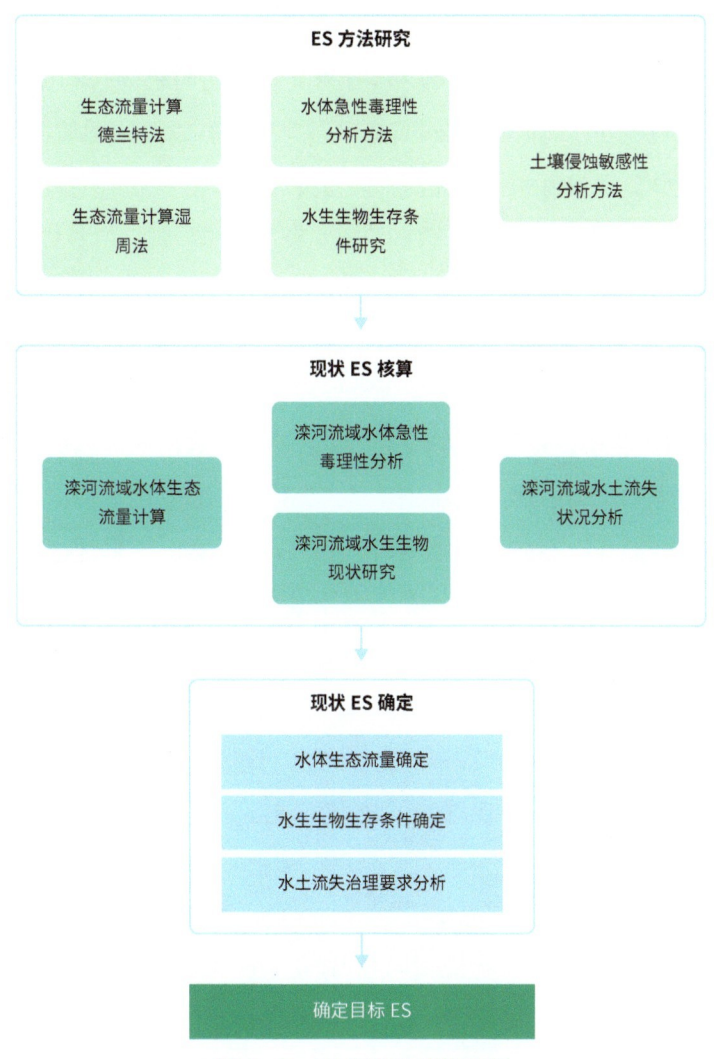

图 4-3 ES 研究技术路线图

4.2.3 发展了基于 3E 的流域水资源与水环境综合管理技术指南

本项目编制了《基于 3E 的流域水资源与水环境综合管理技术指南》。该技术指南系统全面地总结了流域水资源与水环境综合目标值管理理论,流域水资源与水环境综合管理目标值(ET/EC/ES)计算方法,流域水资源与水环境综合管理目标值(ET/EC/ES)分配方法,实现流域水资源与水环境综合管理目标值(ET/EC/ES)管理的措施,保障流域水资源与水环境综合管理目标值(ET/EC/ES)实现的综合管理体系。编制了翔实的流域水资源与水环境综合管理典型案例集,进行了客观的国内外典型流域水资源与水环境综合管理的对比分析。

本项目选择国内外典型流域,采用流域水资源与水环境综合管理技术框架,总结典型流域水资源与水环境综合管理具体实践,分析其在应用与管理过程中存在的问题,以及特定条件下关键技术的处理方法;分析推广应用的潜力,以及因国情/资源禀赋不同而需要关注的相关问题,拟为流域管理提供不同角度的依据。

本项目提出了具有创新性、可推广性的流域水资源与水环境综合目标值管理理论与方法体系,提出枚举-模拟-比选法和目标-约束-优化法2种技术路线,可以针对不同流域的资源禀赋和经济社会发展水平,提出基于流域统筹和系统均衡的要求,以适应不同的流域管理目标。参照流域和区域水资源与水环境综合管理典型案例及提供的重要经验,结合我国正在组织实施的最严格水资源管理制度建设和水污染防治行动计划("水十条")及生态红线保护要求,整理和总结出理论上有创新的、可进一步推进流域和区域水资源与水环境综合管理的方法,提炼出能在更大范围,特别是我国干旱半干旱地区以及国外相类似地区推广应用的方法和示范案例,综合考虑水环境容量(EC)和生态系统服务(ES)约束下,流域的耗水目标(ET),为加强流域和区域水资源与水环境综合管理提供技术指导。

本项 IWEM 技术指南/管理手册提出 2 套技术路线进行基于 ET/EC/ES 目标耦合与方案优化,将三者进行有机结合。一是枚举-模拟-比选法的技术路线,二是目标-约束-优化法的技术路线。枚举-模拟-比选法的技术路线图如图 4-4 所示,具体包括情景设置、模拟分析与方案对比、准则评价、方案推荐。第一部分是情景设置。管理者需根据现状 ET 进行可控 ET 和不可控 ET 分析,根据现状 ET 设定初步的管理方案调控可控 ET,将节约的耗水用 ΔET 表示。第二部分是模拟分析与方案对比。管理者需计算情景设置中的 ET 管理方案实施得到的 ET 减少量 ΔET,分析 ET 管理方案实施及 ΔET 作用于 EC 管理方案对 EC 管理的促进作用,例如,土地利用优化对水质的影响,ΔET 作为河道流量增加量对 EC 的影响等。进一步分析 ET 管理结果、EC 管理结果作用于 ES 管理方案对 ES 管理的促进作用,形成第一部分中确定的 ET 管理方案下,结

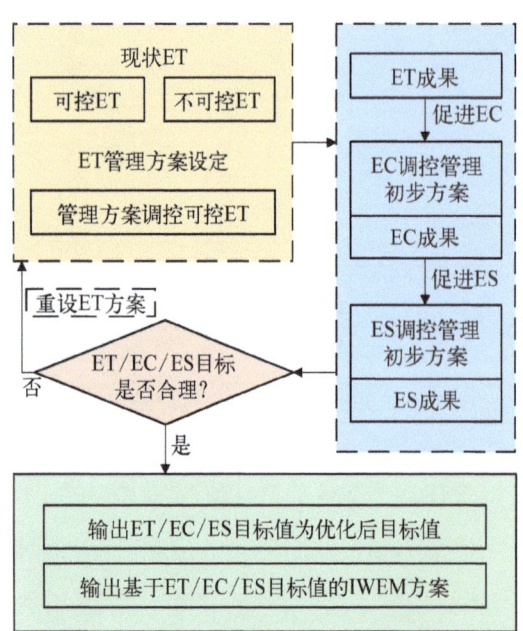

图 4-4 基于 ET/EC/ES 目标值的 IWEM 方案优选枚举-模拟-比选法技术路线图

果最佳的 EC、ES 管理调控方案。第三部分是准则评价。管理者需根据第二部分形成的方案及结果进行判定，设置相应的准则验证 ET 目标是否合理，即通过河湖健康评价体系综合评价结果来进行判定。规定Ⅱ类河湖（健康）为基础的 ES 管理目标，管理结果得分若达到Ⅱ类河湖（健康）则是 ES 管理达到目标，若低于此类则是未达目标。若无法达到 ES 管理目标，则代表 ET 目标不合理，需要重新进行情景设定，即修改第一部分中的 ET 管控方案，从第二部分开始进行重新分析评价直至 ET 目标合理。第四部分是基于上述步骤的循环，直到方案 ET≤目标 ET、方案 EC≤目标 EC、方案 ES≥目标 ES，输出科学合理的 ET/EC/ES 目标值及相应的基于 ET/EC/ES 目标值的 IWEM 方案。

目标-约束-优化法的技术路线图如图 4-5 所示，是采用水资源系统分析中的系统分

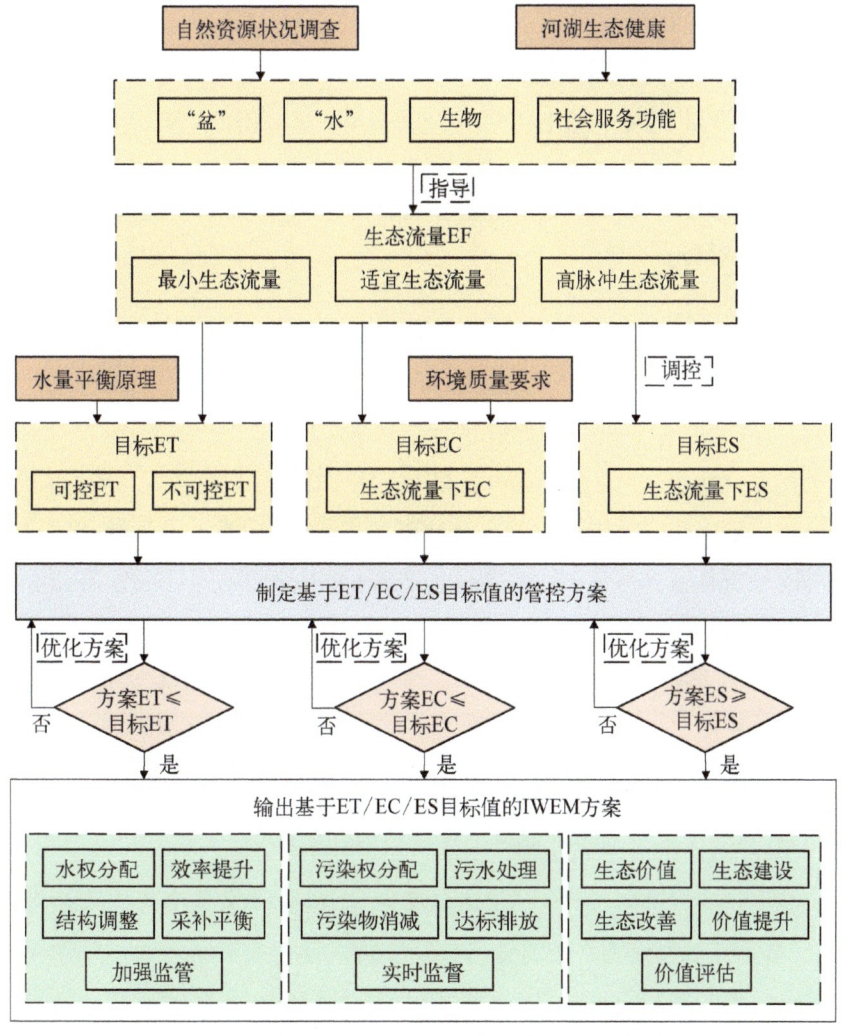

图 4-5　基于 ET/EC/ES 目标值的 IWEM 方案优选目标-约束-优化法技术路线图

解重构、目标约束设置、系统优化求解的整体优化方法。该方法的技术路线图包括4个部分：第一部分是生态流量EF目标值设定。在这一部分管理者根据自然资源状况调查和河湖生态健康，以要达到河湖健康评价体系综合评价结果中Ⅱ类河湖（健康）为ES管理目标设定依据，计算要达到此类结果所需要的生态流量EF，计算出对应的最小生态流量、适宜生态流量和高脉冲生态流量等要素。第二部分是ET/EC/ES目标设置。在这一部分，管理者根据上一部分输出的流量结果结合环境质量要求，计算对应环境容量EC，设定环境容量EC目标值；根据第一部分的生态流量结果和水量平衡原理，分析可控ET和不可控ET，通过去除生态用水量的方法设定耗水量ET目标值；ES目标值即是河湖健康评价指标体系下，河湖健康评价结果达到Ⅱ类河湖（健康）。第三部分是制定初步的基于ET/EC/ES目标值的IWEM方案。若方案ET≤目标ET、方案EC≤目标EC、方案ES≥目标ES则达标，认为方案为可行方案，否则重新制定IWEM方案。第四部分是输出第三部分确定的可行方案，输出为基于ET/EC/ES目标值的IWEM最终管理方案。

4.2.4 提出了一系列流域水资源与水环境综合管理的创新技术和创新方法

4.2.4.1 应用了水会计和水审计、水环境综合毒性评价，为3E管理提供约束指标

本项目将水会计和水审计理论进行应用，创新水平衡及水审计方法，构建了涵盖4个层级110个用水单元的多层级多节点网络水平衡模型，形成了合规性、生态环境性、社会性、技术性、经济性五大维度、25项指标的水审计指标体系。从工艺、部门和园区3个层面出发，全面测算水资源园区全流程生产中的分布与流动，精准识别单一用水单元及任意用水单元组合的水平衡状态，并进一步开展涉水企业取用耗水分析、节水潜力分析和水会计核算。依据水会计结果和实地调研，开展五维水审计指标综合评价，分析了工业园区对水资源、水环境和水生态的影响，协助解决园区存在的水资源分配不合理、利用不充分等问题，为园区水精细化管理提供科学依据和策略。

在水生态综合评价方面，提出了综合毒性概念，可直接反映水生生物影响。在水生态保障中，综合毒性可以作为一个前提指标反映排水是否对于纳污水体中水生态产生影响，如果有毒性，则需要制定排污许可等多种措施，并采取相应管控措施。毒性直接影响水生生物生存，因此，不仅仅需要制定综合毒性基准和标准值，同时需要实施排污许可证

制度,在不同情境下采用不同许可制度。

4.2.4.2 提出了流域水污染有效性评估理论和技术

针对水污染防治方法有效性难以佐证的难题,项目基于水质客观变化的事实与时空性水污染防治工作(包含工程措施与非工程措施)的总结,采用因果分析法与效益分析法佐证各项水污染防治方法的有效性,并提出相应推广性建议。

针对水污染防治工程和非工程措施的环境效率难以量化和评估这一难题,首先对全国十大典型流域中采取的多种水污染防治方法进行了梳理和综合分析,并分析其在承德市的适用性;在此基础上,引入了三阶段数据包络分析 SBM(Slacks-Based Measure)模型,在对整体环境效率进行评估的基础上,进一步对具体的水污染防治工程措施与非工程措施的环境效率进行量化评估,得到的结果可为水污染防治方法有效性的提升给出具有针对性的建议。

针对当前水污染防治措施缺少完善的评价体系这一问题,构建了承德市水污染防治工程和非工程措施评估指标体系,通过调研和问卷调查建立经济-社会-环境数据库,利用层次分析法、模糊综合评价法等评价方法,从经济、社会、环境多个维度,对点源、面源水污染的工程和非工程措施进行综合评价。建立污染物模拟模型,评估 EC、ES 对不同污染削减方案的响应情况。该套指标体系和评估方法不仅可用于承德市的水污染防治方法的有效评估,也可以为其他区域的水污染防治方法评估提供借鉴。

针对现有水污染防治措施优化研究中缺乏系统效率(环境效益/经济成本)的优化这一问题,建立水质模型,对承德市滦河流域进行多种污染物削减方案的水质模拟;建立大尺度分布式水文模型 SWAT,模拟承德市滦河流域不同水污染防治措施组合情景下的污染物削减效果;在模拟结果的基础上,充分考虑污染物分布的空间异质性和信息不确定性,搭建流域尺度下的水污染防治措施规划模型,以污染物削减量/成本投入为目标,得到不确定条件下水污染防治措施的实施规模和布局,为滦河流域主要污染物总量控制以及削减方案实施提出合理对策,为其他流域生态保护和高质量发展提供方法支撑。

4.2.4.3 提出了基于耗水(ET)的水权交付与交易、排污权交易技术

项目提出了基于耗水控制的用水权配置原则和方法、用户水权分配指标核算方法、水权交易规则与机制、可交易水权指标核定方法、促进地下水保护的农业水价政策和调控机制。以晋州市为示范区进行了水权与 ET 耗水指标分配,提出基于耗水控制的水权

交易规则、水权确权登记数据库设计、水权交易模式及交易平台设计、农业水价与补贴政策、水权管理与考核评价机制。项目将耗水管理与水权相结合,对农业用水进行总量控制和定额管理,建立适用于地下水超采区的水权分配与交易机制。在水权指标控制基础上增加耗水控制,进一步完善了水资源总量控制体系,推动水资源的合理高效利用。项目首次将耗水(ET)理念引入水权交易体系,相关研究成果在河北省成安县、元氏县得到推广应用,具有较好的创新性。

结合承德市排污权交易工作的实际情况,从初始排污权的核定和分配、排污权储备、排污权交易、交易后管理等方面提出了承德市排污权交易细则,对交易的主体、交易的平台、交易的流程和模式等关键技术做了阐述,并基于细则内容开展了承德环能热电有限公司的排污权交易示范工作,对"政府—企业"的排污权交易模式进行了探索,为承德市排污权交易工作积累了经验。

4.2.5 提出了基于 ET 的农业地下水管理理论和技术

4.2.5.1 构建了农田灌溉用水与耗水双控方法

开展典型区农田灌溉试验,分析不同作物、不同灌溉方式下的农田灌溉用水量、降水量与耗水量(ET)变化规律,建立农田耗水、降水、灌溉用水量关系。根据降水量、灌溉水量、土壤含水量、地下水位变化、遥感 ET 数据及相关气象资料,采用水量平衡分析方法,建立不同区域灌溉用水量、降水量与耗水量关系,并由典型区灌溉试验结果和遥感 ET 数据对该关系进行综合分析,进而推求出适用于不同区域的灌溉用水量、降水量与耗水量关系。

建立农田灌溉用水与耗水双控方法体系。以区域降水量、灌溉用水量与耗水量关系为基础,以管理节水措施为主,辅助以工程节水和农艺节水措施,对所产生的真实节水量进行分析,结合遥感 ET 监测结果和区域 ET 分析成果,确定农田灌溉耗水控制方法和农田灌溉用水控制方法。

4.2.5.2 提出了基于遥感信息的灌区地下水净开采量综合分析方法与模型

在充分掌握水循环和下垫面特点的基础上,基于机理性农田水文模型和遥感信息,以地下水平衡分析为核心,构建灌区地下水净开采量的综合计算方法,分析灌区净灌溉量和地下水净开采量的时空变化规律,为灌区的灌溉用水效率评价及国家灌区监测系统建设提供科学支撑。地下水净开采量无法直接测得或直接计算得到,利用机理性的农田水文模型 SWAP,以灌溉阈值作为优化目标,结合遥感蒸散发量进行灌溉阈值的优化计算,从理论上计算得出净灌溉量,并推导出在井灌区该净灌溉量即为用于农业灌溉的地下水净开采量。这种计算地下水净开采量的方法具有创新性。在 SWAP‐PEST 计算得到的地下水净开采量方法基础上,结合机器学习方法,建立了基于 LSTM 人工神经网络的地下水净开采量计算模型,在计算效率上和机理模型相比有很大的提高。

4.2.5.3　建立基于耗水控制的水资源综合管理评价体系

考虑到实际管理应用,在评价软件指标权重确定时,设计了主观权重、客观权重和组合权重 3 种不同的权重确定方法,弥补了单独采用单一方法的局限性,使指标权重确定更为灵活,评价结果更为真实、可信。在评价软件设计中,将水资源综合管理评价指标分类和具体指标选取设计为开放式的,可根据不同区域特点、不同行政区或灌区水资源综合管理重点进行指标类别设定和指标选取,提高评价指标体系应用的针对性、灵活性和拓展性,随着评价指标库的不断丰富,便于全国大中型灌区耗水管理平台系统的推广和应用。

4.2.5.4　构建了基于耗水(ET)的地下水双控管理操作手册/技术指南及示范

创新性地提出了基于 ET 控制的地下水水量水位双控管理理论、耗水量(ET)与地下水水位变幅关系的分析、目标 ET 的确定、地下水位控制方法以及地下水水量与地下水水位定量关系分析等,并对地下水关键性控制水位进行确定,在此基础上,制定了地下水管理的双控制度并开展示范应用,结合示范区石家庄市蒿城区内永安村的具体情况应用 ET 实施水资源的管理,最终提出适合示范区的双控制度。

4.2.6　发展了基于 3E 的流域水资源与水环境综合管理技术平台

项目开发应用了 2 个国家级管理平台和数据库。通过推广技术和管理上的创新,有助于实现海河、黄河、辽河 3 个流域新的 ET 和 EC 目标。

水利部 GEF 主流化项目办开发的遥感 ET 技术和灌区耗水管理监测的管理平台系统,生态环境部 GEF 项目办开发的流域和区域环境容量(EC)监测管理平台系统和全国通用的环境容量(EC)管理工具,已在河北省石津灌区、内蒙古自治区河套引黄灌区、海河流域和承德市滦河子流域进行试点,并建立了适用于全国大中型灌区灌溉用水、耗水、排水以及农业作物产量等科学管理的系统工具。

生态环境部 GEF 主流化项目办开发了环保技术国际智汇平台信息系统、环保技术国际智汇平台大数据分析工具、基于环境容量(EC)的国家流域 GIS 管理平台等管理平台。

4.2.7 创新技术和方法指南及在规划编制中的应用

4.2.7.1 关于地下水管理的经验：以石家庄市滹沱河流域为例

该项目为滹沱河石家庄子流域近期行动计划提供了理论启发和技术指导。

1. 指导编制和实施《石家庄市地下水超采综合治理五年实施计划(2018~2022 年)》

(1)调整种植结构。坚持空间均衡,构建适水发展的农业种植体系,按照以水定地、以水定产的要求,以水资源环境承载能力为约束,在充分挖掘节水、当地水、外调水等水资源潜力的条件下,合理调整农业种植结构和模式,实施地下水压采。旱作雨养种植：在地下水超采区探索旱作雨养种植模式和管理模式,将抽取地下水灌溉的水浇地变为旱作雨养农田,引导农民种植旱作雨养作物,实施抗旱保墒耕作方法,充分利用自然降水,变对抗性种植为适应性种植,变灌溉高产种植为适水高效种植,变灌溉农业为旱作雨养农业,减少地下水超采。

(2)农业节水灌溉工程。加快节水灌溉工程建设和技术推广,因地制宜发展喷灌、微灌、高标准管灌等高效节水灌溉,构建高效节水的灌溉工程体系,实现节水压采。在渠灌区,加快骨干灌排工程建设与配套改造,开展灌区现代化建设试点,实施渠道清淤疏浚、防渗衬砌,加强田间渠系配套,增加管道输水比重,平整土地,合理调整沟畦规格,提高田间灌溉水利用率。在浅层地下水超采区,综合考虑灌区类型、土地规模化、种植结构、水质类型等因素,因地制宜合理选择高效节水灌溉工程技术模式,继续择优发展规模化高效节水灌溉。

(3)工业和生活节水。推进工业企业节水技术改造和工业园区废水深度处理及回用,大力推行规模用水企业水平衡测试,对标行业节水标杆,加强计划用水和定额管理,积极开展水效"领跑者"行动。强化对现有企业的节水技术改造升级、工艺改革、设备更新,逐步淘汰耗水大、技术落后的工艺设备。推进清洁生产,采用新型设备和新型材料,提高循环用水浓缩指标,减少取水量。强化企业内部用水管理,建立完善计量体系。建设节水型园区、节水型企业。

2. 指导编制和实施《河北省节水行动实施方案》(2019 年 8 月)

(1)总量强度双控。健全省、市、县三级行政区域用水总量、用水强度控制指标体系,强化节水约束性指标管理,加快落实主要领域用水指标。同时严格用水全过程管理,严格考核责任追究。

（2）农业节水增效。调整农业种植结构，推行"水改旱"种植，推广小麦节水品种及配套技术；发展高效节水灌溉工程，加快灌区续建配套和现代化改造；推进农村生活节水，推广畜牧渔业节水方式。

（3）工业节水减排。推进工业节水改造，完善供用水计量体系和在线监测系统；推动高耗水行业节水增效，创建节水型企业；推进水循环梯级利用，树立节水标杆。

（4）城镇节水降损。开展节水型城市建设，提高城市节水水平；推进供水老旧管网改造，降低供水管网漏损；开展公共领域节水，创建节水型公共机构，到 2020 年，30％以上的公共机构建成节水型单位；严控高耗水服务业用水，严格取水许可审批。

（5）重点地区节水开源。打造雄安新区节水样板，将节约用水贯穿新区建设各方面；加强非常规水利用；加大沿海地区海水利用。

3. 指导编制《华北地区地下水超采综合治理滹沱河生态补水方案》

滹沱河发源于山西省，在河北省流经石家庄市、衡水市、沧州市。2018 年以来实施生态补水 12.21 亿 m³，其中 2018 年生态补水 4.04 亿 m³（引江补水 3.37 亿 m³，水库补水 0.34 亿 m³）；2019 年生态补水 4.56 亿 m³（引江补水 3.62 亿 m³，水库补水 0.94 亿 m³）；2020 年截至 11 月 6 日生态补水 3.61 亿 m³（引江补水 2.95 亿 m³，水库补水 0.66 亿 m³）。补水期间石家庄市至沧州段形成有水河长 170 km，形成水面面积 31.75 km²。滹沱河生态补水前后对比如图 4-6 所示。

4. 指导编制《河北省滹沱河流域生态环境保护规划(2019～2035 年)》

规划近期到 2022 年，中期到 2025 年，远期到 2035 年。流域生态环境稳中趋好，水源涵养功能得到改善，水资源利用率提高，滹沱河干流水质稳定达标，主要污染物排放量得到控制，区域生态环境风险得到有效控制。开展水土流失治理、水源涵养林建设、矿山整治等治理措施，保障森林覆盖率不降低。水生生物完整性有效提升，水生态系统功能初步恢复；规划中期，流域生态系统环境显著改善，水源涵养功能进一步提升，水资源利用率显著提高，滹沱河干流水质稳定达标且持续向好，主要污染物排放量进一步削减，水土流失治理、水源涵养林建设效果显著，森林覆盖率有所提升。水生生物完整性进一步提升，水生态系统功能明显恢复。规划远期，滹沱河流域生态环境质量实现根本性好转，水环境质量全面提升，全面实现水资源供需平衡，水生态系统持续健康稳定，建成完备的智慧水网发展保障体系。森林覆盖率显著提高。水土流失治理、水源涵养林建设取得长足效果。全面完善水生生物完整性，全面恢复水生态系统功能。

图 4-6　滹沱河生态补水前后对比图

5. 指导石家庄市地下水超采区综合治理措施

针对石家庄市水资源开发利用现状及严重的地下水下降趋势,为改善不断恶化的水生态现象,近期实施了地下水超采综合治理措施。依据 ET 管理理念,以及基于 ET/EC/ES 的石家庄市水资源与水环境综合管理规划(IWEMP)对区域水资源利用、水环境保护的要求,为提高水资源利用效率、促进区域节水、保障农业生产,在滹沱河石家庄市子流域实施地下水超采综合治理,以期通过项目的实施,打造典型,营造示范效应,最终实现人水和谐,全市整体水环境、生活环境得到极大提高。项目实施范围:2018～2020 年地下水超采综合治理项目涉及滹沱河石家庄市子流域 7 个项目县(区、市),分别为藁城区、晋州市、正定县、深泽县、无极县、鹿泉县、平山县。

项目研究期间,石家庄节水和地下水补水效果明显:2020 年石家庄市藁城区、晋州市小麦、玉米水分生产率平均值为 1.81～1.97 kg/m³,是目标值的 1.44～1.56 倍;河北省石津灌区小麦、玉米的平均水分生产率为 1.83～1.98 kg/m³,是目标值的 1.45～1.57 倍。

石家庄市藁城区和晋州市 2 个试点示范项目区的年净超采量 2017～2020 年累计减少 1.692 9 亿 m^3，是目标值的 2.23 倍。

4.2.7.2　水环境与水生态改善的管理经验：以承德市滦河流域为例

在充分研究流域和区域现状水资源、水环境特点及存在问题的基础上，引入 ET/EC 管理先进理念和技术方法，以知识管理（Knowlege Management，KM）开发和遥感 ET 技术开发应用作为技术支撑，通过各种工程和非工程措施，有效缓解海河流域和有关省（区、市）及示范项目县（市、区）水资源短缺问题，改善水环境质量，恢复水生态状况，实现水资源与水环境综合管理。

通过水资源与水环境综合管理规划的综合实施，计划到 2025 年，滦河流域生态环境明显改善，水源涵养功能进一步提升，水资源得到有效保护和合理利用，滦河干流水质持续优良，流域各断面水质类别情况达到国家和河北省的考核目标要求且持续向好；主要污染物排放量大幅减少，区域环境风险得到有效控制。节水型生产和生活方式基本建立，全社会节水意识明显增强。进一步减少土壤侵蚀、水土流失面积，生态系统稳定性进一步增强，生态文明建设先行示范效果显著。到 2035 年，滦河全流域水生态环境根本好转，水生态系统功能全面恢复，水资源、水生态、水环境统筹推进格局基本形成，实现滦河水清、河畅、岸绿、景美的河湖景观。

该案例滦河子流域及承德市水资源与水环境综合管理规划（IWEMP）的研究编制和实施管理，切实以新时期生态文明建设思想为指引，深入分析解决承德市滦河流域目前所存在的突出的水环境问题，在提出基于 ET/EC/ES 的滦河流域目标值分配计划（TVAP）的基础上，进一步研究确定承德市水资源与水环境综合管理规划（IWEMP）相关内容，为进一步改善该地区的水资源保护和水生态环境状况、消除水环境风险隐患，提供重要的决策支撑和努力方向。

通过水资源与水环境综合管理实施的主要措施，承德市的主要水污染物排放总量得到了有效控制，集中式饮用水水源地得到治理和保护，重点工业污染源实现达标排放，城镇污水治理水平显著提高，污染严重水域水质有所改善，流域水环境监测监管以及水污染预警和应急处置能力显著增强。

项目研究期间，承德市排入滦河的水污染物大量削减，2020 年，仅滦河流域 COD、$NH_3 - N$、TN、TP 4 项污染物的总体削减量就达到 25 259.97 t/a、7 446.08 t/a、2 017.05 t/a 和 256.59 t/a，分别是 4 项污染物要求削减量的 3.1 倍、14.2 倍、3.0 倍和 3.0 倍。

4.2.8　创新了我国流域水资源与水环境综合管理部门合作机制

（1）签订四方合作框架协议。生态环境部和水利部 GEF 主流化项目办与承德市生态环境局、水利（水务）局、石家庄市水利局、生态环境局签署了四方合作框架协议，为滦河子流域和滹沱河子流域规划编制、水环境管理平台建设等工作提供机制保障，有效地解决了项目实施中的水质、水量数据共享等问题，积极地促进了部门间合作，今后还将在"十四五"流域水资源与水环境综合管理中继续发挥沟通协调的作用。

（2）开展"自上而下"和"自下而上"的双向互动。海河流域水资源与水环境综合管理是一系列"自上而下"和"自下而上"的双向活动。"自上而下"的活动包括建立法律、政策、规章制度、标准以及水分配计划；"自下而上"的活动包括在项目县（市、区）一级（含乡镇、村级以及个体用水者）进行的水资源与水环境综合管理活动的规划和实施，包括水权、打井许可管理、污染排放控制、产业结构调整、"真实"节水措施、废污水处理及中水回用等。建立"自上而下"和"自下而上"的合作机制，是 GEF 海河一期项目和 GEF 主流化项目成功实施的关键，也是各个子项目专题研究与试点示范项目技术成果相互补充完善的有效途径。

（3）最大限度地进行横向和纵向的结合。实现流域和区域水资源与水环境综合管理目标的关键是最大限度地进行横向和纵向的结合。横向结合主要是跨部门间的合作，包含生态环境部和水利部之间的横向合作，与农业农村、城乡建设、自然资源等其他部门之间的协调与合作，以及与这些机构相对应的各省、市、县机构之间的合作。项目的成功之处还在于行政层面的纵向合作，体现了国家级、海河流域级、滦河子流域和滹沱河子流域级、承德市和石家庄市级生态环境及水利（水务）部门之间的持续沟通与互动。同时，该项目最大限度地进行横向和纵向的结合，建立了横向和纵向的项目协调机制，签订了水资源与水环境综合管理规划（IWEMP）编制与实施合作协议，从体制与机制上为实现流域和区域水资源与水环境综合管理提供了制度保障。

4.2.9　项目理念在重点流域成功应用推广，为我国流域管理提供了新的模式

利用项目中在承德市和石家庄市试点示范性子流域和示范地市实践证明的创新技术和政策干预手段，在辽河、海河、黄河等重点流域更大范围应用推广基于耗水（ET）/环境容量（EC）/生态系统服务（ES）的水资源与水环境综合管理方法。加上之前的试点示

范项目,最后将覆盖辽河、海河、黄河等流域35%的"项目区域"。同时,监测推广区域的实际ET值和实际水污染排放情况,促进推广区域不同利益相关者为实现可持续发展目标所需的ET和EC目标值进行咨询协商。该子项目还支持开发应用2个国家级管理平台和数据库。通过推广技术和管理上的创新,有助于实现海河、黄河、辽河3个流域新的ET和EC目标。

目前,生态环境部GEF主流化项目办已组织有关技术承担单位编制了辽河、海河、黄河流域推广计划,并选定有关地市(廊坊市、邢台市、衡水市、唐山市、沈阳市、鞍山市、盘锦市、抚顺市)试点示范区开展示范推广活动。通过平台运维,在流域层面和实地监测指标之间建立了定量联系(例如,目标ET值与目标污染物排放量),实现了流域内各地方政府间水量与水质的统一管理,取水许可和排污许可综合管理,水资源、水环境监测信息资源共享,促进了流域水资源与水环境的综合管理和科学决策。

项目实施期间,生态环境部、水利部GEF主流化项目办和项目技术承担单位通过新闻媒体等广泛宣传GEF主流化项目理念和实施进展,比如承德市生态环境局制作了滦河子流域水污染防治专题宣传片,介绍GEF主流化项目在滦河子流域水环境保护中的作用,向国内外讲好中国水环境保护故事;中国农业大学在多家公众号宣传项目进展;中央项目办和专家组撰写多篇政策通讯,倡导3E理念,并积极推动世界银行在黄河流域开展基于3E的流域综合管理研究。

4.3 项目启示

4.3.1 树立大环保工作格局,建立跨部门合作机制,推动流域水生态文明进程

从流域综合管理入手,树立大环保工作格局,探索开展人与自然和谐共生。流域生态文明是生态文明建设的重要环节。加强国家发展改革、水利水资源、生态环境、自然资源等部委以及有关省(区、市)部门间合作机制建设,形成合力,建立各利益相关方广泛参与的流域管理机构和协调机制,整合各部门资源,发挥各自功效,开展广泛深入的国内外合作,将有效促进流域和区域水资源与水环境综合管理,推进流域水生态文明进程。

4.3.2　坚持以改善生态环境质量为核心，促进创新技术发展

"十三五"期间水环境质量得到全面改善，全国地表水优良水体比例上升、劣V类水体比例下降均超过"十三五"预定目标。这些成绩离不开创新技术支撑。GEF主流化项目在海河流域开展的流域综合管理实践证明，坚持生态优先、绿色发展，创新理念和技术是保障。项目提出的3E理念、遥感ET技术；开发的知识管理（KM）系统、灌区耗水管理系统、遥感面源污染监测系统及流域环境容量（EC）监测与管理系统等决策支持工具；建成的监测评价和绩效评价方法、流域管理模式、政策法规及保护措施等一系列创新成果，可为"十四五"重点流域"三水统筹"以及深入打好渤海等重点海域综合治理攻坚战，一体推进重点流域、海域生态环境的整体保护、系统治理、精准施策和综合监管提供参考和借鉴，以点带面全面推进流域、海域综合管理工作创新发展。

4.3.3　用辩证统一的方法，提升科学决策和管理水平，推动流域可持续发展

生态环境保护和经济发展从来就不是对立的，而是相辅相成、相互促进、辩证统一的。GEF主流化项目从设计到实施，始终本着统筹环境保护和经济可持续发展的思路和理念。本着改善流域环境质量，不是以牺牲流域用水户的经济利益为代价，而是从资源性节水减少无效耗水，调整产业结构，把耗水量大、水分生产率低的作物调整为耗水量少、水分生产率高的经济作物，增加用水户的经济效益。这种创新技术和方法得到用水户的广泛支持，且可持续推广和应用，值得在"十四五"流域综合管理工作中加以宣传推广。

4.3.4　坚持用严格的法治制度和完备的政策规划体系保护水生态环境

"十二五"以来我国出台了《关于实行最严格水资源管理制度的意见》《水污染防治行动计划》《关于加快推进生态文明建设的意见》等重要文件，对水环境保护工作提供了重要法制政策保障。建议"十四五"期间以流域"减污降碳"和环境质量综合改善为核心，建立健全系列流域水资源和水环境管理的法律法规、制度、标准和规划体系，以相关配套的规章制度、行动计划、技术支持等指导文件及具体计划和项目，全链条推进水生态环境综合治理，确保江河湖库水污染防治和生态保护工作取得更大进步。

5 项目组织管理与监测评价[*]

本项目由生态环境部和水利部共同承担,项目执行单位分别为中国灌溉排水发展中心和生态环境部对外合作与交流中心。在国家级层面上,中央项目办(Central Program Management Office,CPMO)由生态环境部和水利部 GEF 主流化项目办共同组成。中央项目办(CPMO)及其专家组向河北省水利项目办、承德市联合项目办和石家庄市联合项目办提供技术支持。

5.1 项目组织体制——建立项目合作机制

(1)生态环境部设立项目指导委员会,负责整个项目的协调与实施,包括生态环境部水生态环境司、国际合作司和生态环境部对外合作与交流中心等,水利部国际合作与科技司和水资源司等;

(2)中央项目办(CPMO)包括生态环境部 GEF 主流化项目办(设立在生态环境部对外合作与交流中心)和水利部 GEF 主流化项目办(设立在中国灌溉排水发展中心),负责该项目活动在国家级层面的实施,并向河北省水利项目办、承德市联合项目办和石家庄市联合项目办提供技术指导;

(3)在中央级建立咨询专家组,包括国际专家和国内水利、环保专家,负责分别向中央级、省级和地市级项目办提供技术指导;

(4)河北省水利项目办,设立在河北省水利厅,负责该项目省级水利部分项目的管理和实施,并与河北省生态环境厅、石家庄市和承德市合作开展工作;

---

* 由李宣瑾、王建柱、李红颖、张晓岚、张成波、王佩、王罕博执笔。

（5）两个试点地市分别建立两个地市级联合项目办——承德市联合项目办（在生态环境部对外合作与交流中心的指导下负责在承德市的项目实施）和石家庄市联合项目办（在中国灌溉排水发展中心的指导下负责在石家庄市的项目实施）；

（6）根据《赠款协议》要求，环保与水利部门之间签署了5个部门间项目合作框架协议，包括：① 中央级生态环境部 GEF 主流化项目办与水利部 GEF 主流化项目办签署了合作协议；② 为协调编制基于 ET/EC/ES 的滹沱河子流域目标值分配计划（TVAP）和石家庄市水资源与水环境综合管理规划（IWEMP），水利部 GEF 主流化项目办、石家庄市水利局和生态环境部 GEF 主流化项目办、石家庄市生态环境局签署了四方合作协议；③ 为协调编制基于 ET/EC/ES 的滦河子流域目标值分配计划（TVAP）和承德市水资源与水环境综合管理规划（IWEMP），生态环境部 GEF 主流化项目办、承德市生态环境局和水利部 GEF 主流化项目办、承德市水务局签署了四方合作协议；④ 承德市生态环境局与承德市水务局签署了合作协议；⑤ 石家庄市水利局与石家庄市生态环境局签署了合作协议。

全球环境基金（GEF）水资源与水环境综合管理主流化项目组织机构如图 5-1 所示。

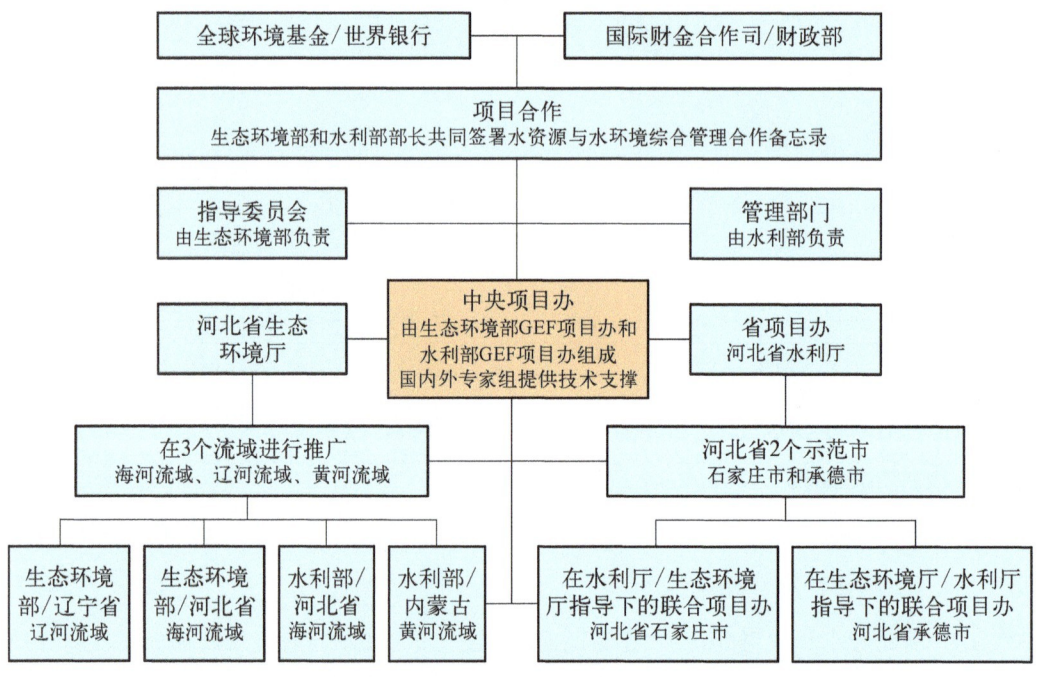

图 5-1　全球环境基金水资源与水环境综合管理主流化项目组织机构图

5.2 制定项目管理规章制度

GEF主流化项目的国际执行机构是世界银行,为此按照世界银行项目管理程序要求进行项目和资金管理,通过项目实施管理,各级项目办管理能力得到大幅度提升,项目管理水平不断提高。各级项目办严格按世界银行采购和财务管理要求,从技术质量、采购和财务管理等方面有序推进项目实施与管理工作,并按期完成咨询服务与配套工程建设内容。

5.2.1 加强项目办机构能力建设,有序推进项目实施

中央项目办(CPMO)包括生态环境部GEF主流化项目办(设立在生态环境部对外合作与交流中心)和水利部GEF主流化项目办(设立在中国灌溉排水发展中心),负责该项目活动在国家级层面的实施,并向河北省水利项目办、承德市联合项目办和石家庄市联合项目办提供技术支持;同时通过签订四方项目合作框架协议,推动项目有序进展。

在中央级建立咨询专家组,包括国际专家和国内水利、环保专家,负责分别向中央级、省级和地市级项目办提供技术支持。

为加强生态环境部GEF主流化项目办和水利部GEF主流化项目办的日常管理,全面推进项目实施进度,中央项目办先后招聘了5位项目助理在财务、技术调度、结项验收、成果宣传和推广等方面提供支持,促进项目有序推进。

此外,为保障各级项目办日常工作运行、推动合作框架协议签订并确保项目顺利实施,生态环境部GEF主流化项目办和水利部GEF主流化项目办定期召开了10余次工作协调会议。

5.2.2 推进项目成果集成,加强项目成果宣传推广应用

为推进项目成果集成和推广应用,中央项目办组织出版系列项目丛书,包括《全球环境基金水资源与水环境综合管理主流化项目创新方法研究成果与应用》《全球环境基金水资源与水环境综合管理主流化项目承德市示范应用成果》《全球环境基金水资源与水

环境综合管理主流化项目国内推广成果》，并发布系列项目成果宣传材料，包括成果宣传画册、宣传折页、基于遥感技术的非点源污染管理操作手册及技术要点等。同时，还组织召开了 4 次国际国内研讨会，进行项目技术成果的相互交流与深入研讨。

5.3　质量保证与执行管理

中央项目办严格按照世界银行项目监测与评价工作要求，在项目实施期间，对项目进度、采购、财务管理及机构能力建设等中间成果指标和项目成果关键指标，进行了及时跟踪、监测。通过实地调查、走访、座谈，取得了翔实、可靠的监测数据，并针对子课题研究成果和重要研究活动中存在的问题，提出相应改进措施与建议，确保项目达到关键成果指标和中间成果指标的要求。

5.4　项目监测与评价

全球环境基金（GEF）水资源与水环境综合管理主流化项目监测评价项目采用多元数据融合分析法，结合理论评价与现场踏勘，定性分析与定量分析相结合，针对全球环境基金（GEF）水资源与水环境综合管理推广（主流化）项目的内容、阶段进展指标及考核指标，构建项目监测评价指标体系，确定各项内容及指标的监测评价技术方法，对项目实施过程及绩效考核指标进行定期评估。

根据 GEF 主流化项目设计要求，确定了 5 项项目发展目标（PDO）关键指标、18 项项目中期成果指标，对水资源与水环境综合管理主流化模式研究、在海河流域进行水资源与水环境综合管理示范、在三大流域推广水资源与水环境综合管理方法、机构能力建设与项目管理等四个方面开展了实施进度与效果的跟踪评价。

项目监测评价技术承担单位通过现场考察、问卷调查、访谈、座谈、视频会议等方式，获取了大量翔实的监测数据，并针对监测发现的在项目执行过程中存在的问题，提出了改进措施与建议，有效地保证了 GEF 主流化项目的顺利实施。

5.4.1 项目监测与评价指标体系

1. 过程进展监测评价指标体系

依据项目评估文件(PAD)和项目实施计划(PIP)文件中设计的子课题,严格按照子课题工作大纲(TOR)对课题内容的要求,从子课题的人员组成、主要研究内容、考核指标、经费进度、研究进展(定性/定量)、咨询与研讨(项目执行过程中的咨询会、研讨会时间、主题、专家意见等)、现场调研(调研日期、时间、地点、人次、主要内容)、宣传培训(宣传培训日期、时间、人次、主要内容)、存在的问题(各子项目在执行过程中存在的问题与解决方案)以及意见和建议(包括但不限于与地方有关部门协调需求,各子课题之间的技术互动需求等)等 10 个方面进行定量/定性监测,构建过程进展监测评价指标体系。

2. 设计项目绩效考核指标体系

依据项目评估文件(PAD),解析项目对项目发展目标(PDO)指标直接或间接要求,并将项目 5 项发展目标关键指标和 18 项中期成果指标分解到对应的子课题或相关部门。通过目标基线值、累积目标值、年度预期目标值和最终目标的半年/年度进展比对,评估指标完成的可达性,形成项目发展目标(PDO)评估指标体系。

3. 质量监控指标体系

充分利用现代多元化信息工具和便利的交通条件,通过顶层控制(中央项目办研究会(线上:视频会、微信工作群、周(季、年)计划进展统计表;线下:不定期项目进展汇报会、现场调研等);聘请项目专家)、监测评价组监控(各课题组进展报告查阅、课题进展调研、周(季、年)计划进展统计表评价、成果统计及经费执行评估)、课题组自控(各课题组自行组织的小组讨论、组间技术研讨、现场调研、专家咨询等)和专家验收等多个层次,形成各子课题项目研究的质量控制体系。

5.4.2 项目监测与评价内容

1. 项目进度监测

主要指标包括以下几个方面:

(1) 目标与内容指标:主要指 GEF 主流化项目各子课题的主要研究目标、研究内容及成果。

(2) 工作进度指标:主要指 GEF 主流化项目各子课题按照采购和项目实施计划的推进情况。

（3）质量控制指标：主要指 GEF 主流化项目各子课题在项目实施过程中开展的有关技术咨询、审查、研讨、培训等活动，以及各课题根据专家意见修订的情况及效果。

（4）资金构成与执行情况指标：主要指 GEF 主流化项目各子课题资金来源、使用情况及支付进度。

（5）结题验收情况指标：主要包括 GEF 主流化项目各子课题合同任务的完成情况、项目办和专家组检查验收情况、项目成果产出的先进性及实用性评价。

2. 项目目标监测

项目发展目标主要有 5 项关键指标：

（1）分别由生态环境部和水利部采纳的项目相关政策建议数量。生态环境部相关政策指的是所颁布的解决点源污染和排放权问题的法令或规章。水利部相关政策指的是所颁布的解决基于耗水的水资源管理及水权交易、基层水利服务体系相关问题的法令或规章；

（2）试点示范区内排入滹沱河和滦河的水污染物削减量，即石家庄市、承德市点示范区内排入滹沱河和滦河的水污染物累积削减量；

（3）作物水分生产率，即石家庄市藁城区和晋州市两个农村试点示范区的作物水分生产率、河北省石津灌区和内蒙古自治区河套引黄灌区推广区域的作物水分生产率；

（4）试点示范地区地下水超采量的削减量，即减少海河流域石家庄市藁城区和晋州市两个试点示范地区地下水超采量的削减量；

（5）水资源与水环境综合管理方法在项目区域进行推广的面积，即将水资源与水环境综合管理方法在试点示范区应用面积和在海河、辽河、黄河流域 3 个流域中的"项目区域"推广应用的总面积。

5.5 咨询服务与技术援助

为加强各级项目办机构能力建设，中央项目办通过咨询服务的方式聘请水利、环保等方面的高级专家为项目提供技术援助，支持项目的管理和实施。

根据世界银行采购指南要求，中央项目办聘请了 10 位来自水环境、水资源、生态环境、流域综合管理和国际项目管理等领域的高级专家组成中央项目办联合专家组，在项目成果技术审查和项目管理等方面提供技术支撑。

此外,中央项目办还聘请了 8 位专家在项目环境管理政策执行评估、技术成果预验收、完工报告编制以及成果推广等方面为项目提供技术支持,以确保项目圆满结项验收。

5.6 培训和研讨

为加强各级项目办机构能力建设,推进各子课题采购、财务、技术等方面项目实施进展,同时加强宣传推广 GEF 主流化项目成果,交流学习国内外水环境与水资源综合管理实践经验,中央项目办先后组织召开并参加了国内外系列培训和研讨会。

5.6.1 国内培训和研讨

为提升各级项目办人员项目和资金管理等综合能力,中央项目办人员参加了 5 次项目管理、采购管理等方面技术培训活动。为推进各子课题采购、财务、技术等方面项目实施进展,中央项目办先后组织召开了 150 余次项目评审会、推进会、调度会、谈判会、研讨会、交流会、培训会等系列会议活动。

为宣传推广 GEF 主流化项目成果,交流学习国内水环境与水资源综合管理实践经验,项目办先后赴承德、石家庄、成都、海南、福建、贵州和新疆等省(区、市)开展 GEF 主流化项目调研活动。调研活动包括:水资源、水环境、水生态保护与修复情况调研;工业园区生态环境综合管理、流域生态补偿、化工园区地下水环境状况调查评估及应对气候变化降碳减污协同等调研;基于耗水控制的水资源管理实践以及新疆伊犁河综合治理项目调研。通过调研活动,项目办交流学习了国内水资源与水环境综合管理的成果经验,为深入推广 GEF 主流化项目成果、切实服务地方水环境质量改善、深入打好污染防治攻坚战并助力区域绿色发展奠定扎实基础。

此外,在技术推广方面,为加强项目成果集成和宣传推广,扩大项目影响力,中央项目办举办了 GEF 主流化项目成果海河流域推广会,邀请来自河北省廊坊市、邢台市、衡水市、唐山市相关推广区地方部门,以及生态环境部环境规划院、清华大学等相关子课题单位的 80 余位专家代表参会。参会代表一致表示,GEF 主流化项目国际先进的流域综合管理理念和基于 ET/EC/ES 技术方法和成果,对当前实际工作具有参考借鉴作用,将为国内和全球水环境质量改善作出积极贡献。

5.6.2 国外培训和研讨

2018 年和 2019 年,中央项目办先后赴以色列、法国、美国、加拿大等国家开展水资源水环境综合管理技术交流,以及饮用水水源地保护及工业园区水处理技术交流推广工作,各级项目办 10 余人次参会。

此外,为加强 GEF 主流化项目成果宣传推广以及流域综合管理方面的国际交流合作,2021 年,中央项目办以线上和线下结合的形式组织召开了 4 次国际国内研讨会。2021 年 12 月 4 日、12 月 11 日,由 GEF 主流化项目技术指南子课题编制单位清华大学牵头先后组织召开了全球环境基金水资源与水环境综合管理主流化项目成果交流会。与会国内外专家代表围绕水资源、水环境和水生态综合管理主题,分享了流域综合管理技术指南和相关子课题研究成果,以及滦河和滹沱河子流域及墨累达令河流域综合管理案例成果。来自生态环境部对外合作与交流中心、中国灌溉排水发展中心、生态环境部环境规划院、中国科学院遥感与数字地球研究所和生态环境研究中心、四川大学、河北省水利科学研究院及美国弗吉尼亚大学、澳大利亚墨尔本大学的专家代表 130 余人参会。

2021 年 12 月 17 日,"一带一路"生态环保大数据服务平台 2021 年会暨水资源与水环境综合管理技术推广会在深圳举办。参会嘉宾就生态环境大数据和水资源与水环境综合管理进行了讨论和分享。来自生态环境部、国家生态环境保护专家委员会,有关国际机构、地方政府和生态环境部门、科研院所、高校、工业园区、生态环保企业 100 余名嘉宾以线上线下形式参加会议。

2021 年 12 月 30 日,第五届中国流域水质目标精细化管理暨全球环境基金水资源与水环境综合管理主流化技术研讨会以视频会议形式成功召开。会议由生态环境部环境规划院、生态环境部对外合作与交流中心、陕西省生态环境厅共同举办。与会专家代表围绕新形势下"十四五"流域水生态环境管理、重点区域水生态环境保护修复、水环境模拟与精准治污、相关典型案例及成果作了主旨报告和交流研讨。来自生态环境部相关司局负责人、全国 31 个省(区、市)生态环境系统代表、科研机构和高校专家学者及环保企业代表等 1 400 余人参加会议。

GEF 主流化项目系列成果交流会议的召开旨在提升流域水生态环境管理精准化、科学化、法治化水平,推广全球环境基金项目水资源与水环境综合管理主流化技术,促进流域水资源、水环境和水生态"三水统筹"管理,助力水生态环境质量持续改善,更好地服务国内深入打好污染防治攻坚战和黄河流域高质量发展,助力 2035 美丽中国目标和联合国 2030 可持续发展目标的实现。

5.7　专项网页开发应用

为了更好地突显 GEF 主流化项目各项活动的成果产出,提高项目成果彰显度,扩大项目的影响力,生态环境部和水利部 GEF 主流化项目办启动了专项网页开发应用子任务。该子任务旨在为 GEF 主流化项目开发专项网页,及时展示 GEF 主流化项目关键技术成果,并利用专项网页将创新性的基于耗水量(ET)/环境容量(EC)/生态系统服务(ES)的水资源与水环境综合管理(IWEM)的先进理念与技术方法,以及相关试点项目成果、技术平台、论文专著等进一步宣传推广到国内外更广泛的范围,以利于更有效地研究解决流域和区域水资源短缺和水环境恶化的问题。

正式部署的 GEF 主流化项目专项网页,将为国内外受众提供便捷的访问途径。网站使用广泛应用的信息技术、多媒体技术,融合图片、视频、地理信息技术等,支持用户主动检索相关资料。

基于绿色发展新理念,通过 GEF 主流化项目专项网页,将进一步宣传和推广本项目流域和区域水资源与水环境综合管理的先进经验、技术、方法、政策和成功案例,以期在更大范围内,特别是国内干旱、半干旱地区以及国外相类似地区,推广应用水资源与水环境综合管理的科学方法和典型示范案例,并为加强流域和区域水资源与水环境综合管理工作,提高流域高质量治理,提供相关技术宣传与推广平台。

6 结合流域"十四五"规划的推广建议[*]

6.1 "十四五"时期我国重点流域水生态环境保护规划

《重点流域水生态环境保护规划(2021~2025年)》(以下简称《重点流域规划》)提出，"十四五"时期，我国重点流域水生态环境保护工作要做到：主要水污染物排放总量持续减少，水生态环境持续改善，在面源污染防治、水生态恢复等方面实现突破，水生态环境治理体系和治理能力现代化水平显著提升，以水生态保护修复为核心的水环境、水生态、水资源等要素统筹推进格局基本形成。主要目标包括水环境质量持续改善、河湖生态保护修复有效推动、河湖生态用水逐步得到恢复，这与GEF主流化项目通过运用创新性的基于ET/EC/ES的IWEM方法，解决流域和区域水资源短缺和水环境恶化问题的主旨高度锲合。

《重点流域规划》强调，"十四五"期间，海河流域将强化区域再生水循环利用，推动落实生态流量，改善重污染水体水质，构建"一淀五湖，两带三区，六廊十源"的流域水生态环境保护网。辽河流域将强化区域再生水循环利用，推动落实生态流量，改善重污染水体水质，按照"两廊、两源、一区、一水源"的水生态环境保护空间布局落实水生态环境保护修复。而黄河流域将把水资源作为最大的刚性约束，坚持以水定城、以水定地、以水定人、以水定产，统筹推进山水林田湖草沙系统治理，因地制宜、分类施策，以黄河流域水生态环境全面整体性保护为目标，按照"一干两区三湖十廊"空间布局，共同抓好大保护，协同推进大治理。

---

[*] 由唐文忠、段亮执笔。

6.2 "十四五"时期 GEF 主流化项目的推广建议

基于上述重点流域水生态环境保护的需求,建议"十四五"期间 GEF 主流化项目在海河、辽河、黄河三大流域,改变面向典型城市推广的方式,而是优先以典型子流域为推广单元,在流域综合治理和系统治理的思想指导下,统筹考虑水资源、水环境和水生态,强化流域要素系统治理,推进流域/区域的协同治理,形成科学可复制的推广模式,进而逐步覆盖三大流域。

在海河流域,建议选择"一淀"即白洋淀,开展推广工作。白洋淀位于京津冀腹地,地处雄安新区核心位置,素有"华北明珠"之称。淀内主要由小白洋淀、烧车淀、藻苲淀等大小不等的 143 个淀泊和 3700 多条壕沟组成,对维护华北地区生态系统平衡、调蓄洪水、保护生物多样性等方面发挥着重要作用,在区域生态安全体系拥有极高的战略位置。通过引入基于 ET/EC/ES 的 IWEM 方法,制定白洋淀的 ET/EC/ES 目标,提出分配方法和实现途径,并结合区域的应用示范,支撑白洋淀生态水量需求保障、水环境综合治理、水生态保护与修复等实际工作,进而为白洋淀流域相关管理部门提供决策依据。

在辽河流域,建议选择"两源"即西辽河源头和东辽河源头,开展推广工作。西辽河是辽河的最大支流,由南源老哈河与北源西拉沐沦河在内蒙古自治区翁牛特旗大兴乡海流图村汇合而成,干流长度 449 km;东辽河是辽河干流上游地区东侧的大支流(或源头),发源于吉林省东辽县的吉林哈达岭山脉小寒葱顶子峰东南萨哈陵五座庙福安屯附近,干流长度 360 km。通过引入基于 ET/EC/ES 的 IWEM 方法,支撑区域水生态环境保护,提高西辽河和东辽河两个源头水源涵养能力,逐步恢复西辽河地下水位,实现部分长期断流河流部分河段局部时段"有河有水",实现东辽河生态流量保障和水环境质量提升。

在黄河流域,建议选择"三湖"之一即乌梁素海,开展推广工作。乌梁素海是我国"两屏三带"生态安全战略格局中"北方防沙带"的重要组成部分,是关系到黄河中下游生态安全的"重要节点"和引领国家实施质量兴农战略的"重点区域",也是深受国际社会关注的湿地系统生物多样性保护区、黄河流域生物多样性保护的"重要地区"和国际迁徙的"重要通道"。通过引入基于 ET/EC/ES 的 IWEM 方法,按照"生态补水、控源截污、生态修复、末端治理"的思路,全面支撑推进流域内灌区节水改造治理,探索灌区农田退水污染治理模式,提高区域水资源利用率,推进农业节水增效,改变农业种植结构,增加入湖生态水量。